Europäische Stahlso[illegible]

Jetzt diesen Titel zusätzlich als E-Book downloaden und 70 % sparen!

Als Käufer dieses Buchtitels haben Sie Anspruch auf ein besonderes Kombi-Angebot: Sie können den Titel zusätzlich zum Ihnen vorliegenden gedruckten Exemplar für nur 30 % des Normalpreises als E-Book beziehen.

Der BESONDERE VORTEIL: Im E-Book recherchieren Sie in Sekundenschnelle die gewünschten Themen und Textpassagen. Denn die E-Book-Variante ist mit einer komfortablen Volltextsuche ausgestattet!

Deshalb: Zögern Sie nicht. Laden Sie sich am besten gleich Ihre persönliche E-Book-Ausgabe dieses Titels herunter.

In 3 einfachen Schritten zum E-Book:

❶ Rufen Sie die Website **www.beuth.de/e-book** auf.

❷ Geben Sie hier Ihren persönlichen, nur einmal verwendbaren E-Book-Code ein:

2730380D1431A92

❸ Klicken Sie das „Download-Feld" an und gehen dann weiter zum Warenkorb. Führen Sie den normalen Bestellprozess aus.

Hinweis: Der E-Book-Code wurde individuell für Sie als Erwerber dieses Buches erzeugt und darf nicht an Dritte weitergegeben werden. Mit Zurückziehung dieses Buches wird auch der damit verbundene E-Book-Code für den Download ungültig.

Europäische Stahlsorten
European Steel Grades

DIN

Walter Tirler

Beuth Pocket

Europäische Stahlsorten

Bezeichnungssystem und DIN-Vergleich

European Steel Grades

Designation system and DIN comparison

4. Auflage, überarbeitet und erweitert
4th edition, revised and expanded

Herausgeber:
DIN Deutsches Institut für Normung e. V.

Beuth Verlag GmbH · Berlin · Wien · Zürich

Herausgeber: DIN Deutsches Institut für Normung e. V.

Berlin · Wien · Zürich
Am DIN-Platz
Burggrafenstraße 6
10787 Berlin

Telefon: +49 30 2601-0
Telefax: +49 30 2601-1260
Internet: www.beuth.de
E-Mail: kundenservice@beuth.de

Titelbild: © OVKNHR, Benutzung unter Lizenz von shutterstock.com
Satz: B & B Fachübersetzergesellschaft mbH, Berlin
Druck: COLONEL, Kraków
Gedruckt auf säurefreiem, alterungsbeständigem Papier nach DIN EN ISO 9706

ISBN 978-3-410-27303-5
ISBN (E-Book) 978-3-410-27304-2

Geleitwort

Es hat etwas länger gedauert, fast neun Jahre, bis dieses „Ur-Pocket“ aktualisiert und noch einmal erweitert in 4. Auflage erscheint. Es war 1998 das erste Beuth Pocket überhaupt, sein Erfolg ist nicht zuletzt auf die Autorenschaft aus dem Ausschuss Normenpraxis und seine Zielsetzung als einfach handhabbares Hilfsmittel für die Praktiker in kleinen und großen Unternehmen zurückzuführen.

Man könnte meinen, die Umstellung der Stahl-Werkstoffbezeichnungen von DIN nach DIN EN wäre zum Zeitpunkt der 3. Auflage abgeschlossen gewesen. Aber zum einen war eine Reihe von Werkstoffen noch nicht umgestellt, zum anderen ergeben sich mittlerweile vermehrt Umstellungen von älteren zu neueren DIN-EN-Bezeichnungen. Ferner kann dieses Pocket nicht nur zur Umschlüsselung, sondern auch zur einfachen Ermittlung von Beziehungen wie Werkstoff-Nummern zu Werkstoff-Kurzzeichen, oder zum schnellen Identifizieren der jeweiligen Normen, in denen die Eigenschaften eines Werkstoffes festgelegt sind, herangezogen werden.

Daher ist es gut, dass jetzt noch einmal eine aktualisierte Ausgabe dieses Pockets von einem erfahrenen Autor der ersten Stunde vorliegt. Die bewährte Struktur wurde beibehalten; lediglich auf die Faltkarten, die in der 3. Auflage enthalten waren, wurde verzichtet. Stattdessen wurde in den Kapiteln 1.1 und 1.2 die DIN EN 10027-1 in einer übersichtlicheren Form dargestellt.

Die Resonanz auf die ersten drei Auflagen dieses Beuth Pockets hat gezeigt, wie wertvoll dieser kleine Praxishelfer ist. Mit dieser Neuauflage steht er endlich wieder topaktuell zur Verfügung.

Dr. Burkhard Raith
Stellvertr. Vorsitzender des DIN-Ausschusses Normenpraxis

Foreword

This classic publication has now been updated and considerably expanded for the first time in almost nine years. In 1998, it was the very first Beuth Pocket to be published and set the standard for a series of publications by members of the German Committee of Standards Users (ANP). This publication continues to provide users with a practical aid for everyday use in the workplace.

When the previous edition was published, the transition from national to European steel designations had almost been finalised. However, further steel grades have since been added, and others have adopted new European designations. The publication has also become a vital source of information for identifying the relationship between material numbers and designations, and finding the relevant standards for the fundamental characteristics of steels.

We are therefore very pleased that this book has been revised and updated by an experienced author who has been closely involved in the project from the outset. The familiar structure is continued, with the exception of the sheets which were supplied with the 3rd edition. The data from DIN EN 10027-1 has now been included in Chapters 1.1 and 1.2, making it easier to refer to and use.

The response to the first three editions of this Beuth Pocket has always shown how important it is for everyday use in the steel industry. This new edition continues to keep users up-to-date with changes in steel standards.

Dr. Burkhard Raith
Vice-Chairman German Committee of Standards Users (ANP)

Einführung

Dieses handliche und einfach zu handhabende Pocket, welches stets mitgeführt werden kann dient als Umstellungshilfe von alten Stahlbezeichnungen nach DIN auf die neuen europäischen Stahlbezeichnungen nach EN.

Als Grundlage wurden die Stahlbezeichnungen aus DIN-, SEE- und SEW-Normen herangezogen und den alternativen EN- und EN ISO-Normen gegenübergestellt.

Im Kapitel 2.1 sind die Stahlbezeichnungen zwischen EN und DIN aufgeführt und nach der europäischen Werkstoffnummernsystematik geordnet.

Die Gegenüberstellungen neu/alt sowie der Verweis auf die Anwendungsbereiche mit Angabe der Werkstoffnormen bilden die abschnittsorientierten Stahlvergleiche dieses Pockets.

Einzelne im Kapitel 1.1 und 1.2 aufgeführte Beispiele zur Bildung der Stahl-Kurznamen erleichtern die Zuordnung zum Bezeichnungssystem der Stähle.

Introduction

This book is easy to use and a handy tool for converting the old DIN-designations for steels to the new European (EN) steel designations.

The lists are based on the original steel designations set by DIN, SEE and SEW Standards and the corresponding EN and EN ISO Standards.

Chapter 2.1 presents the European (EN) and German (DIN) steel designations, listed numerically according to the European material number system.

Old and new designations are presented together, with references to the scope of application for different steels, enabling a comparison of suitable steels for specific applications.

Chapters 1.1 and 1.2 include examples of steel names, facilitating the use of the designation system for steels.

Inhalt

Contents

Seite

Page

Page

Seite

1 Bezeichnungssystem der Stähle nach EN 10027-1: Einteilung der Kurznamen

Die Kurznamen der Stähle werden in 2 Hauptkategorien eingeteilt:

- Kategorie 1: Kurznamen, die Hinweise auf die Verwendung und die mechanischen oder physikalischen Eigenschaften der Stähle enthalten
- Kategorie 2: Kurznamen, die Hinweise auf die chemische Zusammensetzung der Stähle enthalten

1.1 Bezeichnung der Stähle nach ihren mechanischen oder physikalischen Eigenschaften

Stähle für den Stahlbau

Die Bezeichnung besteht aus:

- **S = Hauptsymbol** für Stähle für den Stahlbau
- G = Stahlguss (vorangestellt, wenn erforderlich)
- **Mechanische Eigenschaften:** 3 Ziffern für festgelegte Mindeststreckgrenze in MPa für den kleinsten Dickenbereich. Unter dem Begriff Streckgrenze ist je nach den Angaben in der betreffenden Erzeugnisnorm die obere oder untere Streckgrenze (ReH) oder (ReL) oder die Dehngrenze bei nichtproportionaler Dehnung (Rp) oder die Dehngrenze bei gesamter Dehnung (Rt) zu verstehen.
- **Zusatzsymbole für Stähle der Gruppe 1:**

Kerbschlagarbeit in J			**Prüftemperatur**
27 J	**40 J**	**60 J**	**°C**
JR	KR	LR	+20
J0	K0	L0	0
J2	K2	L2	–20
J3	K3	L3	–30
J4	K4	L4	–40
J5	K5	L5	–50
J6	K6	L6	–60

A = Ausscheidungshärten[1)]

M = Thermomechanisch gewalzt[1)]

N = Normalgeglüht oder normalisierend gewalzt[1)]

Q = Vergütet[1)]

G = Andere Merkmale, wenn erforderlich mit 1 oder 2 nachfolgenden Ziffern

[1)] = Symbole A, M, N und Q in Gruppe 1 gelten für Feinkornbaustähle.

1 Designation system for steels according to EN 10027-1: Classification of steel names

The designations of steels are divided into two categories:

- Category 1: Designation by mechanical or physical properties
- Category 2: Designation by chemical composition

1.1 Steels designated according to their application and mechanical or physical properties

Structural steels

The designation is made up of:

- **S = Principal symbol** for structural steels
- G = Steel casting (where necessary)
- **Mechanical property:** 3 characters specified minimum yield strength in MPa for the smallest thickness range. The term yield strength refers to upper or lower yield strength (ReH) or (ReL) or proof strength (Rp), or proof strength total extension (Rt) depending on the requirement specified in the relevant product standard.
- **Additional symbols for steels for group 1:**

Impact property Energy Joules (J)			**Test temperature**
27 J	**40 J**	**60 J**	**°C**
JR	KR	LR	+20
J0	K0	L0	0
J2	K2	L2	−20
J3	K3	L3	−30
J4	K4	L4	−40
J5	K5	L5	−50
J6	K6	L6	−60

A = precipitation hardening[1)]

M = thermomechanically rolled[1)]

N = normalized or normalized rolled[1)]

Q = quenched and tempered[1)]

G = Other characteristics followed, where necessary by 1 or 2 digits

[1)] = Symbols A, M, N and Q in group 1 apply to fine grain steels.

- **Zusatzsymbole für Stähle der Gruppe 2:**
  C = mit besonderer Kaltumformbarkeit
  D = für Schmelztauchüberzüge
  E = für Emaillierung
  F = zum Schmieden
  H = Hohlprofile
  L = für tiefe Temperaturen
  M = thermomechanisch gewalzt
  N = normalgeglüht oder normalisierend gewalzt
  P = für Spundbohlen
  Q = vergütet
  S = für Schiffsbau
  T = für Rohre
  W = wetterfest

  Buchstabe und Ziffer = Chemische Symbole für vorgeschriebene zusätzliche Elemente, z. B. Cu falls erforderlich, zusammen mit einer einstelligen Zahl, die den mit 10 multiplizierten Mittelwert der vorgeschriebenen Spanne des Gehaltes (auf 0,1 % gerundet) des Elementes angibt

  Zwecks Unterscheidung zwischen zwei Stahlsorten der betreffenden Erzeugnisnorm können, mit Ausnahme bei den Symbolen für chemische Elemente, an die Zusatzsymbole der Gruppe 2 ein oder zwei Ziffern angehängt werden.

  Wenn aus dieser Gruppe zwei Symbole benötigt werden, muss das chemische Symbol an letzter Stelle stehen.

- **Weitere Zusatzsymbole für Stahlerzeugnisse siehe Kapitel 1.3, 1.4 und 1.5**

Beispiele: EN 10025-2: S355J0C+N
Baustahl (S) mit einer festgelegten Mindeststreckgrenze bei Raumtemperatur von 355 MPa, mit einem Mindestwert der Kerbschlagarbeit von 27 J bei 0 °C (J0) und Eignung zum Abkanten (C), Lieferzustand normalisierend gewalzt (+N)

EN 10025-3: S355NL
Normalgeglühter (N) Baustahl (S) mit einer festgelegten Mindeststreckgrenze bei Raumtemperatur von 355 MPa, für tiefe Temperaturen (Gütegruppe L)

EN 10025-4: S355ML
Thermomechanisch gewalzter (M) Baustahl (S) mit einer festgelegten Mindeststreckgrenze bei Raumtemperatur von 355 MPa, für tiefe Temperaturen (Gütegruppe L)

- **Additional symbols for steels of group 2:**

  C = special cold forming
  D = for hot dip coating
  E = enamelling
  F = forgings
  H = hollow section
  L = for low temperature
  M = thermomechanically rolled
  N = normalized or normalized rolled
  P = for sheet piling
  Q = quenched and tempered
  S = for ship building
  T = for tubes
  W = weather resistant

  Letter and digit = Chemical symbol of specified additional elements, e.g. Cu, together, where necessary, with a single digit representing 10 × the average (rounded to 0,1 %) of that specified range of the content of that element

  Symbols of group 2, other than chemical symbols, may be suffixed by one or two digits in order to distinguish between qualities in accordance with the relevant product standard.

  If two of the symbols of this group are needed the chemical symbol shall be the last one.

- **Further additional symbols for steel products in Chapters 1.3, 1.4 and 1.5**

Examples: EN 10025-2: S355J0C+N
Structural steel (S) with a specified minimum yield strength at ambient temperature of 355 MPa and a minimum notch impact value of 27 J at 0 °C (J0), suitable for chamfering (C), delivery condition standard rolled (+N)

EN 10025-3: S355NL
Normalized (N) structural steel (S) with a specified minimum yield strength of 355 MPa at ambient temperature, for low temperatures Grade L)

EN 10025-4: S355ML
Thermomechanically rolled (M) structural steel (S) with a specified minimum yield strength of 355 MPa at ambient temperature, for low temperatures Grade L)

EN 10025-5: S355J0W+AR
Wetterfester (W) Baustahl (S) mit einer festgelegten Mindeststreckgrenze bei Raumtemperatur von 355 MPa, mit einem Mindestwert der Kerbschlagarbeit von 27 J bei 0 °C (J0), Lieferzustand wie gewalzt (+AR)

EN 10025-6: S460QL
Baustahl (S) mit einer festgelegten Mindeststreckgrenze bei Raumtemperatur von 460 MPa, im vergüteten Zustand (Q) für tiefe Temperaturen (Gütegruppe L)

EN 10149-2: S420MC
Thermomechanisch (M) gewalzter Baustahl (S) mit einem festgelegten Mindestwert der Streckgrenze bei Raumtemperatur von 420 MPa mit Eignung zum Kaltumformen (C)

EN 10210-1: S275J2H
Baustahl (S) mit einer Mindeststreckgrenze von 275 MPa, mit einem Mindestwert der Kerbschlagarbeit von 27 J bei –20 °C (J2), Hohlprofil (H)

EN 10346: S350GD+ZA
Flacherzeugnis aus Baustahl (S) mit einem festgelegten Mindestwert der Streckgrenze bei Raumtemperatur von 350 MPa, Schmelztauchüberzug geeignet (D), mit einer Zink-Aluminium-Legierung überzogen (+ZA)

Stähle für Druckbehälter

Die Bezeichnung besteht aus:

- **P = Hauptsymbol** für Stähle für Druckbehälter
- G = Stahlguss (vorangestellt, wenn erforderlich)
- **Mechanische Eigenschaften:** 3 Ziffern für festgelegte Mindeststreckgrenze in MPa für den kleinsten Dickenbereich. Unter dem Begriff Streckgrenze ist je nach den Angaben in der betreffenden Erzeugnisnorm die obere oder untere Streckgrenze (ReH) oder (ReL) oder die Dehngrenze bei nichtproportionaler Dehnung (Rp) oder die Dehngrenze bei gesamter Dehnung (Rt) zu verstehen.
- **Zusatzsymbole für Stähle der Gruppe 1:**
  B = Gasflaschen
  M = Thermomechanisch gewalzt[1)]
  N = Normalgeglüht oder normalisierend gewalzt[1)]
  Q = Vergütet[1)]
  S = Einfache Druckbehälter
  T = Rohre

EN 10025-5: S355J0W+AR
Structural steels (S) with atmospheric corrosion resistance (W) with a specified minimum yield strength of 355 MPa and a minimum notch impact value of 27 J at 0 °C (J0) delivered as rolled (+AR)

EN 10025-6: S460QL
Structural steel (S) with a specified minimum yield strength at ambient temperature of 460 MPa, tempered (Q) for low temperatures Grade L)

EN 10149-2: S420MC
Thermomechanically rolled (M) structural steel (S) with a specified minimum yield strength of 420 MPa at ambient temperature, suitable for cold-forming (C)

EN 10210-1: S275J2H
Structural steel (S) with a specified minimum yield strength of 275 MPa, with a minimum notch impact value of 27 J at –20 °C (J2), hollow section (H)

EN 10346: S350GD+ZA
Structural steel flat products (S) with a specified minimum yield strength at ambient temperature of 350 MPa, suitable for hot-dip coating (D), with zinc-aluminium alloy coating (+ZA)

Steels for pressure purposes

The designation is made up of:

- **P = Principal symbol** for steels for pressure purposes
- G = steel casting (where necessary)
- **Mechanical property:** 3 characters specified minimum yield strength in MPa for the smallest thickness range. The term yield strength refers to upper or lower yield strength (ReH) or (ReL) or proof strength (Rp), or proof strength total extension (Rt) depending on the requirement specified in the relevant product standard.
- **Additional symbols for steels of group 1:**
  B = gas bottles
  M = thermomechanically rolled[1)]
  N = normalized or normalized rolled[1)]
  Q = quenched and tempered[1)]
  S = simple pressure vessels
  T = tubes

G = Andere Merkmale, wenn erforderlich mit 1 oder 2 nachfolgenden Ziffern

1) = Symbole M, N und Q in Gruppe 1 gelten für Feinkornbaustähle.

– **Zusatzsymbole für Stähle der Gruppe 2:**

H = Hochtemperatur

L = Tieftemperatur

R = Raumtemperatur

X = Hoch- und Tieftemperatur

Zwecks Unterscheidung zwischen zwei Stahlsorten der betreffenden Erzeugnisnorm können, mit Ausnahme bei den Symbolen für chemische Elemente, an die Zusatzsymbole der Gruppe 2 ein oder zwei Ziffern angehängt werden.

– **Weitere Zusatzsymbole für Stahlerzeugnisse siehe Kapitel 1.3, 1.4 und 1.5**

Beispiele: EN 10028-2: P265GH

Druckbehälterstahl (P) mit einem festgelegten Mindestwert der Streckgrenze bei Raumtemperatur von 265 MPa, für Hochtemperatureinsatz (H)

EN 10028-3: P355NH

Druckbehälterstahl (P) mit einem festgelegten Mindestwert der Streckgrenze bei Raumtemperatur von 355 MPa, normalgeglüht (N), für Hochtemperatureinsatz (H)

EN 10028-5: P355ML1

Thermomechanisch (M) gewalzter Druckbehälterstahl (P) mit einem festgelegten Mindestwert der Streckgrenze bei Raumtemperatur von 355 MPa, für Tieftemperaturen (Gütegruppe L1)

EN 10028-6: P355QH

Druckbehälterstahl (P) mit einem festgelegten Mindestwert der Streckgrenze bei Raumtemperatur von 355 MPa, im vergüteten Zustand (Q), für Hochtemperatureinsatz (H)

EN 10120: P265NB

Blech oder Band für Druckbehälter (P) mit einem festgelegten Mindestwert der Streckgrenze bei Raumtemperatur von 265 MPa, normalgeglüht (N), für Gasflaschen (B)

EN 10207: P265S

Druckbehälterstahl (P) für einfache Druckbehälter (S) mit einem festgelegten Mindestwert der Streckgrenze bei Raumtemperatur von 265 MPa

G = Other characteristics followed, where necessary, by 1 or 2 digits

1) = Symbols M, N and Q in group 1 apply to fine grain steels.

- **Additional symbols for steels of group 2:**

  H = high temperature

  L = low temperature

  R = room temperature

  X = high and low temperature

  Symbols of group 2, other than chemical symbols, may be suffixed by one or two digits in order to distinguish between qualities in accordance with the relevant product standard.

- **Further additional symbols for steel products in Chapters 1.3, 1.4 and 1.5**

Examples: EN 10028-2: P265GH
Steel for pressure vessels (P) with a specified minimum yield strength at ambient temperature of 265 MPa, for use at high temperatures (H)

EN 10028-3: P355NH
Steel for pressure vessels (P) with a specified minimum yield strength at ambient temperature of 355 MPa, normalized (N), for use at high temperatures (H)

EN 10028-5: P355ML1
Thermomechanically (M) rolled steel for pressure vessels (P) with a specified minimum yield strength at ambient temperature of 355 MPa, for use at low temperatures (grade L1)

EN 10028-6: P355QH
Steel for pressure vessels (P) with a specified minimum yield strength at ambient temperature of 355 MPa , quenched and tempered (Q), for use at high temperatures (H)

EN 10120: P265NB
Sheet or strip for pressure vessels (P) with a specified minimum yield strength at ambient temperature of 265 MPa, normalized (N), for gas cylinders (B)

EN 10207: P265S
Steel for simple (S) pressure vessels (P) with a specified minimum yield strength at ambient temperature of 265 MPa

EN 10213: GP240GH+N
Stahlguss für Druckbehalter (GP) mit einem festgelegten Mindestwert der Dehngrenze bei Raumtemperatur von 240 MPa, für Hochtemperatureinsatz (H), normalgeglüht (+N)

Stähle für Leitungsrohre

Die Bezeichnung besteht aus:

- **L = Hauptsymbol** für Stähle für Leitungsrohre
- **Mechanische Eigenschaften:** 3 Ziffern = festgelegte Mindeststreckgrenze in MPa für den kleinsten Dickenbereich. Unter dem Begriff Streckgrenze ist je nach den Angaben in der betreffenden Erzeugnisnorm die obere oder untere Streckgrenze (ReH) oder (ReL) oder die Dehngrenze bei nichtproportionaler Dehnung (Rp) oder die Dehngrenze bei gesamter Dehnung (Rt) zu verstehen.
- **Zusatzsymbole für Stähle der Gruppe 1:**
  M = Thermomechanisch gewalzt[1)]
  N = Normalgeglüht oder normalisierend gewalzt[1)]
  Q = Vergütet[1)]
  G = Andere Merkmale, wenn erforderlich mit 1 oder 2 nachfolgenden Ziffern
  [1)] = Symbole M, N und Q in Gruppe 1 gelten für Feinkornbaustähle.
- **Zusatzsymbole für Stähle der Gruppe 2:**
  Buchstabe = Anforderungsklassen, falls erforderlich mit einer nachfolgenden Ziffer
  S = Saure Einsatzbedingung
  O = Offshore-Einsatz
  E = Erdgasdurchleitung im europäischen Onshore-Einsatz
- **Weitere Zusatzsymbole für Stahlerzeugnisse siehe Kapitel 1.3, 1.4 und 1.5**

Beispiel: EN ISO 3183: L360Q
Stahl für Leitungsrohr (L) im vergüteten Zustand (Q) mit einem festgelegten Mindestwert der Streckgrenze bei Raumtemperatur von 360 MPa

Maschinenbaustähle

Die Bezeichnung besteht aus:

- **E = Hauptsymbol** für Maschinenbaustähle
- G = Stahlguss (vorangestellt, wenn erforderlich)

EN 10213: GP240GH+N
Steel casting for pressure vessels (GP) with a specified minimum yield strength at ambient temperature of 240 MPa, for use at high temperatures (H), normalized (+N)

Steels for line pipe

The designation is made up of:

- **L = Principal symbol** for steels for line pipe
- **Mechanical property:** 3 characters = specified minimum yield strength in MPa for the smallest thickness range The term yield strength refers to upper or lower yield strength (ReH) or (ReL) or proof strength (Rp), or proof strength total extension (Rt) depending on the requirement specified in the relevant product standard.
- **Additional symbols for steels of group 1:**
  M = thermomechanically rolled[1)]
  N = normalized or normalized rolled[1)]
  Q = quenched and tempered[1)]
  G = Other characteristics followed, where necessary by 1 or 2 digits
  [1)] = Symbols M, N and Q in group 1 apply to fine grain steels.
- **Additional symbols for steels of group 2:**
  Letter = class requirement followed, where necessary, by one digit
  S = sour service
  O = offshore
  E = European onshore natural gas transmission
- **Further additional symbols for steel products are given in Chapters 1.3, 1.4 and 1.5**

Example: EN ISO 3183: L360Q
Steel for pipelines (L) quenched and tempered (Q) with a specified minimum yield strength at ambient temperature of 360 MPa

Steels for engineering

The designation is made up of:

- **E = Principal symbol** for steels for engineering
- G = Steel casting (where necessary)

- **Mechanische Eigenschaften:** 3 Ziffern festgelegte Mindeststreckgrenze in MPa für den kleinsten Dickenbereich. Unter dem Begriff Streckgrenze ist je nach den Angaben in der betreffenden Erzeugnisnorm die obere oder untere Streckgrenze (ReH) oder (ReL) oder die Dehngrenze bei nichtproportionaler Dehnung (Rp) oder die Dehngrenze bei gesamter Dehnung (Rt) zu verstehen.
- **Zusatzsymbole für Stähle der Gruppe 1:**
  G = Andere Merkmale, wenn erforderlich mit 1 oder 2 nachfolgenden Ziffern oder falls Kerbschlageigenschaften festgelegt sind, entsprechend den Regeln in Abschnitt 1 (Stähle für den Stahlbau)
- **Zusatzsymbole für Stähle der Gruppe 2:**
  C = Eignung zum Kaltziehen
- **Weitere Zusatzsymbole für Stahlerzeugnisse siehe Kapitel 1.5**

Beispiele: EN 10025-2: E295GC
Maschinenbaustahl (E) mit festgelegtem Mindestwert der Streckgrenze bei Raumtemperatur von 295 MPa mit Eignung zum Kaltziehen (C)

EN 10293: GE240
Allgemeiner Stahlguss (GE) mit festgelegtem Mindestwert der Dehngrenze bei Raumtemperatur von 240 MPa

EN 10296-1: E355K2
Maschinenbaustahl (E) mit einem festgelegten Mindestwert der Streckgrenze von 355 MPa und einem Mindestwert der Kerbschlagarbeit von 40 J bei –20 °C (K2)

Betonstähle

Die Bezeichnung besteht aus:

- **B = Hauptsymbol** für Betonstähle
- **Mechanische Eigenschaften:** 3 Ziffern = charakteristischer Wert der Streckgrenze in MPa für den kleinsten Abmessungsbereich. Unter dem Begriff Streckgrenze ist je nach den Angaben in der betreffenden Erzeugnisnorm die obere oder untere Streckgrenze (ReH) oder (ReL) oder die Dehngrenze bei nichtproportionaler Dehnung (Rp) oder die Dehngrenze bei gesamter Dehnung (Rt) zu verstehen.
- **Zusatzsymbole für Stähle der Gruppe 1:**
  Buchstabe = Duktilitätsklasse, falls erforderlich mit einer oder zwei nachfolgenden Kennziffern
  Duktilitätsklasse A = hergestellt aus kaltverformtem Stahl
  Duktilitätsklasse B = hergestellt aus warmgewalztem Stahl

- **Mechanical property:** 3 characters = specified minimum yield strength in MPa for the smallest thickness range. The term yield strength refers to upper or lower yield strength (ReH) or (ReL) or proof strength (Rp), or proof strength total extension (Rt) depending on the requirement specified in the relevant product standard.
- **Additional symbols for steels of group 1:**
  G = other characteristics followed, where necessary by 1 or 2 digits or in case where impact properties are specified the rules of table 1 group 1 shall be applied (Structural steels)
- **Additional symbols for steels of group 2:**
  C = suitability for cold drawing
- **Further additional symbols for steel products are given in Chapter 1.5**

Examples: EN 10025-2: E295GC
Engineering steel (E) with a specified minimum yield strength at ambient temperature of 295 MPa, suitable for cold-drawing (C)

EN 10293: GE240
Steel castings for general engineering (GE) with a specified minimum yield strength at ambient temperature of 240 MPa

EN 10296-1: E355K2
Engineering steel (E) with a specified minimum yield strength at ambient temperature of 355 MPa and a minimum notch impact value of 40 J at –20 °C (K2)

Steels for reinforcing concrete

The designation is made up of:

- **B = Principal symbol** for steels for reinforcing concrete
- **Mechanical property:** 3 characters = characteristic yield strength in MPa for the smallest dimensional range. The term yield strength refers to upper or lower yield strength (ReH) or (ReL) or proof strength (Rp), or proof strength total extension (Rt) depending on the requirement specified in the relevant product standard.
- **Additional symbols for steels of group 1:**
  Letter = ductility class followed, where necessary, by 1 or 2 digits
  Ductility class A = made from cold-formed steel
  Ductility class B = made from hot-rolled steel

– **Weitere Zusatzsymbole für Stahlerzeugnisse siehe Kapitel 1.5**

Beispiel: DIN 488: B500A
Betonstahl (B) mit einem festgelegten Mindestwert der Streckgrenze bei Raumtemperatur von 500 MPa, hergestellt aus kaltverformtem Stahl, Duktilitätsklasse A

Anmerkung: Ersatznorm EN 10080 enthält keine definierte Betonstahlsorte.

Spannstähle

Die Bezeichnung besteht aus:

- **Y = Hauptsymbol** für Spannstähle
- **Mechanische Eigenschaften:** 4 Ziffern = Nennwert für Zugfestigkeit Rm in MPa, bei 3stelligen Angaben für die Zugfestigkeit ist eine Null voranzusetzen.
- **Zusatzsymbole für Stähle der Gruppe 1:**

  C = Kaltgezogener Draht

  H = Warmgewalzte Stäbe oder warmgewalzte und behandelte Stäbe

  Q = Vergüteter Draht

  S = Litze

  G = Andere Merkmale, wenn erforderlich mit 1 oder 2 nachfolgenden Ziffern

  Zwecks Unterscheidung zwischen zwei Stahlsorten der betreffenden Erzeugnisnorm können an die Zusatzsymbole der Gruppe 1 ein oder zwei Ziffern angehängt werden.
- **Weitere Zusatzsymbole für Stahlerzeugnisse siehe Kapitel 1.5**

Beispiel: prEN 10138-3: Y1770S7
Spannstahl (Y) mit einem festgelegten Nennwert der Zugfestigkeit bei Raumtemperatur von 1 770 MPa, als Litze hergestellt (S), mit 7 Drähten in der Litze (7)

Schienenstähle

Die Bezeichnung besteht aus:

- **R = Hauptsymbol** für Schienenstähle
- **Mechanische Eigenschaften:** 3 Ziffern = Mindesthärte nach Brinell (HBW)
- **Zusatzsymbole für Stähle der Gruppe 1:**

  Cr = Chrom-legiert

  Mn = Hoher Mn-Gehalt

  Buchstabe und Ziffer = Chemische Symbole für vorgeschriebene zusätzliche Elemente, z. B. Cu falls erforderlich, zusam-

- **Further additional symbols for steel products are given in Chapter 1.5**

Example: DIN 488: B500A
Reinforcing steel (B) with a specified minimum yield strength at ambient temperature of 500 MPa, made from cold-formed steel, ductility class A

Note: Replacement standard EN 10080 does not specify any reinforcing steels.

Steels for prestressing concrete

The designation is made up of:

- **Y = Principal symbol** for steels for prestressing concrete
- Mechanical property: 4 characters = nominal tensile strength (Rm) in MPa, where tensile strength is specified by 3 digits the first digit shall be zero.
- **Additional symbols for steels of group 1:**

  C = cold drawn wire

  H = hot rolled bars or hot rolled and processed bars

  Q = quenched and tempered wire

  S = strand

  G = Other characteristics followed, where necessary by 1 or 2 digits

  Symbols of group 1 may be suffixed by one or two digits in order to distinguish between qualities in accordance with the relevant product standard.
- **Further additional symbols for steel products are given in Chapter 1.5**

Example: prEN 10138-3: Y1770S7
Prestressing steel (Y) with a specified nominal tensile strength at ambient temperature of 1 770 MPa, manufactured as strand (S), with 7 wires in the strand (7)

Steels for or in the form of rails

The designation is made up of:

- **R = Principal symbol** for steels for or in the form of rails
- **Mechanical property:** 3 characters = specified minimum Brinell Hardness (HBW)
- **Additional symbols for steels of group 1:**

  Cr = chromium alloyed

  Mn = high manganese content

  Letter and digit = Chemical symbol of specified additional elements, e.g. Cu, together, where necessary, with a single digit men mit einer einstelligen Zahl, die den mit 10 multiplizierten Mittelwert der vorgeschriebenen Spanne des Gehaltes (auf 0,1 % gerundet) des Elementes angibt.

G = Andere Merkmale, wenn erforderlich mit 1 oder 2 nachfolgenden Ziffern

- **Zusatzsymbole für Stähle der Gruppe 2:**

  HAT = Wärmebehandelt

  LHT = Niedriglegiert, wärmebehandelt

  Q = Vergütet

Beispiel: EN 13674-1: R370CrHT
Chromlegierter (Cr) und wärmebehandelter (HT) Schienenstahl R mit einer Brinell-Mindesthärte von 370 HBW (370)

Flacherzeugnisse zum Kaltumformen

Die Bezeichnung besteht aus:

- **D = Hauptsymbol** für Flacherzeugnisse zum Kaltumformen
- **Mechanische Eigenschaften:**

  C und 2 Ziffern = Kaltgewalzt, gefolgt von zwei Symbolen

  D und 2 Ziffern = Warmgewalzt, bestimmt für unmittelbare Kaltumformung, gefolgt von 2 Symbolen

  X und 2 Ziffern = Art des Walzens (warm oder kalt) nicht vorgeschrieben, gefolgt von 2 Symbolen

  Diese Symbole werden von der verantwortlichen Stelle zur Charakterisierung des Stahles zugeordnet.

- **Zusatzsymbole für Stähle der Gruppe 1:**

  D = Für Schmelzüberzüge

  ED = Für Direktemaillierung

  EK = Für konventionelle Emaillierung

  H = Für Hohlprofile

  T = Für Rohre

  Buchstabe und Ziffer = Chemische Symbole für vorgeschriebene zusätzliche Elemente, z. B. Cu falls erforderlich, zusammen mit einer einstelligen Zahl, die den mit 10 multiplizierten Mittelwert der vorgeschriebenen Spanne des Gehaltes (auf 0,1 % gerundet) des Elementes angibt.

  Zwecks Unterscheidung zwischen zwei Stahlsorten der betreffenden Erzeugnisnorm können, mit Ausnahme bei den Symbolen für chemische Elemente, an die Zusatzsymbole der Gruppe 1 ein oder zwei Ziffern angehängt werden.

  G = Andere Merkmale, wenn erforderlich mit 1 oder 2 nachfolgenden Ziffern representing 10 × the average (rounded to 0,1 %) of that specified range of the content of that element.

G = Other characteristics followed where necessary, by 1 or 2 digits

- **Additional symbols for steels of group 2:**

  HT = heat treated

  LHT = low alloy, heat treated

  Q = quenched and tempered

Example: EN 13674-1: R370CrHT
Chromium alloyed (Cr) and heat-treated (HT) steel for rails (R) with a minimum Brinell hardness of 370 HBW (370)

Flat products for cold forming

The designation is made up of:

- **D = Principal symbol** for flat products for cold forming
- **Mechanical property:**

  C and 2 characters = cold rolled followed by 2 symbols

  D and 2 characters = hot rolled for direct cold forming followed by 2 symbols

  X and 2 characters = product where rolled condition are not specified followed by 2 symbols

  These symbols are assigned by the responsible body in order to characterize the steel.

- **Additional symbols for steels of group 1:**

  D = for hot dip coating

  ED = for direct enamelling

  EK = for conventional enamelling

  H = for hollow sections

  T = for tubes

  Letter and digit = Chemical symbol of special additional element, e.g. Cu, together, where necessary, with a single digit representing 10 × the average (rounded to 0,1 %) of that specified range of the content of that element.

  Symbols of group 1, other than chemical symbols, may be suffixed by one or two digits in order to distinguish between qualities in accordance with the relevant product standard.

  G = Other characteristics followed where necessary, by 1 or 2 digits

- **Weitere Zusatzsymbole für Stahlerzeugnisse siehe Kapitel 1.4 und 1.5**

Beispiele: EN 10111: DD13
Flachstahl zum Kaltumformen (D), warmgewalzt (D), Sondertiefziehgüte (13)

EN 10152: DC03+ZE
Elektrolytisch verzinkter (+ZE) Flachstahl zum Kaltumformen (D), kaltgewalzt (C), Tiefziehgüte (03)

EN 10209: DC04EK
Flachstahl zum Kaltumformen (D), kaltgewalzt (C), Ziehgüte (04) für konventionelle Emaillierung (EK)

EN 10346: DX51D+ZA
Flachstahl zum Kaltumformen (D), mit nicht vorgeschriebener Walzart (X), Maschinenfalzgüte (51), für Schmelzüberzug (D) und Zink-Aluminium-Überzug (+ZA)

Flacherzeugnisse aus höherfesten Stählen zum Kaltumformen

Die Bezeichnung besteht aus:

- **H = Hauptsymbol** für Flacherzeugnisse aus höherfesten Stählen zum Kaltumformen
- **Mechanische Eigenschaften:**
  C und 3 Ziffern = Kaltgewalzt, gefolgt von der festgelegten Mindeststreckgrenze Re oder Mindestdehngrenze Rp in MPa
  D und 3 Ziffern = Warmgewalzt, bestimmt für unmittelbare Kaltumformung, gefolgt von der festgelegten Mindeststreckgrenze Re oder Mindestdehngrenze Rp in MPa
  X und 3 Ziffern = Art des Walzens (warm oder kalt) nicht vorgeschrieben, gefolgt von der festgelegten Mindeststreckgrenze Re oder Mindestdehngrenze Rp in MPa
  CT und 3 oder 4 Ziffern = Kalzgewalzt, gefolgt von der festgelegten Mindestzugfestigkeit Rm in MPa
  DT und 3 oder 4 Ziffern = Warmgewalzt, bestimmt für unmittelbare Kaltumformung, gefolgt von der festgelegten Mindestzugfestigkeit Rm in MPa
  XT und 3 oder 4 Ziffern = Art des Walzens (warm oder kalt) nicht vorgeschrieben, gefolgt von der festgelegten Mindestzugfestigkeit Rm in MPa

- **Further additional symbols for steel products are given in Chapters 1.4 and 1.5**

Examples: EN 10111: DD13
Flat steel for cold forming (D), hot-rolled (D) special drawing grade (13)

EN 10152: DC03+ZE
Electrolytically galvanized (+ZE) flat steel for cold-forming (D), cold-rolled (C), drawing grade (03)

EN 10209: DC04EK
Flat steel for cold-forming (D), cold-rolled (C), drawing grade (04) for conventional enamelling (EK)

EN 10346: DX51D+ZA
Flat steel for cold-forming (D), unspecific rolling (X), Seaming grade (51), for enamel coating (D) and zinc-aluminium coating (+ZA)

High strength steel flat products for cold forming

The designation is made up of:

- **H = Principal symbol** for high strength steel flat products for cold forming
- **Mechanical property:**

  C and 3 characters = cold rolled followed by specified minimum yield strength Re in MPa

  D and 3 characters = hot rolled for direct cold forming followed by specified minimum yield strength Re in MPa

  X and 3 characters = product where the rolling condition is not specified followed by specified minimum yield strength Re in MPa

  CT and 3 or 4 characters = cold rolled followed by specified minimum tensile strength Rm in MPa

  DT and 3 or 4 characters = hot rolled for direct cold forming followed by specified minimum tensile strength Rm in MPa

  XT and 3 or 4 characters = product where the rolling condition is not specified followed by specified minimum tensile strength Rm in MPa

Unter dem Begriff Streckgrenze ist je nach den Angaben in der betreffenden Erzeugnisnorm die obere oder untere Streckgrenze (ReH) oder (ReL) oder die Dehngrenze bei nichtproportionaler Dehnung (Rp) oder die Dehngrenze bei gesamter Dehnung (Rt) zu verstehen.

- **Zusatzsymbole für Stähle der Gruppe 1:**

  B = Bake hardening

  C = Komplexphase

  F = Ferritisch-bainitischer Stahl

  I = Isotroper Stahl

  LA = Niedriglegiert/Mikrolegiert

  MP = Mehrphase

  MS = Martensitisch

  T = TRIP-Stahl (TRansformation Induced Plasticity)

  X = Dualphase

  Y = Interstitial free steel (IF-Stahl)

  G = Andere Merkmale, wenn erforderlich mit 1 oder 2 nachfolgenden Ziffern

- **Zusatzsymbole für Stähle der Gruppe 2:**

  D = Für Schmelztauchüberzüge

  Zwecks Unterscheidung zwischen zwei Stahlsorten der betreffenden Erzeugnisnorm können an die Zusatzsymbole der Gruppen 1 und 2 ein oder zwei Ziffern angehängt werden.

- **Weitere Zusatzsymbole für Stahlerzeugnisse siehe Kapitel 1.4**

Beispiele: EN 10268: HC260LA
Höherfester Flachstahl zum Kaltumformen (H), kaltgewalzt (C) mit einem festgelegten Mindestwert der Dehngrenze bei Raumtemperatur von 260 MPa, niedriglegiert (LA)

EN 10346: HCT450X
Höherfester Flachstahl zum Kaltumformen (H), kaltgewalzt (CT) mit einem festgelegten Mindestwert der Zugfestigkeit bei Raumtemperatur von 450 MPa, aus Dualphasen-Stahl (X)

Verpackungsblech und -band

Die Bezeichnung besteht aus:

- **T = Hauptsymbol** für Verpackungsblech und -band
- **Mechanische Eigenschaften:**

  H und 3 Ziffern = Nennstreckgrenze Re in MPa für kontinuierlich geglühte Sorten

  S und 3 Ziffern = Nennstreckgrenze Re in MPa für losweise geglühte Sorten

The term "yield strength" refers to upper or lower yield strength (ReH) or (ReL) or proof strength (Rp), or proof strength total extension (Rt) depending on the requirement specified in the relevant product standard.

- **Additional symbols for steels of group 1:**
  B = bake hardening
  C = complex-phase
  F = ferritic-bainitic steel
  I = isotropic steel
  LA = low alloyed/micro alloyed
  MP = multiphase
  MS = martensitic
  T = TRIP-steel (TRansformation Induced Plasticity)
  X = dual phase
  Y = interstitial free steel (IF-Stahl)
  G = Other characteristics followed, where necessary, by 1 or 2 digits
- **Additional symbols for steels of group 2:**
  D = for hot dip coating

  Symbols of group 1 and 2, may be suffixed by one or two digits in order to distinguish between qualities in accordance with the relevant product standard.
- **Further additional symbols for steel products are given in Chapter 1.4**

Examples: EN 10268: HC260LA
High tensile flat steel for cold-forming (H), cold-rolled (C) with a specific minimum tensile strength at ambient temperature of 260 MPa, low alloy (LA)

EN 10346: HCT450X
High tensile flat steel for cold-forming (H), cold-rolled (CT) with a specific minimum tensile strength at ambient temperature of 450 MPa, made from dual phase steel (X)

Tin mill products (steel products for packaging)

The designation is made up of:

- **T = Principal symbol** for tin mill products (steel products for packaging)
- **Mechanical property:**
  H and 3 characters = nominal yield strength (Re) in MPa for continuous annealed grades
  S and 3 characters = nominal yield strength (Re) in MPa for batch annealed grades

- **Weitere Zusatzsymbole für Stahlerzeugnisse siehe Kapitel 1.4 und 1.5**

Anmerkung: Für Feinstblech sind keine Symbole vorgesehen.

Beispiel: EN 10202: TH550
Weißblech (T) für kontinuierlich geglühte Sorten (H) mit einem festgelegten Nennwert der Streckgrenze von 550 MPa

Elektroblech und -band

Die Bezeichnung besteht aus:

- **M = Hauptsymbol** für Elektroblech und -band
- **Eigenschaften:**
  3 oder 4 Ziffern = Höchstzulässiger Unmagnetisierungsverlust in W/kg × 100
  2 Ziffern = 100 × Nenndicke in mm
  Beide Angaben werden durch einen Bindestrich getrennt.
- **Art des Erzeugnisses:**
  Für eine magnetische Polarisation bei 50 Hz von 1,5 Tesla:
  A = Nicht kornorientiert
  K = Unlegierter oder legierter Stahl (nicht schlussgeglüht)
  Für eine magnetische Polarisation bei 50 Hz von 1,7 Tesla:
  P = Kornorientiert mit hoher Permeabilität
  S = Konventionell kornorientiert

Beispiele: EN 10106: M400-50A
Nicht kornorientiertes (A) Elektroblech (M) mit dem Hundertfachen festgelegten Höchstwert für den Unmagnetisierungsverlust von 4,00 W/kg bei 1,5 T und 50 Hz (400) und einer Nenndicke von 0,50 mm (50) im schlussgeglühten Zustand

EN 10107: M105-30P
Kornorientiertes Elektroblech (M) mit hoher Permeabilität (P) mit dem Hundertfachen festgelegten Höchstwert für den Unmagnetisierungsverlust von 1,05 W/kg bei 1,7 T und 50 Hz (105) und einer Nenndicke von 0,30 mm (30), im schlussgeglühten Zustand

EN 10341: M660-50K
Kaltgewalztes Elektroblech (M) mit dem Hundertfachen festgelegten Höchstwert für den Unmagnetisierungsverlust von 6,60 W/kg bei 1,5 T und 50 Hz (660) und einer Nenndicke von 0,50 mm (50), aus unlegiertem oder legiertem Stahl (K) im nicht schlussgeglühten Zustand

- **Further additional symbols for steel products are given in Chapters 1.4 and 1.5**

NOTE: No symbol is assigned to blackplate.

Example: EN 10202: TH550
Tin plate (T) for continuously annealed steels (H) with a specific nominal tensile strength of 550 MPa

Magnetic steel sheet and strip

The designation is made up of:

- **M = Principal symbol** for magnetic steel sheet and strip
- **Property:**
  3 or 4 characters = max specified loss in W/kg × 100
  2 characters = 100 × nominal thickness in mm
  A hyphen shall separate the two properties.
- **Type of product:**
  For magnetic polarization at 50 Hz of 1,5 Tesla:
  A = non-oriented
  K = non-alloy and alloy electrical steel sheet/strip in the semi-processed state
  For magnetic polarization at 50 Hz of 1,7 Tesla:
  P = high permeability grain oriented
  S = conventional grain oriented

Examples: EN 10106: M400-50A
Non-oriented (A) electrical steel sheet (M) with 100 × the specified maximum value for loss by reversal of magnetism of 4,00 W/kg at 1,5 T and 50 Hz (400) and a nominal thickness of 0,50 mm (50) when fully annealed

EN 10107: M105-30P
Oriented electrical steel sheet (M) with high permeability (P) with 100 × the specified maximum value for loss by reversal of magnetism of 1,05 W/kg at 1,7 T and 50 Hz (105) and a nominal thickness of 0,30 mm (30), when fully annealed

EN 10341: M660-50K
Cold-rolled electrical steel sheet (M) with 100 × the specified maximum value for loss by reversal of magnetism of 6,60 W/kg at 1,5 T and 50 Hz (660) and a nominal thickness of 0,50 mm (50), made from unalloyed or alloyed steel (K), not fully annealed

1.2 Bezeichnung der Stähle nach ihrer chemischen Zusammensetzung

Unlegierte Stähle mit mittlerem Mn-Gehalt ≤ 1 % außer Automatenstähle

Die Bezeichnung besteht aus:

- **C = Hauptsymbol** für Kohlenstoff
- G = Stahlguss (vorangestellt, wenn erforderlich)
- **Kohlenstoffgehalt:**

  3 Ziffern = 100 × mittlerer C-Gehalt des vorgeschriebenen Bereiches. Wenn kein Bereich für den Kohlenstoffgehalt angegeben ist, ist von einem passenden repräsentativen Wert auszugehen.

  Zwecks Unterscheidung zwischen zwei Stahlsorten mit ähnlicher chemischer Zusammensetzung kann die Kennzahl für den Kohlenstoffgehalt um 1 erhöht werden.

- **Zusatzsymbole für Stähle der Gruppe 1:**

  C = Zum Kaltumformen, z. B. Kaltstauchen, Kaltfließpressen
  D = Zum Drahtziehen
  E = Vorgeschriebener maximaler S-Gehalt
  R = Vorgeschriebener Bereich des S-Gehalts
  S = Für Federn
  U = Für Werkzeuge
  W = Für Schweißdraht
  G = Andere Merkmale, wenn erforderlich mit 1 oder 2 nachfolgenden Ziffern

  Den Symbolen der Gruppe 1, außer E und R, können ein oder zwei Ziffern angehängt werden zwecks Unterscheidung von zwei Stahlsorten der betreffenden Erzeugnisnorm.

  Den Symbolen E und R der Gruppe 1 kann eine Ziffer angehängt werden, die den mit 100 multiplizierten, zuvor auf 0,01 % gerundeten höchstzulässigen bzw. mittleren Schwefelgehalt darstellt.

- **Zusatzsymbole für Stähle der Gruppe 2:**

  Buchstabe und Ziffer = Chemische Symbole für vorgeschriebene zusätzliche Elemente, z. B. Cu falls erforderlich, zusammen mit einer einstelligen Zahl, die den mit 10 multiplizierten Mittelwert der vorgeschriebenen Spanne des Gehaltes (auf 0,1 % gerundet) des Elementes angibt

- **Weitere Zusatzsymbole für Stahlerzeugnisse siehe Kapitel 1.5**

Beispiele: EN 10083-2: C35E
Unlegierter Vergütungsstahl (C) aus der Stahlsorte mit dem Kurznamen C35E mit einem mittleren prozentua-

1.2 Steels designated according to chemical composition

Non-alloy steels (except free cutting steels) with an average manganese content < 1 %

The designation is made up of:

- **C = Principal symbol** for carbon
- G = steel casting (where necessary)
- **Carbon content:**

  3 characters = 100 × specified average carbon percentage content. Where the carbon content is not specified by a range, a suitably representative value shall be selected by the responsible body

  To distinguish between two similar steel grades, the number indicating carbon content may be increased by 1.

- **Additional symbols for steels of group 1:**

  C = for cold forming, e.g. cold heading, cold extrusion
  D = for wire drawing
  E = with specified max sulfur content
  R = with specified sulfur content range
  S = for springs
  U = for tools
  W = for welding rod
  G = other characteristics followed where necessary by, 1 or 2 digits

  Symbols of group 1, other than E and R, may be suffixed by one or two digits in order to distinguish between qualities in accordance with the relevant product standard.

  The symbols E and R of group 1 may be followed by 1 digit representing 100 × the maximum or average sulfur content rounded to the nearest 0,01 %.

- **Additional symbols for steels of group 2:**

  Letter and digit = chemical symbol of special additional element(s), e.g. Cu, together, where necessary, with a single digit representing 10 × the average (rounded to 0,1 %) of that specified range of the content of that element

- **Further additional symbols for steel products see Chapter 1.5**

Examples: EN 10083-2: C35E
Unalloyed tempered steel (C) made from the steel grade with the designation C35E with a mean percent-

len Gehalt an Kohlenstoff von 0,35 % (35) mit vorgeschriebenem maximalem Schwefelgehalt (E)

EN 10132-4: C85S
Unlegierter Stahl (C) aus der Stahlsorte mit dem Kurznamen C85S mit einem mittleren prozentualen Gehalt an Kohlenstoff von 0,85 % (85), für Federn (S)

EN 10263-2: C8C
Unlegierter Stahl (C) aus der Stahlsorte mit dem Kurznamen C8C mit einem mittleren prozentualen Gehalt an Kohlenstoff von 0,08 % (8), zum Kaltstauchen geeignet (C)

EN ISO 16120-2: C20D
Unlegierter Stahl (C) aus der Stahlsorte mit dem Kurznamen C20C mit einem mittleren prozentualen Gehalt an Kohlenstoff von 0,20 % (20), zum Ziehen geeignet (D)

EN ISO 16120-3: C2D1
Unlegierter Stahl (C) aus der Stahlsorte mit dem Kurznamen C2D1 mit einem mittleren prozentualen Gehalt an Kohlenstoff von 0,02 % (2), zum Ziehen geeignet (D), unberuhigter Stahl (1)

EN ISO 16120-4: C20D2
Unlegierter Stahl (C) aus der Stahlsorte mit dem Kurznamen C20D2 mit einem mittleren prozentualen Gehalt an Kohlenstoff von 0,20 % (20), zum Ziehen geeignet (D), mit erhöhten Anforderungen (2)

Unlegierte Stähle mit einem Mittel von ≥ 1 % Mn, unlegierte Automatenstähle sowie legierte Stähle (ausgenommen Schnellarbeitsstähle), sofern der mittlere Gehalt der einzelnen Legierungselemente ≤ 5 % ist

Die Bezeichnung besteht aus:

- G = Stahlguss (vorangestellt, wenn erforderlich)
- **Kohlenstoffgehalt:**

  3 Ziffern = 100 × mittlerer C-Gehalt des vorgeschriebenen Bereiches. Wenn kein Bereich für den Kohlenstoffgehalt angegeben ist, ist von einem passenden repräsentativen Wert auszugehen.

  Zwecks Unterscheidung zwischen zwei Stahlsorten mit ähnlicher chemischer Zusammensetzung kann die Kennzahl für den Kohlenstoffgehalt um 1 erhöht werden.

age carbon content of 0,35 % (35) with a specified maximum sulfur content (E)

EN 10132-4: C85S
Unalloyed steel (C) made from the steel grade with the designation C85S with a mean percentage carbon content of 0,85 % (85), for springs (S)

EN 10263-2: C8C
Unalloyed steel (C) made from the steel grade with the designation C8C with a mean percentage carbon content of 0,08 % (8), suitable for cold-heading (C)

EN ISO 16120-2: C20D
Unalloyed (C) made from the steel grade with the designation C20C with a mean percentage carbon content of 0,20 % (20), suitable for drawing (D)

EN ISO 16120-3: C2D1
Unalloyed steel (C) made from the steel grade with the designation C2D1 with a mean percentage carbon content of 0,02 % (2), suitable for drawing (D), rimming steel (1)

EN ISO 16120-4: C20D2
Unalloyed steel (C) made from C20D2 with a mean percentage carbon content of 0,20 % (20), suitable for drawing (D), for increased requirements (2)

Non-alloy steels with an average manganese content ≥ 1 %, non-alloy freecutting steels and alloy steels (except high speed steels) where the content, by weight, of every average alloying element is < 5 %

The designation is made up of:

- G = steel casting (where necessary)
- **Carbon content:**

  3 characters = 100 × specified average carbon percentage content. Where the carbon content is not specified by a range, a suitably representative value shall be selected by the responsible body

  To distinguish between two similar steel grades, the number indicating carbon content may be increased by 1.

– **Legierungselemente:**
Buchstaben = Chemische Symbole für die den Stahl charakterisierenden Legierungselemente[1)], gefolgt von Zahlen, getrennt durch Bindestriche, die dem mittleren Gehalt der Elemente, multipliziert mit den nachstehenden Faktoren entsprechen.

Element	Faktor
Cr, Co, Mn, Ni, Si, W	4
Al, Be, Cu, Mo, Nb, Pb, Ta, Ti, V, Zr	10
Ce, N, P, S	100
B	1 000

[1)] Die Reihenfolge der Symbole muss nach abnehmendem Wert des Gehaltes geordnet sein; wenn die Werte für den Gehalt von 2 oder mehr Elementen gleich sind, sind die entsprechenden Symbole in alphabetischer Reihenfolge anzugeben.

– **Weitere Zusatzsymbole für Stahlerzeugnisse siehe Kapitel 1.3 und 1.5**

Beispiele: EN 10028-2: 13CrMo4-5+NT
Legierter Stahl mit einem mittleren prozentualen Gehalt an Kohlenstoff von 0,13 % (13), einem mittleren Gehalt an Chrom von 1 % multipliziert mit Faktor 4 (4) und einem mittleren Gehalt an Molybdän von 0,5 % multipliziert mit Faktor 10 (5) im normalgeglühten und angelassenen Zustand (+NT)

EN 10028-4: 13MnNi6-3
Nickel-legierter kaltzäher Stahl aus der Stahlsorte mit dem Kurznamen 13MnNi6-3

EN 10083-2: 28Mn6
Vergütungsstahl mit einem mittleren prozentualen Gehalt an Kohlenstoff von 0,28 % (28) und einem mittleren Mangangehalt (Mn) von 1,4 % multipliziert mit Faktor 4 (6)

EN 10083-3: 27MnCrB5-2
Legierter Stahl mit einem mittleren prozentualen Gehalt an Kohlenstoff von 0,27 % (27), einem mittleren Gehalt an Mangan von 1,25 % multipliziert mit Faktor 4 (5), einem mittleren Gehalt an Chrom von 0,5 %, multipliziert mit Faktor 4 (2) und Bor (B)

EN 10087: 11SMnPb30
Automatenstahl aus der Stahlsorte mit dem Kurznamen 11SMnPb30

- **Alloying elements:**

  Letters = chemical symbols indicating alloying elements[1] that characterize the steel followed by: numbers, separated by hyphens, representing respectively the average percentage content of the elements multiplied by the following factors

Element	Factor
Cr, Co, Mn, Ni, Si, W	4
Al, Be, Cu, Mo, Nb, Pb, Ta, Ti, V, Zr	10
Ce, N, P, S	100
B	1000

[1] The sequence of symbols shall be in decreasing order of the values of the average percentage content; where the values of contents are the same for two or more elements, the corresponding symbols shall be indicated in alphabetical order.

- **Further additional symbols for steel products see Chapters 1.3 and 1.5**

Examples: EN 10028-2: 13CrMo4-5+NT

Alloyed steel with a mean percentage carbon content of 0,13 % (13), a mean chromium content of 1 % multiplied by factor 4 (4) and a mean molybdenum content of 0,5 % multiplied by factor 10 (5), normalized and tempered (+NT)

EN 10028-4: 13MnNi6-3

Nickel alloyed low-temperature steel made from steel with the designation 13MnNi6-3

EN 10083-2: 28Mn6

Tempered steel with a mean percentage carbon content of 0,28 % (28) and a mean percentage manganese content (Mn) of 1,4 %, multiplied by factor 4 (6)

EN 10083-3: 27MnCrB5-2

Alloyed steel with a mean percentage carbon content of 0,27 % (27), a mean percentage manganese content of 1,25 % multiplied by factor 4 (5), a mean percentage chromium content of 0,5 %, multiplied by factor 4 (2) and boron (B)

EN 10087: 11SMnPb30

Free-cutting steel made from the steel with the designation 11SMnPb30

Nichtrostende Stähle und andere legierte Stähle (außer Schnellarbeitsstähle), sofern der mittlere Gehalt mindestens eines der Legierungselemente ≥ 5 % ist

Die Bezeichnung besteht aus:

- **X = Hauptsymbol** für nichtrostenden Stahl
- PM = Pulvermetallurgie (wenn für Werkzeugstähle erforderlich)
- G = Stahlguss (vorangestellt, wenn erforderlich)
- **Kohlenstoffgehalt:**

  3 Ziffern = 100 × mittlerer C-Gehalt des vorgeschriebenen Bereiches. Wenn kein Bereich für den Kohlenstoffgehalt angegeben ist, ist von einem passenden repräsentativen Wert auszugehen.

  Zwecks Unterscheidung zwischen zwei Stahlsorten mit ähnlicher chemischer Zusammensetzung kann die Kennzahl für den Kohlenstoffgehalt um 1 erhöht werden.
- **Legierungselemente:**

  Buchstaben = Chemische Symbole für die den Stahl charakterisierenden Legierungselemente[1], gefolgt von Zahlen, getrennt durch Bindestriche, die den mittleren, auf die nächste ganze Zahl gerundeten Gehalt der Elemente angeben.

  [1] Die Reihenfolge der Symbole muss nach abnehmendem Wert des Gehaltes geordnet sein; wenn die Werte für den Gehalt von 2 oder mehr Elementen gleich sind, sind die entsprechenden Symbole in alphabetischer Reihenfolge anzugeben.
- **Zusatzsymbole für Stähle der Gruppe 1 und 2:**

  Buchstabe = Chemisches Symbol durch einen Bindestrich getrennt, für den Stahl charakterisierendes Legierungselement, dessen Gehalt im Bereich von 0,20 % bis 1,0 % liegt, gefolgt von Ziffer = 10 × mittlerer Gehalt des Legierungselementes
- **Weitere Zusatzsymbole für Stahlerzeugnisse siehe Kapitel 1.3 und 1.5**

Beispiele: EN ISO 4957: X38CrMo16
Nichtrostender Stahl (X) mit einen mittlerem Kohlenstoffgehalt von 0,38 % (38), einen mittleren Chromgehalt (Cr) von 16 % (16) und Molybdän (Mo)

EN 10088-2: X10CrNi18-8
Nichtrostender austenitischer Stahl (X) mit einem mittleren prozentualen Gehalt an Kohlenstoff von 0,10 % (10), einem mittleren Chromgehalt (Cr) von 18,0 % (18) und einem mittleren Nickelgehalt (Ni) von 8 % (8)

Stainless steels and other alloy steels (except high speed steels) where the average content by weight of at least one alloying element is ≥ 5 %

The designation is made up of:

- **X** = **Principal symbol** for stainless steels
- PM = powder metallurgy (where necessary for tool steel) (where necessary for tool steel)
- G = steel casting (where necessary)
- **Carbon content:**

  3 characters = 100 × specified average carbon percentage content. Where the carbon percentage content is not specified by a range, a suitable representative value shall be selected by the responsible body.

  To distinguish between two similar steel grades, the number indicating carbon content may be increased by 1.
- **Alloying elements:**

  Letters = chemical symbols indicating alloying elements[1] that characterize the steel followed by: numbers, separated by hyphens representing respectively the average percentage of the elements rounded to the nearest integer

  [1] The sequence of symbols shall be in decreasing order of the values of the average percentage content; where the values of contents are the same for two or more elements, the corresponding symbols shall be indicated in alphabetical order.
- **Additional symbols for steels of group 1 and 2:**

  Letter = chemical symbol, separated by a hyphen, indicating an alloying element that characterizes the steel and whose content is in the range of 0,20 % up to 1,0 % followed by: Digits = 10 × specified average content for the alloying element
- **Further additional symbols for steel products see Chapters 1.3 and 1.5**

Examples: EN ISO 4957: X38CrMo16
Stainless steel (X) with a mean carbon content of 0,38 % (38), a mean chromium content (Cr) of 16 % (16) and molybdenum (Mo)

EN 10088-2: X10CrNi18-8
Stainless austentitic steel (X) with a mean percentage carbon content of 0,10 % (10), a mean chromium (Cr) content of 18,0 % (18) and a mean nickel (Ni) content of 8 % (8)

EN 10088-2: X6CrMoNb17-1
Nichtrostender ferritischer Stahl (X) mit einem mittlern prozentualen Gehalt an Kohlenstoff von 0,06 % (6), einem mittleren Chromgehalt (Cr) von 17,0 % (17), Molybdän (Mo) und Niob (Nb)

EN 10088-2: X5CrNiCuNb16-4
Nichtrostender Stahl (X) aus der Stahlsorte mit dem Kurznamen X5CrNiCuNb16-4

Schnellarbeitsstähle

- **HS = Hauptsymbol** für Schnellarbeitsstahl
- PM = Pulvermetallurgie (wenn erforderlich)
- **Legierungselemente:**
  Ziffern = Zahlen[1)], die durch Bindestriche getrennt, den prozentualen Gehalt der Legierungselemente in folgender Reihenfolge angeben:
  - Wolfram (W)
  - Molybdän (Mo)
  - Vanadium (V)
  - Cobalt (Co)

  [1)] Jede Zahl gibt den auf die nächste ganze Zahl gerundeten mittleren prozentualen Gehalt des jeweiligen Elementes an.
- **Zusatzsymbole für Stähle der Gruppe 1:**

Buchstabe(n) = Symbol(e) der (des) Elemente(s) mit höherem Gehalt (bei ansonsten gleicher Stahlsorte)

- **Weitere Zusatzsymbole für Stahlerzeugnisse siehe Kapitel 1.5**

Beispiel: EN ISO 4957: HS2-9-1-8
Schnellarbeitsstahl (HS), mit 2 % Wolfram (W), 9 % Molybdän (Mo), 1 % Vanadium (V) und 8 % Cobalt (Co)

EN 10088-2: X6CrMoNb17-1
Stainless ferritic steel (X) with a mean percentage carbon content of 0,06 % (6), a mean chromium (Cr) content of 17,0 % (17), molybdenum (Mo) und niobium (Nb)

EN 10088-2: X5CrNiCuNb16-4
Stainless steel (X) made from the steel with the designation X5CrNiCuNb16-4

High speed steels

- **HS = Principal symbol** for high speed steels
- PM = powder metallurgy (where necessary for tool steel)
- **Alloy element content:**
  Digits = numbers[1], separated by hyphens, indicating percentage content of alloy elements in the following order:
  - tungsten (W)
  - molybdenum (Mo)
  - vanadium (V)
  - cobalt (Co)

  [1] Each number represents the average percentage content of the respective element rounded to the nearest integer.
- **Additional symbols for steels of group 1:**
  Letter(s) = chemical symbol(s) of the element(s) with higher content (in case of same steel grade)
- **Further additional symbols for steel products see Chapter 1.5**

Example: EN ISO 4957: HS2-9-1-8
High-speed steel (HS), with 2 % tungsten (W), 9 % molybdenum (Mo), 1 % vanadium (V) and 8 % cobalt (Co)

1.3 Symbole für besondere Anforderungen an Stahlerzeugnisse

Symbol	Bedeutung
+CH	Mit Kernhärtbarkeit
+H	Mit Härtbarkeit
+Z15	Mindestbrucheinschnürung senkrecht zur Oberfläche = 15 %
+Z25	Mindestbrucheinschnürung senkrecht zur Oberfläche = 25 %
+Z35	Mindestbrucheinschnürung senkrecht zur Oberfläche = 35 %

Die Symbole werden durch Pluszeichen (+) von den vorhergehenden getrennt. Diese Symbole stehen im Grunde für den Stahl kennzeichnende Sonderanforderungen. Aus praktischer Erwägung werden sie jedoch wie Zusatzsymbole für Stahlerzeugnisse behandelt.

1.3 Symbols for steel products indicating special requirements

Symbol	Meaning
+CH	with core hardenability
+H	with hardenability
+Z15	through thickness property; minimum reduction of area = 15 %
+Z25	through thickness property; minimum reduction of area = 25 %
+Z35	through thickness property; minimum reduction of area = 35 %
Symbols are separated from preceding symbols by the plus sign (+). These symbols indicate special requirements which are normally characteristics of steel. However, for practical reasons they are dealt with as symbols for steel products.	

1.4 Symbole für die Art des Überzuges auf Stahlerzeugnissen

Symbol	Bedeutung
+A	Feueraluminiert
+AS	Mit einer Al-Si-Legierung überzogen
+AZ	Mit einer Al-Zn-Legierung überzogen (≥ 50 % Al)
+CE	Elektrolytisch spezialverchromt (ECCS)
+CU	Kupferüberzug
+IC	Anorganische Beschichtung
+OC	Organisch beschichtet
+S	Feuerverzinnt
+SE	Elektrolytisch verzinnt
+T	Schmelztauchveredelt mit einer Blei-Zinn-Legierung (Terne)
+TE	Elektrolytisch mit einer Blei-Zinn-Legierung überzogen (Terne)
+Z	Feuerverzinkt
+ZA	Mit einer Zn-Al-Legierung überzogen (≥ 50 % Zn)
+ZE	Elektrolytisch verzinkt
+ZF	Diffusionsgeglühte Zinküberzüge (gavannealed, mit diffundiertem Fe)
+ZM	Schmelztauchveredelt mit Zink-Magnesium-Überzug
+ZN	Zink-Nickel-Überzug (elektrolytisch)
Die Symbole werden durch Pluszeichen (+) von den vorhergehenden getrennt.	

1.4 Symbols for steel products indicating type of coating

Symbol	Meaning
+A	with hot dip aluminium coating
+AS	with aluminium silicon alloy coating
+AZ	aluminium zinc alloy (> 50 % Al) coating
+CE	electrolytic chromium/chromium oxide coating (ECCS)
+CU	copper coating
+IC	inorganic coating
+OC	organic coating
+S	hot dip tin coating
+SE	electrolytic tin coating
+T	hot dip lead tin alloy (terne) coating
+TE	electrolytic lead tin alloy (terne) coating
+Z	hot dip zinc (galvanised) coating
+ZA	with hot dip zinc aluminium (> 50 % Zn) coating
+ZE	electrolytic zinc coating
+ZF	hot dip zinc iron (galvannealed) coating
+ZM	hot dip zinc magnesium coating
+ZN	electrolytic zinc nickel alloy coating
Symbols are separated from preceding symbols by the plus sign (+).	

1.5 Symbole für den Behandlungszustand von Stahlerzeugnissen

Symbol	Bedeutung
+A	Weichgeglüht
+AC	Geglüht zur Erzielung kugeliger Carbide
+AR	Wie gewalzt (ohne jegliche besonderen Walz- und/oder Wärmebehandlungsbedingungen)
+AT	Lösungsgeglüht
+C	Kaltverfestigt
+Cnnn	Kaltverfestigt auf eine Mindestzugfestigkeit von nnn[1] MPa
+CPnnn	Kaltverfestigt auf eine 0,2 %-Dehngrenze von nnn[1] MPa
+CR	Kaltgewalzt
+DC	Lieferzustand dem Hersteller überlassen
+FP	Behandelt auf Ferrit-Perlit-Gefüge und Härtespanne
+HC	Warm-Kalt-geformt
+I	Isothermisch behandelt
+LC	Leicht kalt nachgezogen, bzw. leicht nachgewalzt (Skin passed)
+M	Thermomechanisch umgeformt
+N	Normalgeglüht oder normalisierend umgeformt
+NT	Normalgeglüht und angelassen
+P	Ausscheidungsgehärtet
+Q	Abgeschreckt
+QA	Luftgehärtet
+QO	Ölgehärtet
+QT	Vergütet
+QW	Wassergehärtet
+RA	Rekristallisationsgeglüht
+S	Behandelt auf Kaltscherbarkeit
+SR	Spannungsarmgeglüht
+T	Angelassen
+TH	Behandelt auf Härtespanne
+U	Unbehandelt
+WW	Warmverfestigt
Die Symbole werden durch Pluszeichen (+) von den vorhergehenden getrennt.	
[1] nnn = Ziffern	

1.5 Symbols for steel products indicating treatment condition

Symbol	Meaning
+A	soft annealed
+AC	annealed to achieve spheriodised carbides
+AR	as rolled (without any special rolling and/or heat treatment conditions)
+AT	solution annealed
+C	cold work hardened
+Cnnn	cold work hardened with a minimum tensile strength of nnn[1] MPa
+CPnnn	cold work hardened with a minimum 0,2 % proof strength of nnn[1] MPa
+CR	cold rolled
+DC	delivery condition at manufacturer's discretion
+FP	treated to ferritic-pearlite structure and hardness range
+HC	hot rolled followed by cold hardening
+I	isothermically treated
+LC	skin passed (temper rolled or cold drawn)
+M	thermomechanically formed
+N	normalized or normalized formed
+NT	normalized and tempered
+P	precipitation hardened
+Q	quenched
+QA	air quenched
+QO	oil quenched
+QT	quenched and tempered
+QW	water quenched
+RA	recrystallization annealed
+S	treated for cold shearing
+SR	stress relieved
+T	tempered
+TH	treatment to hardness range
+U	untreated
+WW	warm worked
Symbols are separated from preceded symbols by the plus sign (+).	
[1] nnn = numerical characters	

2 Vergleich der Stahlbezeichnungen nach EN und DIN

Comparison of steel designations according to EN and DIN

2.1 Werkstoffnummern

Auflistung in numerischer Reihenfolge

Material numbers

Listing in numerical order

Werk-stoff-Nr. Material number	EN-Werkstoff-Kurzname (neu) EN steel name (new)	Werkstoff-Kurzname (alt) Steel name (old)	Abschnitt Section
1.0021	S240GP	StSp 37	3.1
1.0022	–	St 01Z	3.5
1.0023	S270GP	StSp 45	3.1
1.0026	S195T	–	3.3.1
1.0031	E190	–	3.3.2, 3.3.4
1.0032	–	St 34-2	3.3.2
1.0033	E155	–	3.3.2, 3.3.4
1.0034	E195	–	3.3.2
1.0034	E195	S205G2T	3.3.4
1.0034	S205G2T	RSt 34-2	3.3.4
1.0035	S185	St 33	3.1, 3.3.4
1.0035	–	St 33	3.3.2
1.0036	S235JRG1	USt 37-2	3.1
1.0036	–	USt 37-2	3.3.2, 3.3.4
1.0037	S235JR	St 37-2	3.1
1.0037	–	St 37-2	3.3.2
1.0038	S235JRG2	RSt 37-2	3.1
1.0038	S235JR	RSt 37-2	3.1
1.0038	–	RSt 37-2	3.1, 3.3.5
1.0038	–	RSt 37-2	3.3.3, 3.3.4
1.0039	S235JRH	–	3.3.2
1.0044	S275JR	St 44-2	3.1
1.0044	–	St 44-2	3.3.2, 3.3.3, 3.3.4, 3.3.5
1.0045	S355JR	–	3.1
1.0046	S320GP	–	3.1
1.0050	E295	St 50-2	3.1
1.0060	E335	St 60-2	3.1
1.0070	E360	St 70-2	3.1
1.0083	S355GP	StSp S	3.1
1.0107	P195TR1	–	3.3.3, 3.3 4
1.0108	P195TR2	–	3.3.3, 3.3.4
1.0112	P235S	–	3.6
1.0114	S235J0	St 37-3U	3.1
1.0115	S235J0C	–	3.1

2.1 Werkstoffnummern

Auflistung in numerischer Reihenfolge

Material numbers

Listing in numerical order

Werk-stoff-Nr. Material number	EN-Werkstoff-Kurzname (neu) EN steel name (new)	Werkstoff-Kurzname (alt) Steel name (old)	Abschnitt Section
1.0116	S235J2G3	St 37-3N	3.1
1.0116	–	St 37-3N	3.1
1.0116	–	St 37-3	3.3.2, 3.3.3, 3.3.4
1.0117	S235J2G4	–	3.1
1.0117	S235J2	S235J2G4	3.1
1.0118	S235J2G3C	–	3.1
1.0119	S235J2G4C	–	3.1
1.0119	S235J2C	S235J2G4C	3.1
1.0120	S235JRC	–	3.1
1.0121	S235JRG1C	UQSt 37-2	3.1
1.0122	S235JRG2C	RQSt 37-2	3.1
1.0122	S235JRC	S235JRG2C	3.1
1.0128	S275JRC	QSt 44-2	3.1
1.0129	–	ZSt 44-2	3.1
1.0130	P265S	–	3.6
1.0138	S275J2H	–	3.3.2
1.0140	S275J0C	–	3.1
1.0141	S275J2G3C	–	3.1
1.0142	S275J2G4C	–	3.1
1.0142	S275J2C	S275J2G4C	3.1
1.0143	S275J0	St 44-3U	3.1
1.0144	S275J2G3	St 44-3N	3.1
1.0144	–	St 44-3	3.3.2, 3.3.3, 3.3.4
1.0145	S275J2G4	–	3.1
1.0145	S275J2	S275J2G4	3.1
1.0149	S275J0H	–	3.3.2
1.0153	–	ZSt 44-3	3.1
1.0159	–	ZSt 37-2	3.1
1.0161	–	UZSt 37-2	3.1
1.0165	–	RZSt 37-2	3.1
1.0166	S235J2G3Cu	St 37-3 Cu3	3.1
1.0167	S235JRG2Cu	RSt 37-3 Cu3	3.1
1.0168	–	ZSt 37-3	3.1
1.0170	S235JRG2CuC	RQSt 37-3 Cu3	3.1
1.0171	S235J2G3CuC	–	3.1
1.0211	S215GSiT	St 30 Si	3.3.3
1.0212	E215	S215GAlT	3.3.3
1.0212	S215GAlT	St 30 Al	3.3.3
1.0213	C8C	QSt 34-3	3.20

2.1 Werkstoffnummern

Auflistung in numerischer Reihenfolge

Material numbers

Listing in numerical order

Werk-stoff-Nr. Material number	EN-Werkstoff-Kurzname (neu) EN steel name (new)	Werkstoff-Kurzname (alt) Steel name (old)	Abschnitt Section
1.0214	C10C	QSt 36-3	3.20
1.0215	E220	–	3.3.2, 3.3.4
1.0220	E260	–	3.3.2, 3.3.4
1.0225	E275	–	3.3.2, 3.3.3, 3.3.4
1.0226	DX51D	St 02Z	3.5
1.0233	S450GD	–	3.5
1.0234	C15C	QSt 38-3	3.20
1.0236	E315	–	3.3.3
1.0237	E320	–	3.3.2, 3.3.4
1.0238	S390GD	–	3.5
1.0239	S420GD	–	3.5
1.0241	S220GD	–	3.5
1.0242	S250GD	St E250-2Z	3.5
1.0244	S280GD	St E280-2Z	3.5
1.0246	–	St E280-3Z	3.5
1.0250	S320GD	St E320-3Z	3.5
1.0252	L235	–	3.3.1
1.0253	–	USt 37.0	3.3.1, 3.3.4
1.0254	–	St 37.0	3.3.1, 3.3.5
1.0254	P235TR1	St 37.0	3.3.3, 3.3.4
1.0255	P235TR2	St 37.4	3.3.3, 3.3.4, 3.3.5
1.0256	–	St 44.0	3.3.1, 3.3.3, 3.3.4, 3.3.5
1.0257	–	St 44.4	3.3.3, 3.3.4
1.0258	P265TR1	–	3.3.3, 3.3.4
1.0259	P265TR2	–	3.3.3, 3.3.4, 3.3.5
1.0260	L275	–	3.3.1
1.0261	E370	–	3.3.2, 3.3.4
1.0288	–	D 5-2	3.20
1.0300	C4D	–	3.20
1.0301	C10	C 10	3.8
1.0302	–	C 10 Pb	3.8
1.0303	C4C	QSt 32-3	3.20
1.0304	C9D	–	3.20
1.0305	–	St 35.8	3.3.3, 3.3.5
1.0306	DX54D	–	3.5
1.0307	–	StE 240.7	3.3.1
1.0308	E235	–	3.3.2

2.1 Werkstoffnummern

Auflistung in numerischer Reihenfolge

Material numbers

Listing in numerical order

Werkstoff-Nr. Material number	EN-Werkstoff-Kurzname (neu) EN steel name (new)	Werkstoff-Kurzname (alt) Steel name (old)	Abschnitt Section
1.0308	E235	S235G2T	3.3.3
1.0308	S235G2T	St 35	3.3.3
1.0308	E235	–	3.3.4
1.0309	DX55D	–	3.5
1.0310	C10D	D 10-2	3.20
1.0311	–	IF 18	3.4
1.0311	C12D	–	3.20
1.0312	DC05	–	3.4, 3.5
1.0313	C7D	D 8-2	3.20
1.0314	C2C	D 6-2	3.20
1.0315	–	St 37.8	3.3.4, 3.3.5
1.0319	L210GA	–	3.3.1
1.0322	DX56D	–	3.5
1.0330	DC01	St 12/St 2	3.4, 3.5
1.0332	DD11	StW 22	3.4
1.0333	–	USt 13/USt 3	3.4
1.0334	–	UStW 23	3.4
1.0335	DD13	StW 24	3.4
1.0338	DC04	St 14/St 4	3.4, 3.5
1.0342	HC180P	–	3.4
1.0345	P235GH	–	3.3.3, 3.3.4, 3.3.5
1.0345	P235GH	H I	3.6, 3.3.5
1.0346	HC220I	–	3.4
1.0347	DC03	RR St 13/RRSt 3	3.4, 3.5
1.0348	P195GH	–	3.3.3, 3.3.4
1.0348	P195GH	UH I	3.6
1.0349	HC260I	–	3.4
1.0350	DX52D	St 03Z	3.5
1.0352	P245GH	–	3.6
1.0353	HX220BD	–	3.5
1.0354	HX180BD	–	3.5
1.0355	DX53D	St 04Z	3.5
1.0356	–	TTSt 35	3.3.3, 3.3.4
1.0358	–	St 05Z	3.5
1.0358	HX220PD	–	3.5
1.0361	M660-50D	VH 660-50	3.19
1.0361	M660-50K	–	3.19
1.0362	M890-50D	VH 890-50	3.19
1.0362	M890-50K	–	3.19
1.0363	M1050-50D	VH 1050-50	3.19

2.1 Werkstoffnummern

Auflistung in numerischer Reihenfolge

Material numbers

Listing in numerical order

Werkstoff-Nr. Material number	EN-Werkstoff-Kurzname (neu) EN steel name (new)	Werkstoff-Kurzname (alt) Steel name (old)	Abschnitt Section
1.0363	M1050-50K	–	3.19
1.0364	M800-65D	VH 800-65	3.19
1.0364	M800-65K	–	3.19
1.0365	M1000-65D	VH 1000-65	3.19
1.0365	M1000-65K	–	3.19
1.0366	M1200-65D	VH 1200-65	3.19
1.0366	M1200-65K	–	3.19
1.0386	DC05EK	–	3.4
1.0389	DD14	–	3.4
1.0390	DC01EK	–	3.4
1.0391	–	EK 2	3.4
1.0392	DC04EK	EK 4	3.4
1.0393	–	ED 3	3.4
1.0394	DC04ED	ED 4	3.4
1.0395	HC180B	ZStE 180 BH	3.4
1.0396	HC220B	ZStE 220 BH	3.4
1.0397	HC220P	ZStE 220 P	3.4
1.0398	DD12	RRStW 23	3.4
1.0399	DC03ED	–	3.4
1.0400	HC260B	ZStE 260 BH	3.4
1.0401	C15	C 15	3.8
1.0402	–	C 22	3.3.3
1.0402	C22	C 22	3.9
1.0403	–	C 15 Pb	3.8
1.0405	–	St 45.8	3.3.3
1.0406	C25	C 25	3.9
1.0408	E255	S255GT	3.3.3
1.0408	S255GT	St 45	3.3.3
1.0409	–	StE 320.7	3.3.1
1.0411	C20C	–	3.20
1.0413	C15D	D 15-2	3.20
1.0414	C20D	D 20-2	3.20
1.0415	C26D	D 25-2	3.20
1.0416	C18D	–	3.20
1.0417	HC260P	ZStE 260 P	3.4
1.0418	L245MB	–	3.3.4
1.0418	L245ME	–	3.3.4
1.0419	L355	–	3.3.1
1.0420	GE200	GS-38	3.15.1
1.0421	–	St 52.0	3.3.1, 3.3.3, 3.3.4, 3.3.5

2.1 Werkstoffnummern

Auflistung in numerischer Reihenfolge

Material numbers

Listing in numerical order

Werkstoff-Nr. Material number	EN-Werkstoff-Kurzname (neu) EN steel name (new)	Werkstoff-Kurzname (alt) Steel name (old)	Abschnitt Section
1.0424	P265	–	3.6
1.0425	P265GH	–	3.3.3, 3.3.4, 3.3.5
1.0425	P265GH	H II	3.6, 3.3.5
1.0426	P280GH	–	3.6
1.0429	L290MB	StE 290.7 TM	3.3.4
1.0429	L290ME	–	3.3.4
1.0430	–	StE 320.7 TM	3.3.1
1.0431	HX260PD	–	3.5
1.0433	HX260BD	–	3.5
1.0434	C17C	–	3.20
1.0435	E460	–	3.3.2, 3.3.4
1.0436	P305GH	–	3.6
1.0443	HX300PD	–	3.5
1.0444	HC300B	ZStE 300 BH	3.4
1.0445	HX300BD	–	3.5
1.0446	GE240	GS-45	3.15.1
1.0447	HC300I	–	3.4
1.0448	HC300P	ZStE 300 P	3.4
1.0449	GS200	–	3.15.1
1.0451	P215NL	–	3.3.3, 3.3.4, 3.3.5
1.0452	P255QL	–	3.3.3
1.0453	P265NL	–	3.3.3, 3.3.4, 3.3.5
1.0454	GE270	–	3.15.1
1.0455	GS240	–	3.15.1
1.0456	E275K2	–	3.3.3, 3.3.4
1.0457	L245NB	StE 240.7	3.3.1
1.0457	L245NE	–	3.3.1
1.0458	L235GA	–	3.3.1
1.0459	L245GA	–	3.3.1
1.0460	P250GH	C 22.8	3.6, 3.3.5
1.0461	–	StE 255	3.2, 3.3.2, 3.3.3, 3.3.4
1.0462	–	WStE 255	3.2, 3.3.3, 3.3.4
1.0463	–	TStE 255	3.2, 3.3.2, 3.3.3, 3.3.4
1.0471	20MnNb6	–	3.3.3
1.0473	P355GH	19 Mn 6	3.6
1.0477	P285NH	–	3.2

2.1 Werkstoffnummern

Auflistung in numerischer Reihenfolge

Material numbers

Listing in numerical order

Werkstoff-Nr. Material number	EN-Werkstoff-Kurzname (neu) EN steel name (new)	Werkstoff-Kurzname (alt) Steel name (old)	Abschnitt Section
1.0478	P275QH	–	3.2
1.0480	H240LA	ZStE 260	3.4
1.0480	–	ZStE 260	3.5
1.0481	–	17 Mn 4	3.3.3
1.0481	P295GH	17 Mn 4	3.6
1.0482	–	19 Mn 5	3.3.3
1.0483	L290GA	–	3.3.1
1.0484	L290NB	StE 290.7	3.3.1, 3.3.5
1.0484	L290NE	–	3.3.1
1.0486	P275N	StE 285	3.2
1.0486	–	StE 285	3.3.2, 3.3.3, 3.3.4
1.0487	–	WStE 285	3.2, 3.3.3, 3.3.4
1.0487	P275NH	WStE 285	3.2
1.0487	P275NH	–	3.6
1.0488	P275NL1	TStE 285	3.2, 3.3.3, 3.3.4
1.0488	–	TStE 285	3.3.2, 3.3.3, 3.3.4, 3.3.5
1.0489	H280LA	ZStE 300	3.4
1.0489	HC300LA	–	3.4
1.0489	–	ZStE 300	3.5
1.0490	S275N	–	3.2
1.0491	S275NL	–	3.2
1.0493	S275NH	–	3.3.2
1.0497	S275NLH	–	3.3.2
1.0498	–	St 42.8	3.3.4
1.0499	L360GA	–	3.3.1
1.0501	–	C 35	3.3.3, 3.6
1.0501	C35	C 35	3.9
1.0503	–	C 45	3.3.3
1.0503	C45	C 45	3.9
1.0505	–	StE 315	3.2
1.0506	–	WStE 315	3.2
1.0508	–	TStE 315	3.2
1.0509	E410	–	3.3.3
1.0511	C40	C 40	3.9
1.0512	S355K2H	–	3.3.2
1.0516	C38D	D 35-2	3.20
1.0517	C48D	D 45-2	3.20

2.1 Werkstoffnummern

Auflistung in numerischer Reihenfolge

Material numbers

Listing in numerical order

Werkstoff-Nr. Material number	EN-Werkstoff-Kurzname (neu) EN steel name (new)	Werkstoff-Kurzname (alt) Steel name (old)	Abschnitt Section
1.0518	C56D	D 55-2	3.20
1.0519	E500	–	3.3.2, 3.3.4
1.0522	S390GP	–	3.1
1.0523	S430GP	–	3.1
1.0528	C30	C 30	3.9
1.0529	S350GD	StE350-3Z	3.5
1.0530	C32D	D 30-2	3.20
1.0531	S550GD	–	3.5
1.0533	E295GC	ZSt 50-2	3.1
1.0535	–	C 55	3.3.3, 3.17
1.0535	C55	C 55	3.9
1.0536	E470	–	3.3.3
1.0539	S355NH	–	3.3.2
1.0540	C50	C 50	3.9
1.0541	C42D	D 40-2	3.20
1.0543	E335GC	ZSt 60-2	3.1
1.0545	S355N	–	3.2
1.0546	S355NL	–	3.2
1.0547	S355J0H	–	3.3.2
1.0548	H320LA	ZStE 340	3.4
1.0548	HC340LA	–	3.4
1.0548	–	ZStE 340	3.5
1.0549	S355NLH	–	3.3.2
1.0550	H360LA	ZStE 380	3.4
1.0550	HC380LA	–	3.4
1.0551	S355JRC	–	3.1
1.0552	–	GS-52	3.15.1
1.0553	S355J0	St 52-3U	3.1
1.0554	S355J0C	–	3.1
1.0556	H400LA	ZStE 420	3.4
1.0556	HC420LA	–	3.4
1.0558	GE300	GS-60	3.15.1
1.0561	–	36 Mn 4	3.3.3, 3.9
1.0562	P355N	StE 355	3.2, 3.3.3, 3.3.4, 3.3.5
1.0562	–	StE 355	3.3.2, 3.3.4
1.0565	P355NH	WStE 355	3.2, 3.3.3, 3.3.4, 3.3.5, 3.6
1.0566	P355NL1	TStE 355	3.2, 3.3.3, 3.3.4, 3.3.5

2.1 Werkstoffnummern

Auflistung in numerischer Reihenfolge

Material numbers

Listing in numerical order

Werk-stoff-Nr. Material number	EN Werkstoff-Kurzname (neu) EN steel name (new)	Werkstoff-Kurzname (alt) Steel name (old)	Abschnitt Section
1.0566	–	TStE 355	3.3.2, 3.3.4
1.0569	S355J2G3C	–	3.1
1.0570	S355J2G3	St 52-3	3.1
1.0570	–	St 52-3	3.1, 3.3.2, 3.3.4, 3.3.5
1.0571	P355QH1	–	3.2
1.0573	HC500LA	–	3.4
1.0574	HC460LA	–	3.4
1.0575	E420	–	3.3.2, 3.3.4
1.0576	S355J2H	–	3.3.2
1.0577	S355J2G4	–	3.1
1.0577	S355J2	S355J2G4	3.1
1.0578	–	StE 360.7 TM	3.3.1
1.0578	L360MB	–	3.3.4
1.0578	L360ME	–	3.3.4
1.0579	S355J2G4C	–	3.1
1.0579	S355J2C	S355J2G4C	3.1
1.0580	E355	–	3.3.2, 3.3.4
1.0580	E355	St 52	3.3.3
1.0580	S355GT	St 52	3.3.3
1.0581	–	St 52.4	3.3.3, 3.3.4
1.0582	L360NB	StE 360.7	3.3.1, 3.3.5
1.0582	L360NE	–	3.3.1
1.0585	S355J2G3Cu	St 52-3 Cu3	3.1
1.0586	C50D	D 50-2	3.20
1.0587	S355J2G3CuC	QSt 53-2 Cu3	3.1
1.0588	C52D	D 53-2	3.20
1.0590	S450J0	QStE 420 TM	3.1
1.0591	GE320	–	3.15.1
1.0593	S355K2G3C	–	3.1
1.0593	E550	–	3.3.2, 3.3.4
1.0594	S355K2G4C	–	3.1
1.0594	S355K2C	S355K2G4C	3.1
1.0595	S355K2G3	–	3.1
1.0595	E600	–	3.3.2, 3.3.4
1.0596	S355K2G4	–	3.1
1.0596	S355K2	S355K2G4	3.1
1.0597	–	ZSt 52-3	3.1
1.0597	GE360	–	3.15.1
1.0599	E420J2	–	3.3.3
1.0601	–	C 60	3.3.3, 3.17

2.1 Werkstoffnummern

Auflistung in numerischer Reihenfolge

Material numbers

Listing in numerical order

Werk-stoff-Nr. Material number	EN-Werkstoff-Kurzname (neu) EN steel name (new)	Werkstoff-Kurzname (alt) Steel name (old)	Abschnitt Section
1.0601	C60	C 60	3.9
1.0603	–	C 67	3.17
1.0605	–	C 75	3.17
1.0609	C58D	D 58-2	3.20
1.0610	C60D	D 60-2	3.20
1.0611	C62D	D 63-2	3.20
1.0612	C66D	D 65-2	3.20
1.0613	C68D	D 68-2	3.20
1.0614	C76D	D 75-2	3.20
1.0615	C70D	D 70-2	3.20
1.0616	C86D	D 85-2	3.20
1.0617	C72D	D 73-2	3.20
1.0618	C92D	D 95-2	3.20
1.0619	GP240GH	GS-C 25	3.15.3
1.0620	C78D	D 78-2	3.20
1.0621	GP240GR	–	3.15.3
1.0622	C80D	D 80-2	3.20
1.0625	GP280GH	–	3.15.3
1.0626	C82D	D 83-2	3.20
1.0628	C88D	D 88-2	3.20
1.0633	E360GC	ZSt 70-2	3.1
1.0644	E590K2	–	3.3.3
1.0710	15S10	–	3.3.3
1.0710	–	15 S 10	3.7, 3.8
1.0711	10S10	–	3.3.3
1.0712	18S10	–	3.3.3
1.0713	37S10	–	3.3.3
1.0715	11SMn30	9 SMn 28	3.7
1.0718	11SMnPb30	9 SMnPb 28	3.7
1.0721	10S20	10 S 20	3.7, 3.8
1.0722	10SPb20	10 SPb 20	3.7, 3.8
1.0725	15SMn13	–	3.7, 3.8
1.0726	35S20	35 S 20	3.7, 3.9
1.0727	46S20	45 S 20	3.7, 3.9
1.0728	–	60 S 20	3.7
1.0736	11SMn37	9 SMn 36	3.7
1.0737	11SMnPb37	9 SMnPb 36	3.7
1.0756	35SPb20	35 SPb 20	3.7, 3.9
1.0757	46SPb20	45 SPb 20	3.7, 3.9
1.0758	–	60 SPb 20	3.7
1.0760	38SMn28	–	3.7, 3.9

2.1 Werkstoffnummern

Auflistung in numerischer Reihenfolge

Material numbers

Listing in numerical order

Werk-stoff-Nr. Material number	EN Werkstoff-Kurzname (neu) EN steel name (new)	Werkstoff-Kurzname (alt) Steel name (old)	Abschnitt Section
1.0761	38SMnPb28	–	3.7, 3.9
1.0762	44SMn28	–	3.7, 3.9
1.0763	44SMnPb28	–	3.7, 3.9
1.0764	36SMn14	–	3.7, 3.9
1.0765	36SMnPb14	–	3.7, 3.9
1.0800	M250-35A	V 250-35 A	3.19
1.0801	M270-35A	V 270-35 A	3.19
1.0802	M210-35A	–	3.19
1.0803	M300-35A	V 300-35 A	3.19
1.0804	M330-35A	V 330-35 A	3.19
1.0806	M270-50A	V 270-50 A	3.19
1.0807	M290-50A	V 290-50 A	3.19
1.0808	M310-50A	V 310-50 A	3.19
1.0809	M330-50A	V 330-50 A	3.19
1.0810	M350-50A	V 350-50 A	3.19
1.0811	M400-50A	V 400-50 A	3.19
1.0812	M470-50A	V 470-50 A	3.19
1.0813	M530-50A	V 530-50 A	3.19
1.0814	M600-50A	V 600-50 A	3.19
1.0815	M700-50A	V 700-50 A	3.19
1.0816	M800-50A	V 800-50 A	3.19
1.0817	M940-50A	–	3.19
1.0819	M330-65A	V 330-65 A	3.19
1.0820	M350-65A	V 350-65 A	3.19
1.0821	M400-65A	V 400-65 A	3.19
1.0822	M65-23P	–	3.19
1.0823	M470-65A	V 470-65 A	3.19
1.0824	M530-65A	V 530-65 A	3.19
1.0825	M600-65A	V 600-65 A	3.19
1.0826	M700-65A	V 700-65 A	3.19
1.0827	M800-65A	V 800-65 A	3.19
1.0828	–	V 940-65 A	3.19
1.0829	M1000-65A	–	3.19
1.0835	M90-23P	–	3.19
1.0836	M95-23P	–	3.19
1.0837	M230-50A	–	3.19
1.0838	M90-27P	–	3.19
1.0839	M95-27P	–	3.19
1.0841	M340-50E	VE 340-50	3.19
1.0841	M340-50K	–	3.19
1.0842	M390-50E	VE 390-50	3.19

2.1 Werkstoffnummern

Auflistung in numerischer Reihenfolge

Material numbers

Listing in numerical order

Werk-stoff-Nr. Material number	EN-Werkstoff-Kurzname (neu) EN steel name (new)	Werkstoff-Kurzname (alt) Steel name (old)	Abschnitt Section
1.0842	M390-50K	–	3.19
1.0843	M450-50E	VE 450-50	3.19
1.0843	M450-50K	–	3.19
1.0844	M560-50E	VE 560-50	3.19
1.0844	M560-50K	–	3.19
1.0846	M390-65E	VE 390-65	3.19
1.0846	M390-65K	–	3.19
1.0847	M450-65E	VE 450-65	3.19
1.0847	M450-65K	–	3.19
1.0848	M520-65E	VE 520-65	3.19
1.0848	M520-65K	–	3.19
1.0849	M630-65E	VE 630-65	3.19
1.0849	M630-65K	–	3.19
1.0852	M100-30P	–	3.19
1.0853	DX57D	–	3.5
1.0854	M125-35P	–	3.19
1.0855	M115-35P	–	3.19
1.0856	M165-35S	VM 111-35 N	3.19
1.0857	–	VM 155-35 S	3.19
1.0859	M130-30S	–	3.19
1.0860	M127-23S	–	3.19
1.0861	M150-30S	VM 97-30 N	3.19
1.0862	M140-30S	VM 140-30 S	3.19
1.0863	M110-23S	–	3.19
1.0864	M120-23S	–	3.19
1.0865	M140-27S	VM 89-27 N	3.19
1.0866	M130-27S	VM 130-27 S	3.19
1.0868	M120-27S	–	3.19
1.0869	DC06EK	–	3.4
1.0872	DC06ED	–	3.4
1.0873	DC06	–	3.4, 3.5
1.0879	M100-23P	–	3.19
1.0881	–	VM 111-30 P	3.19
1.0882	–	VM 117-30 P	3.19
1.0886	M105-30P	–	3.19
1.0890	M235-35A	–	3.19
1.0891	M250-50A	–	3.19
1.0892	M310-65A	–	3.19
1.0893	M600-100A	–	3.19
1.0894	M700-100A	–	3.19
1.0895	M800-100A	–	3.19

2.1 Werkstoffnummern

Auflistung in numerischer Reihenfolge

Material numbers

Listing in numerical order

Werkstoff-Nr. Material number	EN-Werkstoff-Kurzname (neu) EN steel name (new)	Werkstoff-Kurzname (alt) Steel name (old)	Abschnitt Section
1.0896	M1000-100A	–	3.19
1.0897	M1300-100A	–	3.19
1.0898	DC07	–	3.4, 3.5
1.0904	–	55 Si 7	3.17
1.0910	HX160YD	–	3.5
1.0914	HX180BD	–	3.5
1.0917	DX51D	–	3.5
1.0918	DX52D	–	3.5
1.0919	HX220BD	–	3.5
1.0920	E355K2	–	3.3.3, 3.3.4
1.0921	HX180YD	–	3.5
1.0922	HC180Y	–	3.4
1.0923	HX220YD	–	3.5
1.0924	HX260BD	–	3.5
1.0925	HC220Y	–	3.4
1.0926	HX260YD	–	3.5
1.0927	HX300YD	–	3.5
1.0928	HC260Y	–	3.4
1.0929	HX260LAD	–	3.5
1.0930	HX300BD	–	3.5
1.0932	HX300LAD	–	3.5
1.0933	HX340LAD	–	3.5
1.0934	HX380LAD	–	3.5
1.0935	HX420LAD	–	3.5
1.0936	DD33X	–	3.4
1.0936	HDT580X	–	3.5
1.0937	H260X	–	3.4
1.0937	HCT450X	–	3.5
1.0938	H270X	–	3.4
1.0939	H300X	–	3.4
1.0939	HCT500X	–	3.5
1.0940	H310X	–	3.4
1.0941	H340X	–	3.4
1.0941	HCT600X	–	3.5
1.0942	H380X	–	3.4
1.0943	HCT780X	–	3.5
1.0944	HCT980X	–	3.5
1.0945	HCT450X	–	3.5
1.0945	HX340BD	–	3.5
1.0946	HCT500X	–	3.5
1.0947	HCT690T	–	3.5

2.1 Werkstoffnummern

Auflistung in numerischer Reihenfolge

Material numbers

Listing in numerical order

Werk-stoff-Nr. Material number	EN-Werkstoff-Kurzname (neu) EN steel name (new)	Werkstoff-Kurzname (alt) Steel name (old)	Abschnitt Section
1.0948	HCT780T	–	3.5
1.0949	HCT600X	–	3.5
1.0951	DX53D	–	3.5
1.0952	DX54D	–	3.5
1.0953	HCT600C	–	3.5
1.0954	HCT780C	–	3.5
1.0955	HCT980C	–	3.5
1.0956	HDT750C	–	3.5
1.0957	HDT780C	–	3.5
1.0958	HDT950C	–	3.5
1.0959	HDT560F	–	3.5
1.0961	HDT450F	–	3.5
1.0962	DX55D	–	3.5
1.0963	DX56D	–	3.5
1.0965	HDT1200M	–	3.5
1.0971	S260NC	QStE 260 N	3.4
1.0972	S315MC	–	3.4
1.0973	S315NC	–	3.4
1.0974	–	QStE 340 TM	3.4
1.0975	–	QStE 340 N	3.4
1.0976	S355MC	–	3.4
1.0977	S355NC	–	3.4
1.0978	–	QStE 380 TM	3.4
1.0979	–	QStE 380 N	3.4
1.0980	S420MC	QStE 420 TM	3.4
1.0981	S420NC	QStE 420 N	3.4
1.0982	S460MC	QStE 460 TM	3.4
1.0983	–	QStE 460 N	3.4
1.0984	S500MC	QStE 500 TM	3.4
1.0985	–	QStE 500 N	3.4
1.0986	S550MC	QStE 550 TM	3.4
1.0987	E700	–	3.3.2, 3.3.4
1.0990	HX460LAD	–	3.5
1.0991	HX500LAD	–	3.5
1.0994	HDT580F	–	3.5
1.0995	HCT490X	–	3.5
1.0996	HCT590X	–	3.5
1.0997	HCT980XG	–	3.5
1.0998	HDT760C	–	3.5
1.1020	L245NS	–	3.3.1
1.1021	L290NS	–	3.3.1

2.1 Werkstoffnummern

Auflistung in numerischer Reihenfolge

Material numbers

Listing in numerical order

Werk-stoff-Nr. Material number	EN-Werkstoff-Kurzname (neu) EN steel name (new)	Werkstoff-Kurzname (alt) Steel name (old)	Abschnitt Section
1.1022	L320NS	–	3.3.1
1.1025	L245QS	–	3.3.1
1.1026	L290QS	–	3.3.1
1.1027	L320QS	–	3.3.1
1.1030	L245MS	–	3.3.4
1.1031	L290MS	–	3.3.4
1.1032	L320MS	–	3.3.4
1.1033	L360MS	–	3.3.4
1.1034	L390MS	–	3.3.4
1.1040	L245NO	–	3.3.1
1.1041	L290NO	–	3.3.1
1.1042	L320NO	–	3.3.1
1.1045	L245QO	–	3.3.1
1.1046	L290QO	–	3.3.1
1.1047	L320QO	–	3.3.1
1.1050	L245MO	–	3.3.4
1.1051	L290MO	–	3.3.4
1.1052	L320MO	–	3.3.4
1.1060	C35RC	–	3.9
1.1061	C45RC	–	3.9
1.1100	P275SL	–	3.6
1.1103	–	EStE 255	3.2, 3.3.2, 3.3.3, 3.3.4
1.1104	P275NL2	EStE 285	3.2
1.1104	–	EStE 285	3.3.2, 3.3.3
1.1104	P275NL2	EStE 285	3.3.3, 3.3.4
1.1105	–	EStE 315	3.2
1.1106	P355NL2	EStE 355	3.2, 3.3.3, 3.3.4
1.1106	–	EStE 355	3.3.2, 3.3.3, 3.3.4
1.1110	C3D2	–	3.20
1.1111	C5D2	–	3.20
1.1113	C8D2	–	3.20
1.1114	C10D2	–	3.20
1.1118	G24Mn6	–	3.15.1
1.1118	G24Mn6	–	3.15.5
1.1120	–	GS-20 Mn 5	3.15.1
1.1121	C10E	Ck 10	3.8
1.1122	C10E2C	Cq 10	3.8
1.1124	C12D2	–	3.20

2.1 Werkstoffnummern

Auflistung in numerischer Reihenfolge

Material numbers

Listing in numerical order

Werkstoff-Nr. Material number	EN-Werkstoff-Kurzname (neu) EN steel name (new)	Werkstoff-Kurzname (alt) Steel name (old)	Abschnitt Section
1.1126	C15D2	–	3.20
1.1127	38Mn6	–	3.3.3
1.1129	C18D2	–	3.20
1.1131	G17Mn5	GS-16 Mn 5	3.15.1
1.1132	C15E2C	Cq 15	3.8
1.1133	20Mn5	20 Mn 5	3.6
1.1133	20Mn5	20 Mn 5	3.9
1.1137	C20D2	–	3.20
1.1138	G21Mn5	GS-21 Mn 5	3.15.6
1.1139	C26D2	–	3.20
1.1140	C15R	Cm 15	3.8
1.1141	C15E	Ck 15	3.8
1.1143	C32D2	–	3.20
1.1145	C36D2	–	3.20
1.1147	C17E2C	–	3.8
1.1148	C16E	–	3.8
1.1149	–	Cm 22	3.3.3
1.1149	C22R	Cm 22	3.9
1.1150	C38D2	–	3.20
1.1151	C22E	Ck 22	3.3.3, 3.9
1.1151	–	Ck 22	3.6
1.1152	C20E2C	Cq 22	3.8
1.1152	–	Cq 22	3.9
1.1153	C40D2	–	3.20
1.1154	C42D2	–	3.20
1.1155	–	GS-Ck 25	3.15.1
1.1158	C25E	Ck 25	3.9
1.1161	26Mn5	–	3.3.3
1.1162	C46D2	–	3.20
1.1163	C25R	Cm 25	3.9
1.1164	C48D2	–	3.20
1.1165	–	GS-30 Mn 5	3.15.1
1.1167	–	36 Mn 5	3.3.3, 3.9
1.1170	–	28 Mn 6	3.3.3, 3.6
1.1170	28Mn6	28 Mn 6	3.9
1.1171	C50D2	–	3.20
1.1172	–	Cq 35	3.6
1.1172	C35EC	Cq 35	3.9
1.1177	25Mn4	–	3.9
1.1178	C30E	Ck 30	3.9
1.1179	C30R	Cm 30	3.9

2.1 Werkstoffnummern

Auflistung in numerischer Reihenfolge

Material numbers

Listing in numerical order

Werk-stoff-Nr. Material number	EN Werkstoff-Kurzname (neu) EN steel name (new)	Werkstoff-Kurzname (alt) Steel name (old)	Abschnitt Section
1.1180	–	Cm 35	3.3.3
1.1180	C35R	Cm 35	3.9
1.1181	C35E	Ck 35	3.3.3, 3.6, 3.9
1.1185	C2D1	–	3.20
1.1186	C40E	Ck 40	3.9
1.1187	C3D1	–	3.20
1.1188	C4D1	–	3.20
1.1189	C40R	Cm 40	3.9
1.1191	C45E	Ck 45	3.3.3, 3.6, 3.9
1.1192	C45EC	Cq 45	3.9
1.1201	–	Cm 45	3.3.3
1.1201	C45R	Cm 45	3.9
1.1202	C52D2	D 53-3	3.20
1.1203	–	Ck 55	3.3.3, 3.17
1.1203	C55E	Ck 55	3.9
1.1204	C55S	–	3.17
1.1206	–	Ck 50	3.6
1.1206	C50E	Ck 50	3.9
1.1207	C10R	–	3.8
1.1208	C16R	–	3.8
1.1209	–	Cm 55	3.3.3
1.1209	C55R	Cm 55	3.9
1.1211	C60S	–	3.17
1.1212	C58D2	D 58-3	3.20
1.1217	C90S	–	3.17
1.1219	–	Cf 54	3.9
1.1219	C56E2	Cf 54	3.18
1.1220	C56D2	D 55-3	3.20
1.1221	C60E	Ck 60	3.3.3, 3.9
1.1221	–	Ck 60	3.6, 3.17
1.1222	C62D2	D 63-3	3.20
1.1223	–	Cm 60	3.3.3
1.1223	C60R	Cm 60	3.9
1.1224	C124S	–	3.17
1.1228	C60D2	D 60-3	3.20
1.1231	C67S	Ck 67	3.17
1.1232	C68D2	D 68-3	3.20
1.1233	56Mn4	–	3.18
1.1236	C66D2	D 65-3	3.20

2.1 Werkstoffnummern

Auflistung in numerischer Reihenfolge

Material numbers

Listing in numerical order

Werkstoff-Nr. Material number	EN-Werkstoff-Kurzname (neu) EN steel name (new)	Werkstoff-Kurzname (alt) Steel name (old)	Abschnitt Section
1.1241	C50R	Cm 50	3.9
1.1242	C72D2	D 73-3	3.20
1.1244	70Mn4	–	3.18
1.1248	C75S	Ck 75	3.17
1.1251	C70D2	D 70-3	3.20
1.1252	C78D2	D 78-3	3.20
1.1253	C76D2	D 75-3	3.20
1.1255	C80D2	D 80-3	3.20
1.1262	C82D2	D 83-3	3.20
1.1265	C86D2	D 85-3	3.20
1.1269	C85S	Ck 85	3.17
1.1272	C88D2	D 88-3	3.20
1.1274	C100S	Ck 101	3.17
1.1282	C92D2	D 95-3	3.20
1.1283	C98D2	–	3.20
1.1525	C80U	C 80 W1	3.16.1
1.1535	C90U	–	3.16.1
1.1545	C105U	C 105 W1	3.16.1
1.1555	C120U	–	3.16.1
1.1620	C70U	C 70 W2	3.16.1
1.1730	C45U	C 45 W	3.16.1
1.1740	–	C 60 W	3.16.1
1.1830	–	C 85 W	3.16.1
1.2002	125Cr2	–	3.17
1.2003	–	75 Cr 1	3.16.5
1.2067	102Cr6	100 Cr 6	3.16.2
1.2067	102Cr6	–	3.17
1.2080	X210Cr12	X 210 Cr 12	3.16.2
1.2083	X40Cr14	–	3.16.2
1.2101	–	62 SiMnCr 4	3.16.5
1.2162	21MnCr5	21 MnCr 5	3.16.2
1.2208	–	31 CrV 3	3.16.5
1.2210	–	115 CrV 3	3.16.2
1.2235	–	80 CrV 2	3.16.5
1.2235	80CrV2	–	3.17
1.2241	–	51 CrV 4	3.16.5
1.2302	35CrMo7	–	3.16.2
1.2312	–	40 CrMnMoS 8 6	3.16.2
1.2316	X38CrMo16	X 36 CrMo 17	3.16.2
1.2323	48CrMoV6-7	48 CrMoV 6 7	3.16.5
1.2328	–	45 CrMoV 7	3.16.5

2.1 Werkstoffnummern

Auflistung in numerischer Reihenfolge

Material numbers

Listing in numerical order

Werkstoff-Nr. Material number	EN-Werkstoff Kurzname (neu) EN steel name (new)	Werkstoff Kurzname (alt) Steel name (old)	Abschnitt Section
1.2343	X37CrMoV5-1	X 38 CrMoV 5 1	3.16.3
1.2344	X40CrMoV5-1	X 40 CrMoV 5 1	3.16.3
1.2355	50CrMoV13-15	–	3.16.3
1.2363	X100CrMoV5	–	3.16.2
1.2365	32CrMoV12-28	X 32 CrMoV 3 3	3.16.3
1.2367	X38CrMoV5-3	X 38 CrMoV 5 3	3.16.3
1.2376	–	X 96 CrMoV 12	3.16.5
1.2379	X153CrMoV12	X 155 CrVMo 12 1	3.16.2
1.2419	–	105 WCr 6	3.16.2
1.2436	X210CrW12	X 210 CrW 12	3.16.2
1.2519	–	110 WCrV 5	3.16.5
1.2549	50WCrV8	–	3.16.2
1.2550	60WCrV8	60 WCrV 7	3.16.2
1.2581	X30WCrV9-3	–	3.16.3
1.2601	–	X 165 CrMoV 12	3.16.2
1.2605	X35CrWMoV5	–	3.16.3
1.2661	38CrCoWV18-17-17	–	3.16.3
1.2713	–	55 NiCrMoV 6	3.16.3
1.2714	55NiCrMoV7	56 NiCrMoV 7	3.16.3
1.2738	40CrMnNiMo8-6-4	–	3.16.2
1.2764	–	X 19 NiCrMo 4	3.16.2
1.2767	45NiCrMo16	X 45 NiCrMo 4	3.16.2
1.2824	70MnMoCr8	–	3.16.2
1.2825	95MnWCr5	–	3.16.2
1.2826	–	60 MnSiCr 4	3.16.5
1.2834	105V	–	3.16.2
1.2838	–	145 V 33	3.16.2
1.2842	90MnCrV8	90 MnCrV 8	3.16.2
1.3202	–	S 12-1-4-5	3.16.4
1.3207	HS10-4-3-10	S 10-4-3-10	3.16.4
1.3243	HS6-5-2-5	S 6-5-2-5	3.16.4
1.3244	HS6-5-3-8	–	3.16.4
1.3246	–	S 7-4-2-5	3.16.4
1.3247	HS2-9-1-8	S 2-10-1-8	3.16.4
1.3255	–	S 18-1-2-5	3.16.4
1.3325	HS0-4-1	–	3.16.4
1.3326	HS1-4-2	–	3.16.4
1.3327	HS1-8-1	–	3.16.4
1.3333	HS3-3-2	S 3-3-2[a]	3.16.4
1.3333	HS3-3-2	S 3-3-2	3.16.5
1.3339	HS6-5-2	–	3.16.4

2.1 Werkstoffnummern

Auflistung in numerischer Reihenfolge

Material numbers

Listing in numerical order

Werk-stoff-Nr. Material number	EN-Werkstoff-Kurzname (neu) EN steel name (new)	Werkstoff-Kurzname (alt) Steel name (old)	Abschnitt Section
1.3342	–	SC 6-5-2	3.16.4
1.3343	HS6-5-2C	S 6-5-2	3.16.4
1.3344	HS6-5-3	S 6-5-3	3.16.4
1.3345	HS6-5-3C	S 6-5-2 Si[a]	3.16.4
1.3348	HS2-9-2	S 2-9-2[a]	3.16.4
1.3348	HS2-9-2	S 2-9-2	3.16.5
1.3350	HS6-6-2	–	3.16.4
1.3351	HS6-5-4	–	3.16.4
1.3355	HS18-0-1	S 18-0-1[a]	3.16.4
1.3501	–	100 Cr 2	3.18
1.3505	100Cr6	100 Cr 6	3.18
1.3515	20MnCr4-2	–	3.8, 3.18
1.3518	100CrMnSi4-4	–	3.18
1.3519	100CrMnSi6-6	–	3.18
1.3520	100CrMnSi6-4	100 CrMn 6	3.18
1.3521	17MnCr5	17 MnCr 5	3.8, 3.18
1.3523	19MnCr5	19 MnCr 5	3.8, 3.18
1.3531	–	16 CrNiMo 6	3.8, 3.18
1.3532	16NiCrMo16-5	–	3.8, 3.18
1.3533	–	17 NiCrMo 14	3.8
1.3533	18NiCrMo14-6	17 NiCrMo 14	3.18
1.3536	100CrMo7-3	100 CrMo 7 3	3.18
1.3537	100CrMo7	100 CrMo 7	3.18
1.3538	100CrMo7-4	–	3.18
1.3539	100CrMnMoSi8-4-6	100 CrMnMo 8	3.18
1.3541	X47Cr14	X 45 Cr 13	3.10.1, 3.18
1.3542	X65Cr14	–	3.10.1, 3.18
1.3543	X108CrMo17	X 102 CrMo 17	3.10.1, 3.18
1.3549	X89CrMoV18-1	X 89 CrMoV 18 1	3.10.1, 3.18
1.3551	80MoCrV42-16	80 MoCrV 42 16	3.18
1.3553	X82WMoCrV6-5-4	X 82 WMoCrV 6 5 4	3.18
1.3555	13MoCrNi42-16-14	–	3.18
1.3558	X75WCrV18-4-1	X 75 WCrV 18 4 1	3.18
1.3559	20Cr3	–	3.8, 3.18
1.3561	–	44 Cr 2	3.9, 3.18
1.3563	–	43 CrMo 4	3.9
1.3563	43CrMo4	43 CrMo 4	3.18
1.3565	–	48 CrMo 4	3.9, 3.18
1.3566	15CrMo4	–	3.8, 3.18
1.3567	20CrMo4	–	3.8, 3.18
1.3570	20MnCrMo4-2	–	3.8, 3.18

2.1 Werkstoffnummern

Auflistung in numerischer Reihenfolge

Material numbers

Listing in numerical order

Werk-stoff-Nr. Material number	EN-Werkstoff-Kurzname (neu) EN steel name (new)	Werkstoff-Kurzname (alt) Steel name (old)	Abschnitt Section
1.3576	20NiCrMo7	–	3.8, 3.18
1.3802	GX120Mn13	G-X 120 Mn 13	3.15.7
1.3940	GX2CrNiN18-13	G-X 2 CrNiN 18 13	3.15.7
1.3952	–	G-X 2 CrNiMoN 18 14	3.15.7
1.3955	GX12CrNi18-11	G-X 12 CrNi 18 11	3.15.7
1.3960	GX2CrNiMoN18-14	–	3.15.7
1.3964	–	G-X 2 CrNiMnMoNNb 21 16 5 3	3.15.7
1.3966	GX25MnCrNi18-8-6	G-X 25 MnCrNi 8 8 6	3.15.7
1.3967	GX2CrNiMnMoNNb21-16-5-8	–	3.15.7
1.4000	X6Cr13	X 6 Cr 13	3.10.1
1.4002	X6CrAl13	–	3.3.3
1.4002	X6CrAl13	X 6 CrAl 13	3.10.1
1.4003	X2CrNi12	–	3.3.4
1.4003	X2CrNi12	X 2 Cr 11	3.10.1
1.4005	X12CrS13	–	3.10.1
1.4006	X12Cr13	–	3.3.3
1.4006	X12Cr13	X 10 Cr 13	3.10.1
1.4008	GX7CrNiMo12-1	G-X 8 CrNi 13	3.15.2
1.4011	GX12Cr12	–	3.15.2
1.4016	X6Cr17	–	3.3.3, 3.3.4, 3.17
1.4016	X6Cr17	X 6 Cr 17	3.10.1
1.4017	X6CrNi17-1	–	3.10.1
1.4020	X13CrMnNiN18-13-2	–	3.10.1
1.4021	X20Cr13	X 20 Cr 13	3.10.1
1.4021	X20Cr13	–	3.17
1.4024	X15Cr13	X 15 Cr 13	3.10.1
1.4027	GX20Cr14	G-X 20 Cr 14	3.15.2
1.4028	X30Cr13	X 30 Cr 13	3.10.1
1.4028	X30Cr13	–	3.17
1.4029	X29CrS13	–	3.10.1
1.4031	X39Cr13	X 38 Cr 13	3.10.1
1.4031	X39Cr13	–	3.17
1.4034	X46Cr13	X 46 Cr 13	3.10.1
1.4035	X46CrS13	–	3.10.1
1.4037	X65Cr13	X 65 Cr 13	3.10.1
1.4057	X17CrNi16-2	X 20 CrNi 17 2	3.10.1
1.4059	GX22CrNi17	G-X 22 CrNi 17	3.15.2
1.4062	X2CrNiN22-2	–	3.10.1

2.1 Werkstoffnummern

Auflistung in numerischer Reihenfolge

Material numbers

Listing in numerical order

Werkstoff-Nr. Material number	EN-Werkstoff-Kurzname (neu) EN steel name (new)	Werkstoff-Kurzname (alt) Steel name (old)	Abschnitt Section
1.4085	GX70Cr29	G-X 70 Cr 29	3.15.2
1.4086	GX120Cr29	G-X 120 Cr 29	3.15.2
1.4104	X14CrMoS17	X 12 CrMoS 17	3.10.1
1.4105	X6CrMoS17	X 4 CrMoS 18	3.10.1
1.4107	GX8CrNi12	–	3.15.2
1.4107	GX8CrNi12	G-X 8 CrNi 12	3.15.3
1.4109	X70CrMo15	X 65 CrMo 14[a]	3.10.1
1.4110	X55CrMo14	X 55 CrMo 14	3.10.1
1.4112	X90CrMoV18	X 90 CrMoV 18	3.10.1
1.4113	X6CrMo17-1	X 6 CrMo 17 1	3.10.1
1.4116	X50CrMoV15	X 45 CrMoV 15	3.10.1
1.4120	X20CrMo13	X 20 CrMo 13	3.10.1
1.4122	X39CrMo17-1	X 35 CrMo 17	3.10.1
1.4123	X40CrMoVN16-2	–	3.10.1
1.4125	X105CrMo17	X 105 CrMo 17	3.10.1
1.4138	GX120CrMo29-2	G-X 120 CrMo 29 2	3.15.2
1.4150	X53CrSiMoVN16-2	–	3.10.1
1.4162	X2CrMnNi21-5-1	–	3.10.1
1.4301	X5CrNi18-10	X 5 CrNi 18 10	3.3.3, 3.3.4, 3.3.5, 3.10.1
1.4301	X5CrNi18-10	–	3.17
1.4303	X4CrNi18-12	X 5 CrNi 18 12	3.10.1
1.4305	X8CrNiS18-9	–	3.3.3
1.4305	X8CrNiS18-9	X 10 CrNiS 18 9	3.10.1
1.4306	X2CrNi19-11	X 2 CrNi 19 11	3.3.3, 3.3.4, 3.3.5, 3.10.1
1.4306	–	G-X 2 CrNiN 18 9	3.15.2
1.4307	X2CrNi18-9	–	3.3.3, 3.3.4, 3.3.5, 3.10.1
1.4308	GX5CrNi19-10	G-X 6 CrNi 18 9	3.15.2
1.4309	GX2CrNi19-11	–	3.15.2
1.4310	X10CrNi18-8	X 12 CrNi 17 7	3.10.1, 3.17
1.4311	X2CrNiN18-10	X 2 CrNiN 18 10	3.3.3, 3.3.4, 3.3.5, 3.10.1
1.4313	X3CrNiMo13-4	X 4 CrNi 13 4	3.10.1
1.4313	–	G-X 5 CrNi 13 4	3.15.2
1.4315	X5CrNiN19-9	–	3.10.1
1.4317	GX4CrNi13-4	–	3.15.2, 3.15.3
1.4318	X2CrNiN18-7	–	3.3.4
1.4318	X2CrNiN18-7	X 2 CrNiN 18 7	3.10.1

2.1 Werkstoffnummern

Auflistung in numerischer Reihenfolge

Material numbers

Listing in numerical order

Werkstoff-Nr. Material number	EN Werkstoff Kurzname (neu) EN steel name (new)	Werkstoff-Kurzname (alt) Steel name (old)	Abschnitt Section
1.4319	X5CrNi17-7	–	3.10.1
1.4325	X9CrNi18-9	–	3.10.1
1.4335	X1CrNi25-21	–	3.3.3, 3.3.5
1.4335	X1CrNi25-21	X 1 CrNi 25 21	3.10
1.4340	GX40CrNi27-4	G-X 40 CrNi 27 4	3.15.2
1.4347	GX6CrNiN26-7	G-X 8 CrNiN 26 7	3.15.2
1.4361	X1CrNiSi18-15-4	X 2 CrNiSi 18 15[a]	3.10.1
1.4362	X2CrNiN23-4	–	3.3.3, 3.3.4, 3.3.5
1.4362	X2CrNiN23-4	X 2 CrNiN 23 4	3.10.1
1.4369	X11CrNiMnN19-8-6	–	3.10.1, 3.17
1.4371	X2CrMnNiN17-7-5	–	3.10.1
1.4372	X12CrMnNiN17-7-5	–	3.10.1, 3.17
1.4373	X12CrMnNiN18-9-5	–	3.10.1
1.4374	X8CrMnNiN18-9-5	–	3.10.1
1.4376	X8CrMnNi19-6-3	–	3.10.1
1.4378	X6CrMnNiN18-13-3	–	3.10.1
1.4401	X5CrNiMo17-12-2	X 5 CrNiMo 17 12 2	3.3.3, 3.3.4, 3.3.5, 3.10.1
1.4401	X5CrNiMo17-12-2	X 5 CrNiMo 18 10	3.17
1.4404	X2CrNiMo17-12-2	X 2 CrNiMo 17 13 2	3.3.3, 3.3.4, 3.3.5, 3.10.1
1.4404	–	G-X 2 CrNiMoN 18 10	3.15.2
1.4405	GX4CrNiMo16-5-1	G-X 5 CrNiMo 16 5	3.15.2
1.4405	GX4CrNiMo16-5-1	–	3.15.3
1.4406	X2CrNiMoN17-11-2	X 2 CrNiMo 17 12 2	3.10.1
1.4408	GX5CrNiMo19-11-2	G-X 6 CrNiMo 18 10	3.15.2
1.4409	GX2CrNiMo19-11-2	–	3.15.2
1.4410	X2CrNiMoN25-7-4	–	3.3.3, 3.3.4, 3.3.5, 3.10.1
1.4411	GX4CrNiMo16-5-2	–	3.15.2
1.4412	GX5CrNiMo19-11-3	–	3.15.2
1.4415	X2CrNiMoV13-5-2	–	3.10.1
1.4416	GX2NiCrMoN25-20-5	–	3.15.2
1.4417	GX2CrNiMoN25-7-3	–	3.15.2
1.4418	X4CrNiMo16-5-1	X 4 CrNiMo 16 5	3.10.1
1.4419	X38CrMo14	–	3.10.1
1.4420	X2CrNiMoN21-9-1	–	3.10.1
1.4421	GX4CrNi16-4	–	3.15.2
1.4422	X1CrNiMoCu12-5-2	–	3.10.1
1.4423	X1CrNiMoCu12-7-3	–	3.10.1

2.1 Werkstoffnummern

Auflistung in numerischer Reihenfolge

Material numbers

Listing in numerical order

Werk-stoff-Nr. Material number	EN-Werkstoff-Kurzname (neu) EN steel name (new)	Werkstoff-Kurzname (alt) Steel name (old)	Abschnitt Section
1.4424	X2CrNiMoSi18-5-3	–	3.3.3, 3.10.1
1.4429	X2CrNiMoN17-13-3	X 2 CrNiMoN 17 13 3	3.3.3, 3.3.4, 3.3.5, 3.10.1
1.4432	X2CrNiMo17-12-3	–	3.3.4, 3.3.5, 3.10.1
1.4434	X2CrNiMoN18-12-4	–	3.10.1
1.4435	X2CrNiMo18-14-3	X 2 CrNiMo 18 14 3	3.3.3, 3.3.4, 3.3.5, 3.10.1
1.4436	X3CrNiMo17-13-3	X 5 CrNiMo 17 13 3	3.3.3, 3.3.4, 3.3.5, 3.10.1
1.4438	X2CrNiMo18-15-4	–	3.3.4, 3.3.5
1.4438	X2CrNiMo18-15-4	X 2 CrNiMo 18 16 4	3.10.1
1.4439	X2CrNiMoN17-13-5	X 2 CrNiMoN 17 13 5	3.3.3, 3.3.4, 3.3.5, 3.10.1
1.4439	–	G-X 3 CrNiMoN 17 13 5	3.15.2
1.4443	GX4CrNiMo19-11-3	–	3.15.2
1.4446	GX2CrNiMoN17-13-4	–	3.15.2
1.4449	X3CrNiMo18-12-3	–	3.10.1
1.4458	GX2NiCrMo28-20-2	–	3.15.2
1.4460	X3CrNiMoN27-5-2	–	3.3.3
1.4460	X3CrNiMoN27-5-2	X 8 CrNiMo 27 5	3.10.1
1.4462	X2CrNiMoN22-5-3	–	3.3.3, 3.3.4, 3.3.5
1.4462	X2CrNiMoN22-5-3	X 2 CrNiMoN 22 5 3	3.10.1
1.4464	GX40CrNiMo27-5	G-X 40 CrNiMo 27 5	3.15.2
1.4465	X1CrNiMoN25-25-2	X 1 CrNiMoN 25 25 2	3.10.1
1.4466	X1CrNiMoN25-22-2	–	3.3.3, 3.10.1
1.4468	GX2CrNiMoN25-6-3	G-X 3 CrNiMoN 26 6 3	3.15.2
1.4469	GX2CrNiMoN26-7-4	G-X 2 CrNiMoN 25 7 4	3.15.2
1.4470	GX2CrNiMoN22-5-3	–	3.15.2
1.4471	GX3CrNiMoWCuN27-6-3-1	–	3.15.2
1.4474	GX4CrNiMoN26-5-2	–	3.15.2
1.4477	X2CrNiMoN29-7-2	–	3.3.3, 3.10.1
1.4482	X2CrMnNiMoN21-5-3	–	3.10.1
1.4501	X2CrNiMoCuWN25-7-4	–	3.3.3, 3.3.4, 3.3.5, 3.10.1
1.4505	X4NiCrMoCuNb20-18-2	X 4 NiCrMoCuNb 20 18 2	3.10.1
1.4507	X2CrNiMoCuN25-6-3	–	3.3.3, 3.3.5, 3.10.1
1.4509	X2CrTiNb18	–	3.3.4, 3.10.1
1.4510	X3CrTi17	–	3.3.3
1.4510	X3CrTi17	X 3 CrTi 17	3.3.4

2.1 Werkstoffnummern

Auflistung in numerischer Reihenfolge

Material numbers

Listing in numerical order

Werk-stoff-Nr. Material number	EN Werkstoff Kurzname (neu) EN steel name (new)	Werkstoff Kurzname (alt) Steel name (old)	Abschnitt Section
1.4510	X3CrTi17	X 6 CrTi 17	3.10.1
1.4511	X3CrNb17	–	3.3.4
1.4511	X3CrNb17	X 6 CrNb 17	3.10.1
1.4512	X2CrTi12	–	3.3.3
1.4512	X2CrTi12	X 2 CrTi 12	3.3.4
1.4512	X2CrTi12	X 6 CrTi 12	3.10.1
1.4513	X2CrMoTi17-1	–	3.10.1
1.4515	GX2CrNiMoCuN26-6-3	G-X 3 CrNiMoCuN 26 6 3	3.15.2
1.4516	X6CrNiTi12	–	3.10.1
1.4517	GX2CrNiMoCuN25-6-3-3	G-X 3 CrNiMoCuN 26 6 3 3	3.15.2
1.4520	X2CrTi17	X 1 CrTi 15	3.10.1
1.4521	X2CrMoTi18-2	–	3.3.4
1.4521	X2CrMoTi18-2	X 2 CrMoTi 18 2	3.10.1
1.4522	–	X 2 CrMoNb 18 2	3.10.1
1.4523	X2CrMoTiS18-2	–	3.10.1
1.4525	GX5CrNiCu16-4	–	3.15.2
1.4526	X6CrMoNb17-1	–	3.3.4, 3.10.1
1.4527	GX4NiCrCuMo30-20-4	–	3.15.2
1.4529	X1NiCrMoCuN25-20-7	–	3.3.3, 3.3.4, 3.3.5
1.4529	X1NiCrMoCuN25-20-7	X 1 NiCrMoCuN 25 20 6	3.10.1
1.4530	X1CrNiMoAlTi12-9-2	–	3.10.1
1.4532	X8CrNiMoAl15-7-2	–	3.10.1
1.4536	GX2NiCrMoCuN25-20	G-X 2 NiCrMoCuN 25 20	3.15.2
1.4537	X1CrNiMoCuN25-25-5	–	3.10.1
1.4538	GX1NiCrMoCuN25-20-5	–	3.15.2
1.4539	X1NiCrMoCu25-20-5	–	3.3.3, 3.3.4, 3.3.5
1.4539	X1NiCrMoCu25-20-5	X 1 NiCrMoCuN 25 20 5	3.10.1
1.4539	X1NiCrMoCu25-20-5	X 2 NiCrMoCu 25 20 5[a]	3.17
1.4541	X6CrNiTi18-10	X 6 CrNiTi 18 10	3.3.3, 3.3.4, 3.3.5, 3.10.1
1.4542	X5CrNiCuNb16-4	X 5 CrNiCuNb 17 4[a]	3.10.1
1.4547	X1CrNiMoCuN20-18-7	–	3.3.3, 3.3.4, 3.3.5, 3.10.1
1.4550	X6CrNiNb18-10	X 6 CrNiNb 18 10	3.3.3, 3.3.4, 3.3.5, 3.10.1
1.4552	GX5CrNiNb19-11	G-X 5 CrNiNb 18 9	3.15.2
1.4557	GX2CrNiMoCuN20-18-6	–	3.15.2
1.4558	X2NiCrAlTi32-20	–	3.3.3
1.4558	X2NiCrAlTi32-20	X 2 NiCrAlTi 32 20	3.10.1

2.1 Werkstoffnummern

Auflistung in numerischer Reihenfolge

Material numbers

Listing in numerical order

Werk-stoff-Nr. Material number	EN-Werkstoff-Kurzname (neu) EN steel name (new)	Werkstoff-Kurzname (alt) Steel name (old)	Abschnitt Section
1.4560	X3CrNiCu19-9-2	–	3.10.1
1.4561	X1CrNiMoTi18-13-2	X 1 CrNiMoTi 18 13 2	3.10.1
1.4562	X2CrNiMoN22-5-3	–	3.17
1.4563	X1NiCrMoCu31-27-4	–	3.3.3, 3.3.4, 3.3.5
1.4563	X1NiCrMoCu31-27-4	X 1 NiCrMoCuN 31 27	3.10.1
1.4565	X2CrNiMnMoN25-18-6-5	–	3.10.1
1.4565	X2CrNiMnMoNbN25-18-5-4	X 3 CrNiMnMoNbN 23 17 5 3	3.10.1
1.4567	X3CrNiCu18-9-4	X 3 CrNiCu 18 9	3.10.1
1.4568	X7CrNiAl17-7	X 7 CrNiAl 17 7	3.10.1, 3.17
1.4569	GX2CrNiMnMoNNb21-15-4-3	G-X 2 CrNiMnMoNNb 21 15 4 3	3.15.2
1.4570	X6CrNiCuS18-9-2	–	3.10.1
1.4571	X6CrNiMoTi17-12-2	X 6 CrNiMoTi 17 12 2	3.3.3, 3.3.4, 3.3.5, 3.10.1
1.4573	GX3CrNiMoCuN24-6-5	–	3.15.2
1.4577	X3CrNiMoTi25-25	X 3 CrNiMoTi 25 25	3.10.1
1.4578	X3CrNiCuMo17-11-3-2	–	3.10.1
1.4580	X6CrNiMoNb17-12-2	X 6 CrNiMoNb 17 12 2	3.3.3, 3.10.1
1.4581	GX5CrNiMoNb19-11-2	G-X 5 CrNiMoNb 18 10	3.15.2
1.4584	GX2NiCrMoCu25-20-5	–	3.15.2
1.4587	GX2NiCrMoCuN29-25-5	–	3.15.2
1.4588	GX2NiCrMoCuN25-20-6	–	3.15.2
1.4589	X5CrNiMoTi15-2	–	3.10.1
1.4590	X2CrNbZr17	–	3.10.1
1.4592	X2CrMoTi29-4	–	3.10.1
1.4593	GX3CrNiMoCuN24-6-2-3	–	3.15.2
1.4594	X5CrNiMoCuNb14-5	–	3.10.1
1.4595	X1CrNb15	–	3.10.1
1.4596	X1CrNiMoAlTi12-10-2	–	3.10.1
1.4597	X8CrMnCuNB17-8-3	–	3.10.1
1.4598	X2CrNiMoCuS17-10-2	–	3.10.1
1.4600	X2CrMnTi12	–	3.10.1
1.4605	X2CrAlTi18-2	–	3.10.1
1.4606	X5NiCrTiMoVB25-15-2	–	3.10.1
1.4607	X2CrNbTi20	–	3.10.1
1.4611	X2CrTi21	–	3.10.1
1.4612	X1CrNiMoAlTi12-11-2	–	3.10.1
1.4613	X2CrTi24	–	3.10.1
1.4615	X3CrMnNiCu15-8-5-3	–	3.10.1

2.1 Werkstoffnummern

Auflistung in numerischer Reihenfolge

Material numbers

Listing in numerical order

Werkstoff-Nr. Material number	EN-Werkstoff-Kurzname (neu) EN steel name (new)	Werkstoff-Kurzname (alt) Steel name (old)	Abschnitt Section
1.4618	X9CrMnNiCu17-8-5-2	–	3.10.1
1.4621	X2CrNbCu21	–	3.10.1
1.4622	X2CrCuNbTiV22-1	–	3.10.1
1.4630	X2CrSiTi15	–	3.10.1
1.4634	X2CrAlSiNb18	–	3.10.1
1.4640	X5CrNiCu19-6-2	–	3.10.1
1.4646	X6CrMnNiCuN18-12-4-2	–	3.10.1
1.4650	X2CrNiCu19-10	–	3.10.1
1.4652	X1CrNiMoCuN24-22-8	–	3.10.1
1.4655	X2CrNiCuN23-4	–	3.10.1
1.4658	X2CrNiMoCoN28-8-5-1	–	3.10.1
1.4659	X1CrNiMoCuNW24-22-6	–	3.10.1
1.4662	X2CrNiMnMoCuN24-4-3-2	–	3.10.1
1.4669	X2CrCuNiN23-2-2	–	3.10.1
1.4710	GX30CrSi7	–	3.15.4
1.4713	X10CrAlSi7	X 10 CrAl 7	3.10.2
1.4718	X45CrSi9-3	X 45 CrSi 9 3	3.11
1.4720	–	X 7 CrTi 12	3.10.2
1.4724	X10CrAlSi13	X 10 CrAl 13	3.10.2
1.4729	GX40CrSi13	–	3.15.4
1.4731	X40CrSiMo10-2	X 40 CrSiMo 10 2	3.11
1.4736	X3CrAlTi18-2	–	3.10.2
1.4740	GX40CrSi17	–	3.15.4
1.4742	X10CrAlSi18	X 10 CrAl 18	3.10.2
1.4743	GX160CrSi18	G-X 160 CrSi 18	3.15.4
1.4745	GX40CrSi24	–	3.15.4
1.4748	X85CrMoV18-2	X 85 CrMoV 18 2	3.11
1.4749	X18CrN28	–	3.3.3, 3.10.2
1.4762	X10CrAlSi25	X 10 CrAl 24	3.10.2
1.4776	GX40CrSi28	–	3.15.4
1.4777	GX130CrSi29	G-X 130 CrSi 29	3.15.4
1.4785	–	X 60 CrMnMoVNbN 21 10	3.11
1.4805	GX35NiCrSi25-21	–	3.15.4
1.4806	GX40NiCrSi35-17	–	3.15.4
1.4807	GX40NiCrSiNb35-18	–	3.15.4
1.4815	–	G-X 8 CrNi 19 10	3.15.4
1.4818	X6CrNiSiNCe19-10	–	3.3.4, 3.10.2
1.4821	X15CrNiSi25-4	X 20 CrNiSi 25 4	3.10.2
1.4823	GX40CrNiSi27-4	–	3.15.4
1.4825	GX25CrNiSi18-9	–	3.15.4
1.4826	GX40CrNiSi22-10	–	3.15.4

2.1 Werkstoffnummern

Auflistung in numerischer Reihenfolge

Material numbers

Listing in numerical order

Werk-stoff-Nr. Material number	EN-Werkstoff-Kurzname (neu) EN steel name (new)	Werkstoff-Kurzname (alt) Steel name (old)	Abschnitt Section
1.4827	–	G-X 8 CrNiNb 19 10	3.15.4
1.4828	X15CrNiSi20-12	–	3.3.4
1.4828	X15CrNiSi20-12	X 15 CrNiSi 20 12	3.10.2
1.4832	GX25CrNiSi20-14	–	3.15.4
1.4833	X12CrNi23-13	–	3.3.3, 3.3.4
1.4833	X12CrNi23-13	X 7 CrNi 23 14	3.10.2
1.4835	X9CrNiSiNCe21-11-2	–	3.3.3, 3.3.4, 3.10.2
1.4837	GX40CrNiSi25-12	–	3.15.4
1.4840	–	G-X 15 CrNi 25 20	3.15.4
1.4841	X15CrNiSi25-21	X 15 CrNiSi 25 20	3.10.2
1.4845	X8CrNi25-21	–	3.3.3, 3.3.4
1.4845	X8CrNi25-21	X 12 CrNi 25 21	3.10.2
1.4848	GX40CrNiSi25-20	G-X 40 CrNiSi 25 20	3.15.4
1.4849	GX40NiCrSiNb38-19	G-X 40NiCrSiNb 38 18	3.15.4
1.4852	GX40NiCrSiNb35-26	G-X 40 NiCrNb 35 25	3.15.4
1.4854	X6NiCrSiNCe35-25	–	3.3.3, 3.3.4, 3.10.2
1.4855	GX40CrNiSiNb24-24	G-X 30 CrNiSiNb 24 24	3.15.4
1.4857	GX40NiCrSi35-26	G-X 40 NiCrSi 35 25	3.15.4
1.4859	GX10NiCrSiNb32-20	–	3.15.2
1.4859	GX10NiCrSiNb32-20	G-X 10 NiCrNb 32 20	3.15.4
1.4864	X12NiCrSi35-16	X 12 NiCrSi 36 16	3.10.2
1.4865	GX40NiCrSi38-19	G-X 40 NiCrSi 38 18	3.15.4
1.4866	X33CrNiMnN23-8	–	3.11
1.4868	–	G-X 50 CrNi 30 30	3.15.4
1.4869	GX50NiCrCoW35-25-15-5	–	3.15.4
1.4870	X53CrMnNiNbN21-9	–	3.11
1.4871	X53CrMnNiN21-9	X 53 CrMnNiN 21 9	3.11
1.4872	X25CrMnNiN25-9-7	–	3.10.2
1.4873	–	X 45 CrNiW 18 9	3.11
1.4874	GX50NiCrCo20-20-20	–	3.15.4
1.4875	X55CrMnNiN20-8	X 55 CrMnNiN 20 8	3.11
1.4876	X10NiCrAlTi32-21	–	3.3.3
1.4876	X10NiCrAlTi32-21	X 10 NiCrAlTi 32 20	3.10.2
1.4877	X6NiCrNbCe32-27	–	3.10.2
1.4878	X8CrNiTi18-10	–	3.3.3
1.4878	X8CrNiTi18-10	X 12 CrNiTi 18 9	3.10.2
1.4882	X50CrMnNiNbN21-9	X 50 CrMnNiNbN 21 9	3.11
1.4886	X10NiCrSi35-19	–	3.10.2
1.4887	X10NiCrSiNb35-22	–	3.10.2

2.1 Werkstoffnummern

Auflistung in numerischer Reihenfolge

Material numbers

Listing in numerical order

Werkstoff-Nr. Material number	EN Werkstoff-Kurzname (neu) EN steel name (new)	Werkstoff-Kurzname (alt) Steel name (old)	Abschnitt Section
1.4889	GX40NiCrNb45-35	–	3.15.4
1.4901	X10CrWMoVNb9-2	–	3.3.3
1.4902	X14CrMoVNbN10-1	–	3.6
1.4903	X10CrMoVNb9-1	–	3.3.3, 3.3.5, 3.6, 3.10.3
1.4905	X11CrMoWVNb9-1-1	–	3.3.3, 3.10.3
1.4906	X12CrMoWVNbN10-1-1	–	3.6
1.4910	X3CrNiMoBN17-13-3	X 3 CrNiMoN 17 13	3.3.3, 3.10.3
1.4911	X8CrCoNiMo10-6	–	3.10.3
1.4912	X7CrNiNb18-10	–	3.3.3, 3.10.3
1.4913	X19CrMoNbVN11-1	X 19 CrMoVNbN 11 1	3.6, 3.10.3
1.4918	X6CrNiMo17-13-2	–	3.3.3, 3.10.3
1.4919	–	X 6 CrNiMo 17 13	3.3.3
1.4919	X6CrNiMoB17-12-2	X 6 CrNiMo 17 13	3.10.3
1.4921	–	X 19 CrMo 12 1	3.10.3
1.4922	X20CrMoV11-1	X 20 CrMoV 12 1	3.3.3, 3.6, 3.10.3
1.4923	X22CrMoV12-1	X 12 CrMoV 12 1	3.6, 3.10.3
1.4926	X21CrMoV12-1	X 21 CrMoV 12 1	3.6
1.4931	GX23CrMoV12-1	–	3.15.2
1.4931	GX23CrMoV12-1	G-X 22 CrMoV 12 1	3.15.3
1.4935	X20CrMoWV12-1	–	3.10.3
1.4938	X12CrNiMoV12-3	–	3.10.3
1.4940	X7CrNiTi18-10	–	3.3.3, 3.10.3
1.4941	X6CrNiTiB18-10	X 8 CrNiTi 18 10	3.3.3, 3.10.3
1.4945	X6CrNiWNbN16-16	X 6 CrNiWNb 16 16	3.10.3
1.4948	X6CrNi18-10	X 6 CrNi 18 11	3.3.3, 3.10.3
1.4949	–	X 3 CrNiN 18 11	3.3.3, 3.10.3
1.4950	X6CrNi23-13	–	3.10.3
1.4951	X6CrNi25-20	–	3.10.3
1.4955	GX12CrMoVNbN9-1	–	3.15.2
1.4958	X5NiCrAlTi31-20	X 5 NiCrAlTi 31 20	3.3.3, 3.10.3
1.4959	X8NiCrAlTi32-21	X 8 NiCrAlTi 32 21	3.3.3, 3.10.3
1.4961	X8CrNiNb16-13	X 8 CrNiNb 16 13	3.3.3, 3.10.3
1.4962	X12CrNiWTiB16-13	–	3.10.3
1.4971	X12CrCoNi21-20	–	3.10.3
1.4980	X6NiCrTiMoVB25-15-2	–	3.10.3
1.4981	X8CrNiMoNb16-16	X 8 CrNiMoNb 16 16	3.3.3, 3.10.3
1.4982	X10CrNiMoMnNbVB15-10-1	–	3.3.3, 3.10.3
1.4983	X6CrNiMoTiB17-13	–	3.10.3

2.1 Werkstoffnummern

Auflistung in numerischer Reihenfolge

Material numbers

Listing in numerical order

Werkstoff-Nr. Material number	EN-Werkstoff-Kurzname (neu) EN steel name (new)	Werkstoff-Kurzname (alt) Steel name (old)	Abschnitt Section
1.4986	X7CrNiMoBNb16-16	X 8 CrNiMoBNb 16 16	3.6, 3.10.3
1.4988	X8CrNiMoVNb16-13	X 8 CrNiMoVNb 16 13	3.3.3, 3.10.3
1.5015	–	GS-8 Mn 7	3.15.1
1.5021	48Si7	–	3.17
1.5023	38Si7	38 Si 7	3.17
1.5024	46Si7	–	3.17
1.5026	56Si7	–	3.17
1.5029	–	71 Si 7	3.17
1.5113	8MnSi7	–	3.20
1.5402	15MnMoV4-5	–	3.6
1.5408	30MoB1	–	3.9
1.5410	G10MnMoV6-3	–	3.15.1
1.5414	18MnMo4-5	–	3.6
1.5415	16Mo3	15 Mo 3	3.3.3, 3.3.4, 3.3.5, 3.6
1.5417	26Mo2	–	3.3.3
1.5418	37Mo2	–	3.9
1.5419	G20Mo5	GS-22 Mo 4	3.15.3
1.5422	G18Mo5	–	3.15.1
1.5430	–	GS-8 MnMo 7 4	3.15.1
1.5431	G12MnMo7-4	GS-15 MnMo 6 4[a]	3.15.5
1.5450	8MoB5-4	–	3.3.3
1.5501	15B2	–	3.8
1.5502	17B2	–	3.9
1.5503	18B2	–	3.8
1.5508	23B2	22 B 2	3.9
1.5510	28B2	28 B 2	3.9
1.5511	35B2	35 B 2	3.9
1.5514	33B2	–	3.9
1.5515	38B2	–	3.9
1.5520	17MnB4	–	3.9
1.5521	18MnB4	–	3.8
1.5522	22MnB4	–	3.8
1.5523	19MnB4	19 MnB 4	3.9
1.5525	20MnB4	–	3.9
1.5526	30MnB4	–	3.9
1.5530	20MnB5	–	3.9
1.5531	30MnB5	–	3.9
1.5532	38MnB5	–	3.9
1.5535	23MnB4	–	3.9
1.5536	27MnB4	–	3.9

2.1 Werkstoffnummern

Auflistung in numerischer Reihenfolge

Material numbers

Listing in numerical order

Werk-stoff-Nr. Material number	EN-Werkstoff-Kurzname (neu) EN steel name (new)	Werkstoff-Kurzname (alt) Steel name (old)	Abschnitt Section
1.5537	36MnB4	–	3.9
1.5538	37MnB5	–	3.9
1.5621	G10Ni6	GS-10 Ni 6	3.15.6
1.5622	–	14 Ni 6	3.13
1.5634	75Ni8	–	3.17
1.5637	12Ni14	10 Ni 14	3.3.3, 3.3.5, 3.13
1.5637	–	10 Ni 14	3.3.4
1.5638	G9Ni14	GS-10 Ni 14	3.15.6
1.5639	–	16 Ni 14	3.13
1.5662	–	X 8 Ni 9	3.3.3, 3.3.4
1.5662	X8Ni9	X 8 Ni 9	3.13
1.5663	X7Ni9	–	3.13
1.5680	X12Ni5	12 Ni 19	3.3.3, 3.13
1.5680	–	12 Ni 19	3.3.4
1.5680	12Ni19	12 Ni 19	3.13
1.5681	GX9Ni	–	3.15.2
1.5682	X10Ni9	–	3.3.3, 3.3.5
1.5701	12NiCr3-2	–	3.8
1.5714	16NiCr4	–	3.8
1.5715	16NiCrS4	–	3.8
1.5752	15NiCr13	–	3.8
1.5805	10NiCr5-4	–	3.8
1.5810	18NiCr5-4	–	3.8
1.5815	35NiCr6	–	3.9
1.5918	17CrNi6-6	–	3.8
1.5919	–	15 CrNi 6	3.8
1.6210	15MnNi6-3	–	3.6
1.6211	16MnNi6-3	–	3.6
1.6212	11MnNi5-3	11 MnNi 5 3	3.3.3, 3.13
1.6212	–	11 MnNi 5 3	3.3.4
1.6217	13MnNi6-3	13 MnNi 6 3	3.3.3, 3.13
1.6217	–	13 MnNi 6 3	3.3.4
1.6220	G20Mn5	–	3.15.1
1.6228	15NiMn6	15 NiMn 6	3.13
1.6308	18MnMoNi5-5	–	3.6
1.6309	G20MnMoNi5-5	–	3.15.5
1.6310	20MnMoNi5-5	–	3.6
1.6311	20MnMoNi4-5	20 MnMoNi 4 5	3.6, 3.9
1.6341	11NiMoV5-3	–	3.6
1.6349	X7NiMo6	X 7 NiMo 6	3.13

2.1 Werkstoffnummern

Auflistung in numerischer Reihenfolge

Material numbers

Listing in numerical order

Werk-stoff-Nr. Material number	EN-Werkstoff-Kurzname (neu) EN steel name (new)	Werkstoff-Kurzname (alt) Steel name (old)	Abschnitt Section
1.6368	15NiCuMoNb5-6-4	–	3.3.3, 3.6
1.6368	15NiCuMoNb5	–	3.6
1.6510	39NiCrMo3	–	3.9
1.6511	36CrNiMo4	36 CrNiMo 4	3.3.3, 3.9
1.6515	–	GS-25CrNiMo 4	3.15.1
1.6522	20MnNiCrMo3-2	–	3.8
1.6522	20NiCrMo2	–	3.18
1.6523	20NiCrMo2-2	21 NiCrMo 2	3.8
1.6526	20NiCrMoS2-2	21 NiCrMoS 2	3.8
1.6563	41NiCrMo7-3-2	–	3.3.3, 3.9
1.6566	17NiCrMo6-4	–	3.8
1.6569	17NiCrMoS6-4	–	3.8
1.6570	G32NiCrMo8-5-4	GS-30 NiCrMo 8 5	3.15.1
1.6571	20NiCrMoS6-4	–	3.8
1.6579	G35CrNiMo6-6	–	3.15.1
1.6580	30CrNiMo8	30 CrNiMo 8	3.3.3, 3.6, 3.9
1.6582	–	34 CrNiMo 6	3.3.3
1.6582	34CrNiMo6	34 CrNiMo 6	3.6, 3.9
1.6582	–	GS-34 CrNiMo 6	3.15.1
1.6587	18CrNiMo7-6	17 CrNiMo 6	3.8
1.6587	18CrNiMo7-6	–	3.18
1.6657	14NiCrMo13-4	–	3.8
1.6660	20NiCrMo13-4	–	3.8
1.6732	–	28 NiCrMo 5 5	3.6
1.6740	–	GS-33 NiCrMo 7 4 4	3.15.1
1.6747	30NiCrMo16-6	–	3.9
1.6748	–	GS-40NiCrMo 6 5 6	3.15.1
1.6749	23CrNiMo7-4-7	23 CrNiMo 7 4 7	3.6
1.6750	G20NiMoCr3-7	GS-20NiMoCr 3 7	3.15.6
1.6750	G20NiMoCr4	–	3.15.6
1.6755	–	22 NiMoCr 4 7	3.6, 3.9
1.6759	G18NiMoCr3-6	–	3.15.5
1.6760	G22NiMoCr5-6	–	3.15.5
1.6773	36NiCrMo16	–	3.9
1.6779	G14NiCrMo10-6	–	3.15.5
1.6779	G14NiCrMo10-6	GS-14NiCrMo 10 6	3.15.6
1.6781	G17NiCrMo13-6	–	3.15.5
1.6900	–	X 12 CrNi 18 9	3.13
1.6902	GX6CrNi18-10	GX-6 CrNi 18 10	3.15.6
1.6903	–	X 10 CrNiTi 18 10	3.13

2.1 Werkstoffnummern

Auflistung in numerischer Reihenfolge

Material numbers

Listing in numerical order

Werk-stoff-Nr. Material number	EN-Werkstoff-Kurzname (neu) EN steel name (new)	Werkstoff-Kurzname (alt) Steel name (old)	Abschnitt Section
1.6905	–	X 10 CrNiNb 18 10	3.13
1.6906	–	X 5 CrNi 18 10	3.13
1.6920	15MnCrMoNiV5-3	–	3.6
1.6931	–	26 NiCrMoV 8 5	3.6
1.6932	–	28 NiCrMoV 8 5	3.6
1.6932	28NiCrMoV8-5	28 NiCrMoV 8 5	3.9
1.6945	22CrMoNiWV8-8	–	3.6
1.6946	30CrMoNiV5-11	30 CrMoNiV 5 11	3.6
1.6948	27NiCrMoV11-6	26 NiCrMoV 11 5	3.6
1.6956	–	33 NiCrMo 14 5	3.6
1.6956	33NiCrMo14-5	33 NiCrMo 14 5	3.9
1.6957	27NiCrMoV15-6	26 NiCrMoV 14 5	3.6
1.6961	24NiCrMoV10-10	–	3.6
1.6962	25NiCrMoV12-7	–	3.6
1.6963	27NiCrMoV16-7	–	3.6
1.6979	–	20 CrMoNiV 4 7	3.6
1.6982	GX3CrNi13-4	–	3.15.2
1.6982	GX3CrNi13-4	GX-3 CrNi 13 4	3.15.6
1.6983	GX3CrNiMo16-5	GX-3 CrNiMo 16 5	3.15.6
1.6985	28CrMoNiV4-9	28 CrMoNiV 4 9	3.6
1.7003	38Cr2	38 Cr 2	3.9
1.7006	46Cr2	46 Cr 2	3.9
1.7014	17CrS3	–	3.8
1.7016	17Cr3	17 Cr 3	3.8
1.7020	–	32 Cr 2	3.9
1.7021	–	32 CrS 2	3.9
1.7023	38CrS2	38 CrS 2	3.9
1.7025	46CrS2	46 CrS 2	3.9
1.7027	20Cr4	20 Cr 4	3.8
1.7027	20Cr4	–	3.18
1.7028	–	20 CrS 4	3.8
1.7030	28Cr4	–	3.8
1.7030	28Cr4	28 Cr 4	3.9
1.7033	34Cr4	34 Cr 4	3.9
1.7034	37Cr4	37 Cr 4	3.9
1.7035	41Cr4	41 Cr 4	3.3.3, 3.9
1.7036	28CrS4	–	3.8
1.7036	28CrS4	28 CrS 4	3.9
1.7037	34CrS4	34 CrS 4	3.9
1.7038	37CrS4	37 CrS 4	3.9
1.7039	41CrS4	41 CrS 4	3.9

2.1 Werkstoffnummern

Auflistung in numerischer Reihenfolge

Material numbers

Listing in numerical order

Werk-stoff-Nr. Material number	EN-Werkstoff-Kurzname (neu) EN steel name (new)	Werkstoff-Kurzname (alt) Steel name (old)	Abschnitt Section
1.7076	32CrB4	–	3.9
1.7077	36CrB4	–	3.9
1.7102	54SiCr6	54 SiCr 6	3.17
1.7103	–	67 SiCr 5	3.17
1.7106	56SiCr7	–	3.17
1.7108	60SiCr7	60 SiCr 7	3.17
1.7117	52SiCrNi5	–	3.17
1.7131	16MnCr5	16 MnCr 5	3.8
1.7139	16MnCrS5	16 MnCrS 5	3.8
1.7147	20MnCr5	20 MnCr 5	3.8
1.7149	20MnCrS5	20 MnCrS 5	3.8
1.7160	16MnCrB5	–	3.8
1.7176	55Cr3	55 Cr 3	3.17
1.7177	60Cr3	–	3.17
1.7182	27MnCrB5-2	–	3.9
1.7185	33MnCrB5-2	–	3.9
1.7189	39MnCrB6-2	–	3.9
1.7201	12CrMo4	–	3.8
1.7202	37CrMo4	–	3.9
1.7213	25CrMoS4	25 CrMoS 4	3.9
1.7216	30CrMo4	–	3.3.3
1.7218	25CrMo4	25 CrMo 4	3.3.3, 3.9
1.7218	25CrMo4	–	3.6
1.7218	–	GS-25 CrMo 4	3.15.1
1.7219	26CrMo4-2	26 CrMo 4	3.3.3
1.7219	–	GS-26 CrMo 4	3.15.6
1.7220	34CrMo4	34 CrMo 4	3.3.3, 3.9
1.7220	–	34 CrMo 4	3.6
1.7220	–	GS-34 CrMo 4	3.15.1
1.7221	G26CrMo4	–	3.15.6
1.7225	42CrMo4	42 CrMo 4	3.3.3, 3.9
1.7225	–	GS-42 CrMo 4	3.15.1
1.7226	34 CrMoS4	34 CrMoS 4	3.9
1.7227	42CrMoS4	42 CrMoS 4	3.9
1.7228	50CrMo4	50 CrMo 4	3.9
1.7230	G34CrMo4	–	3.15.1
1.7231	G42CrMo4	–	3.15.1
1.7239	60CrMo3-1	–	3.17
1.7240	60CrMo3-2	–	3.17
1.7241	60CrMo3-3	–	3.17
1.7243	18CrMo4	–	3.8

2.1 Werkstoffnummern

Auflistung in numerischer Reihenfolge

Material numbers

Listing in numerical order

Werk-stoff-Nr. Material number	EN Werkstoff Kurzname (neu) EN steel name (new)	Werkstoff Kurzname (alt) Steel name (old)	Abschnitt Section
1.7244	18CrMoS4	–	3.8
1.7255	–	23 CrMo 5	3.6
1.7258	–	24 CrMo 5	3.6, 3.9
1.7272	31CrMoB2-1	–	3.9
1.7319	20MoCrS3	–	3.8
1.7320	20MoCr3	–	3.8
1.7321	20MoCr4	20 MoCr 4	3.8
1.7323	20MoCrS4	20 MoCrS 4	3.8
1.7333	22CrMoS3-5	22 CrMoS 3 5	3.8
1.7335	13CrMo4-5	13 CrMo 4 4	3.3.3, 3.3.5, 3.6
1.7336	13CrMoSi5-5	–	3.6
1.7338	10CrMo5-5	–	3.3.3, 3.3.5
1.7341	–	GS-34 CrMo 4 4	3.15.1
1.7352	G18CrMnMo5-5	–	3.15.5
1.7357	G17CrMo5-5	GS-17 CrMo 5 5	3.15.3
1.7361	–	32 CrMo 12	3.6
1.7361	32CrMo12	32 CrMo 12	3.9
1.7362	X11CrMo5	–	3.3.3, 3.3.5
1.7362	X11CrMo5	12 CrMo 19 5	3.3.3
1.7362	X12CrMo5	–	3.6
1.7362	12CrMo19-5	–	3.6
1.7363	–	GS-12 CrMo 19 5	3.15.4
1.7365	GX15CrMo5	–	3.15.3
1.7366	X16CrMo5-1	–	3.6
1.7375	–	12 CrMo 9 10	3.3.3
1.7375	12CrMo9-10	–	3.6
1.7377	G15CrMo9-10	GS-17 CrMo 9 10	3.15.6
1.7378	7CrMoVTiB10-10	–	3.3.3
1.7379	G17CrMo9-10	GS-18 CrMo 9 10	3.15.3, 3.15.5
1.7380	10CrMo9-10	10 CrMo 9 10	3.3.3, 3.3.5, 3.6
1.7380	–	GS-12 CrMo 9 10	3.15.4
1.7381	–	12 CrMo 12 10	3.3.3
1.7383	11CrMo9-10	–	3.3.3, 3.6
1.7386	X11CrMo9-1	X 12 CrMo 9 1	3.3.3, 3.3.5
1.7389	–	G-X 12 CrMo 10 1	3.15.4
1.7701	52CrMoV4	51 CrMoV 4	3.17
1.7703	13CrMoV9-10	–	3.6
1.7706	G17CrMoV5-10	30 Cr MoV 9	3.15.3

2.1 Werkstoffnummern

Auflistung in numerischer Reihenfolge

Material numbers

Listing in numerical order

Werk-stoff-Nr. Material number	EN-Werkstoff-Kurzname (neu) EN steel name (new)	Werkstoff-Kurzname (alt) Steel name (old)	Abschnitt Section
1.7707	–	30 CrMoV 9	3.3.3
1.7707	30CrMoV9	30 CrMoV 9	3.9
1.7709	21CrMoV5-7	21 CrMoV 5 7	3.6
1.7710	G15CrMoV6-9	–	3.15.1, 3.15.3
1.7711	40CrMoV4-6	40 CrMoV 4 7	3.6
1.7715	14MoV6-3	14 MoV 6 3	3.3.3, 3.6
1.7720	G12MoCrV5-2	–	3.15.3
1.7725	G30CrMoV6-4	GS-30CrMoV 6 4	3.15.1
1.7755	–	GS-35 CrMoV 10 4	3.15.1
1.7767	12CrMoV12-10	–	3.6
1.7779	20CrMoV13-5-5	20 CrMoV 13 5	3.3.3
1.8062	46SiCrMo6	46 SiCrMo 6 3[a]	3.17
1.8063	50SiCrMo6	–	3.17
1.8151	45SiCrV6-2	–	3.17
1.8152	54SiCrV6	–	3.17
1.8153	60SiCrV7	–	3.17
1.8159	51CrV4	50 CrV 4	3.9, 3.17
1.8201	7CrWVMoNb9-6	–	3.3.3
1.8505	32CrAlMo7-10	–	3.12
1.8507	34CrAlMo5-10	34 CrAlMo 5	3.12
1.8509	41CrAlMo7-10	–	3.12
1.8515	31CrMo12	31 CrMo 12	3.12
1.8516	24CrMo13-6	–	3.12
1.8519	31CrMoV9	31 CrMoV 9	3.12
1.8521	–	15 CrMoV 5 9	3.12
1.8522	33CrMoV12-9	–	3.12
1.8523	40CrMoV13-9	–	3.12
1.8550	34CrAlNi7-10	34 CrAlNi 7	3.12
1.8700	L175	–	3.3.1
1.8707	L175P	–	3.3.1
1.8713	L210	–	3.3.1
1.8723	L245	–	3.3.1
1.8724	L390	–	3.3.1
1.8725	L415	–	3.3.1
1.8726	L450	–	3.3.1
1.8727	L485	–	3.3.1
1.8728	L290	–	3.3.1
1.8729	L320	–	3.3.1
1.8730	L360	–	3.3.1
1.8736	L415N	–	3.3.1

2.1 Werkstoffnummern

Auflistung in numerischer Reihenfolge

Material numbers

Listing in numerical order

Werk-stoff-Nr. Material number	EN Werkstoff Kurzname (neu) EN steel name (new)	Werkstoff Kurzname (alt) Steel name (old)	Abschnitt Section
1.8737	L245Q	–	3.3.1
1.8738	L290Q	–	3.3.1
1.8739	L320Q	–	3.3.1
1.8740	L390Q	–	3.3.1
1.8741	L360Q	–	3.3.1
1.8742	L415Q	–	3.3.1
1.8743	L450Q	–	3.3.1
1.8744	L485Q	–	3.3.1
1.8745	L555Q	–	3.3.1
1.8746	L245M	–	3.3.4
1.8747	L290M	–	3.3.4
1.8748	L320M	–	3.3.4
1.8749	L360M	–	3.3.4
1.8750	S420NH	–	3.3.2
1.8751	S420NH	–	3.3.2
1.8752	L415M	–	3.3.4
1.8753	L625M	–	3.3.4
1.8754	L450M	–	3.3.4
1.8755	L830M	–	3.3.4
1.8756	L485M	–	3.3.4
1.8757	L360NS	–	3.3.1
1.8758	L555M	–	3.3.4
1.8759	L360QS	–	3.3.1
1.8760	L390QS	–	3.3.1
1.8761	L415QS	–	3.3.1
1.8762	L450QS	–	3.3.1
1.8763	L485QS	–	3.3.1
1.8764	L625Q	–	3.3.1
1.8765	L690Q	–	3.3.1
1.8766	L415MS	–	3.3.4
1.8767	L450MS	–	3.3.4
1.8768	L485MS	–	3.3.4
1.8771	L360QO	–	3.3.1
1.8771	L390M	–	3.3.4
1.8772	L390QO	–	3.3.1
1.8773	L415QO	–	3.3.1
1.8774	L450QO	–	3.3.1
1.8775	L485QO	–	3.3.1
1.8776	L555QO	–	3.3.1
1.8777	L625QO	–	3.3.1
1.8778	L360NO	–	3.3.1

2.1 Werkstoffnummern

Auflistung in numerischer Reihenfolge

Material numbers

Listing in numerical order

Werk-stoff-Nr. Material number	EN-Werkstoff-Kurzname (neu) EN steel name (new)	Werkstoff-Kurzname (alt) Steel name (old)	Abschnitt Section
1.8779	L690QO	–	3.3.1
1.8779	L690M	–	3.3.4
1.8781	L360MO	–	3.3.4
1.8782	L390MO	–	3.3.4
1.8783	L415MO	–	3.3.4
1.8784	L450MO	–	3.3.4
1.8785	L485MO	–	3.3.4
1.8786	L555MO	–	3.3.4
1.8788	L245R	–	3.3.1
1.8789	L290R	–	3.3.1
1.8790	L245N	–	3.3.1
1.8791	L290N	–	3.3.1
1.8792	L320N	–	3.3.1
1.8793	L360N	–	3.3.1
1.8798	S900MC	–	3.4
1.8799	S960MC	–	3.4
1.8807	13MnNiMo5-4	–	3.6
1.8812	18MnMoV5-2	–	3.6
1.8815	18MnMoV6-3	–	3.6
1.8818	S275M	–	3.2
1.8819	S275ML	–	3.2
1.8821	P355M	–	3.2
1.8823	S355M	StE 355 TM	3.2
1.8824	P420M	–	3.2
1.8825	S420M	–	3.2
1.8826	P460M	–	3.2
1.8827	S460M	StE 460 TM	3.2
1.8828	P420ML2	–	3.2
1.8831	P460ML2	–	3.2
1.8832	P355ML1	–	3.2
1.8833	P355ML2	–	3.2
1.8834	S355ML	TStE 355 TM	3.2
1.8835	P420ML1	–	3.2
1.8836	S420ML	–	3.2
1.8837	P460ML1	–	3.2
1.8838	S460ML	TStE 460 TM	3.2
1.8843	S275MH	–	3.3.2
1.8844	S275MLH	–	3.3.2
1.8845	S355MH	–	3.3.2
1.8846	S355MLH	–	3.3.2
1.8847	S420MH	–	3.3.2

2.1 Werkstoffnummern

Auflistung in numerischer Reihenfolge

Material numbers

Listing in numerical order

Werk-stoff-Nr. Material number	EN-Werkstoff-Kurzname (neu) EN steel name (new)	Werkstoff-Kurzname (alt) Steel name (old)	Abschnitt Section
1.8848	S420MLH	–	3.3.2
1.8849	S460MH	–	3.3.2
1.8850	S460MLH	–	3.3.2
1.8864	P460QL2	–	3.2
1.8865	P500QL2	–	3.2
1.8866	P355Q	–	3.2
1.8867	P355QH	–	3.2, 3.6
1.8868	P355QL1	–	3.2
1.8869	P355QL2	–	3.2
1.8870	P460Q	–	3.2
1.8871	P460QH	–	3.2, 3.6
1.8872	P460QL1	–	3.2
1.8873	P500Q	–	3.2
1.8874	P500QH	–	3.2, 3.6
1.8875	P500QL1	–	3.2
1.8876	P620Q	–	3.3.3
1.8877	P620QH	–	3.3.3
1.8879	P690Q	–	3.2, 3.3.3
1.8880	P690QH	–	3.2, 3.3.3, 3.6
1.8881	P690QL1	–	3.2, 3.3.3
1.8882	10MnTi3	–	3.6
1.8888	P690QL2	–	3.2, 3.3.3
1.8890	P620QL	–	3.3.3
1.8891	E460K2	–	3.3.3, 3.3.4
1.8893	E730K2	–	3.3.3
1.8895	E275M	–	3.3.4
1.8896	E355M	–	3.3.4
1.8897	E420M	–	3.3.4
1.8898	E460M	–	3.3.4
1.8900	–	StE 380	3.2
1.8901	S460N	–	3.2
1.8902	S420N	StE 420	3.2
1.8902	–	StE 420	3.3.2, 3.3.3, 3.3.4
1.8903	S460NL	–	3.2
1.8904	S550Q	–	3.2
1.8905	P460N	StE 460	3.2, 3.3.3, 3.3.4
1.8905	–	StE 460	3.3.2, 3.3.3, 3.3.4

2.1 Werkstoffnummern

Auflistung in numerischer Reihenfolge

Material numbers

Listing in numerical order

Werk-stoff-Nr. Material number	EN-Werkstoff-Kurzname (neu) EN steel name (new)	Werkstoff-Kurzname (alt) Steel name (old)	Abschnitt Section
1.8906	S460QL	–	3.2
1.8907	–	StE 500	3.2
1.8908	S460Q	–	3.2
1.8909	S500QL	–	3.2
1.8910	S380NL	TStE 380	3.2
1.8911	–	EStE 380	3.2
1.8912	S420NL	TStE 420	3.2
1.8912	–	TStE 420	3.3.2, 3.3.3, 3.3.4
1.8913	–	EStE 420	3.2, 3.3.2, 3.3.3, 3.3.4
1.8914	S620Q	–	3.2
1.8915	P460NL1	TStE 460	3.2, 3.3.3, 3.3.4
1.8915	–	TStE 460	3.3.2, 3.3.3, 3.3.4
1.8916	S460QL1	–	3.2
1.8917	–	TStE 500	3.2
1.8918	P460NL2	EStE 460	3.2, 3.3.3, 3.3.4
1.8918	–	EStE 460	3.3.2, 3.3.3, 3.3.4
1.8919	–	EStE 500	3.2
1.8924	S500Q	–	3.2
1.8925	S890QL1	–	3.2
1.8926	S550QL	–	3.2
1.8927	S620QL	–	3.2
1.8928	S690QL	–	3.2
1.8930	–	WStE 380	3.2
1.8931	S690Q	–	3.2
1.8932	–	WStE 420	3.2, 3.3.3, 3.3.4
1.8932	P420NH	WStE 420	3.2
1.8933	S960QL	–	3.2
1.8935	P460NH	WStE 460	3.2, 3.3.3, 3.3.4
1.8935	P460NH	–	3.6
1.8936	P420QH	–	3.2
1.8937	–	WStE 500	3.2
1.8938	S770QL	–	3.2
1.8939	S790QL1	–	3.2
1.8940	S890Q	–	3.2

2.1 Werkstoffnummern

Auflistung in numerischer Reihenfolge

Material numbers

Listing in numerical order

Werk-stoff-Nr. Material number	EN-Werkstoff Kurzname (neu) EN steel name (new)	Werkstoff-Kurzname (alt) Steel name (old)	Abschnitt Section
1.8941	S960Q	–	3.2
1.8945	S355J0WP	–	3.14
1.8946	S355J2WP	–	3.14
1.8947	L415QB	–	3.3.3, 3.3.5
1.8947	L415QE	–	3.3.3
1.8948	L360QB	–	3.3.3, 3.3.5
1.8948	L360QE	–	3.3.3
1.8952	L450QB	–	3.3.3, 3.3.5
1.8952	L450QE	–	3.3.3
1.8953	S460NH	–	3.3.2
1.8955	L485QB	–	3.3.3
1.8955	L485QE	–	3.3.3
1.8956	S460NLH	–	3.3.2
1.8957	L555QB	–	3.3.3
1.8957	L555QE	–	3.3.3
1.8958	S235J0W	–	3.14
1.8959	S355J0W	–	3.14
1.8960	–	WTSt 37-2	3.3.2, 3.14
1.8961	–	WTSt 37-3	3.3.2
1.8961	S235J2W	WTSt 37-3	3.14
1.8962	–	9 CrNiCuP 3 2 4	3.14
1.8963	–	WTSt 52-3	3.3.2
1.8963	S355J2G1W	WTSt 52-3	3.14
1.8965	S355J2W	–	3.14
1.8965	–	S355J2G2W	3.14
1.8966	–	S355K2G1W	3.14
1.8967	S355K2W	–	3.14
1.8967	–	S355K2G2W	3.14
1.8969	S600MC	–	3.4
1.8970	L390N	StE 385.7	3.3.1
1.8971	–	StE 385.7 TM	3.3.1
1.8972	L415NB	StE 415.7	3.3.1, 3.3.5
1.8972	L415NE	–	3.3.1
1.8973	–	StE 415.7 TM	3.3.1
1.8973	L415MB	–	3.3.4
1.8973	L415ME	–	3.3.4
1.8974	S700MC	–	3.4
1.8975	–	StE 445.7 TM	3.3.1
1.8975	L450MB	–	3.3.4
1.8975	L450ME	–	3.3.4
1.8976	S650MC	–	3.4

2.1 Werkstoffnummern

Auflistung in numerischer Reihenfolge

Material numbers

Listing in numerical order

Werk-stoff-Nr. Material number	EN-Werkstoff-Kurzname (neu) EN steel name (new)	Werkstoff-Kurzname (alt) Steel name (old)	Abschnitt Section
1.8977	–	StE 480.7 TM	3.3.1
1.8977	L485MB	–	3.3.4
1.8977	L485ME	–	3.3.4
1.8978	L555MB	–	3.3.4
1.8978	L555ME	–	3.3.4
1.8983	S890QL	–	3.2
1.8984	S500QL1	–	3.2
1.8986	S550QL1	–	3.2
1.8987	S620QL1	–	3.2
1.8988	S690QL1	–	3.2
1.9840	M100-27P	–	3.19
1.9841	M110-27P	–	3.19
19854	M135-35S	–	3.19
1.9855	M145-35S	–	3.19
1.9856	M155-35S	–	3.19
1.9858	M120-30S	–	3.19
1.9887	M110-30P	–	3.19
2.4778	G-CoCr28	G-CoCr 28	3.15.4
2.4779	–	G-CoCr28 Nb	3.15.4
2.4813	–	G-NiCr 50 Nb	3.15.4
2.4879	G-NiCr28W	G-NiCr 28 W	3.15.4
2.4952	–	NiCr20TiAl	3.6
2.4952	NiCr20TiAl	NiCr 20 TiAl	3.11
2.4955	NiFe25Cr20NbTi	NiFe 25 Cr 20 NbTi	3.11

[a] Der alte Werkstoff-Kurzname ist nicht aus Normen, sondern aus anderer Fachliteratur entnommen.

The old version of material description is not taken from standards, but from the corresponding literature.

2.2 Alte Werkstoffbezeichnungen (überwiegend DIN)

Auflistung in alphanumerischer Reihenfolge

Old steel names (mainly DIN)

Listing in alphanumerical order

Werkstoff Kurzname (alt) Steel name (old)	EN-Werkstoff-Kurzname (neu) EN steel name (new)	Werkstoff-Nr. Material number	Abschnitt Section
9 CrNiCuP 3 2 4	–	1.8962	3.14
9 SMn 28	11SMn30	1.0715	3.7
9 SMn 36	11SMn37	1.0736	3.7
9 SMnPb 28	11SMnPb30	1.0718	3.7
9 SMnPb 36	11SMnPb37	1.0737	3.7
10 CrMo 9 10	10CrMo9-10	1.7380	3.3.3, 3.3.5, 3.6
10 Ni 14	12Ni14	1.5637	3.3.3, 3.3.5, 3.13
10 Ni 14	–	1.5637	3.3.4
10 S 20	10S20	1.0721	3.7, 3.8
10 SPb 20	10SPb20	1.0722	3.7, 3.8
11 MnNi 5 3	11MnNi5-3	1.6212	3.3.3, 3.13
11 MnNi 5 3	–	1.6212	3.3.4
12 CrMo 12 10	–	1.7381	3.3.3
12 CrMo 19 5	X11CrMo5	1.7362	3.3.3
12 CrMo 9 10	–	1.7375	3.3.3
12 Ni 19	X12Ni5	1.5680	3.3.3, 3.13
12 Ni 19	–	1.5680	3.3.4
12 Ni 19	12Ni19	1.5680	3.13
13 CrMo 4 4	13CrMo4-5	1.7335	3.3.3, 3.3.5, 3.6
13 MnNi 6 3	13MnNi6-3	1.6217	3.3.3, 3.13
13 MnNi 6 3	–	1.6217	3.3.4
14 MoV 6 3	14MoV6-3	1.7715	3.3.3, 3.6
14 Ni 6	–	1.5622	3.13
15 CrMoV 5 9	–	1.8521	3.12
15 CrNi 6	–	1.5919	3.8
15 Mo 3	16Mo3	1.5415	3.3.3, 3.3.4, 3.3.5, 3.6
15 NiMn 6	15NiMn6	1.6228	3.13
15 S 10	–	1.0710	3.7, 3.8
16 CrNiMo 6	–	1.3531	3.8
16 MnCr 5	16MnCr5	1.7131	3.8
16 MnCrS 5	16MnCrS5	1.7139	3.8
16 Ni 14	–	1.5639	3.13
16CrNiMo 6	–	1.3531	3.18
17 Cr 3	17Cr3	1.7016	3.8
17 CrNiMo 6	18CrNiMo7-6	1.6587	3.8
17 Mn 4	–	1.0481	3.3.3
17 Mn 4	P295GH	1.0481	3.6

2.2 Alte Werkstoffbezeichnungen (überwiegend DIN)

Auflistung in alphanumerischer Reihenfolge

Old steel names (mainly DIN)

Listing in alphanumerical order

Werkstoff-Kurzname (alt) Steel name (old)	EN-Werkstoff-Kurzname (neu) EN steel name (new)	Werk-stoff-Nr. Material number	Abschnitt Section
17 MnCr 5	17MnCr5	1.3521	3.8, 3.18
17 NiCrMo 14	–	1.3533	3.8
17 NiCrMo 14	18NiCrMo14-6	1.3533	3.18
19 Mn 5	–	1.0482	3.3.3
19 Mn 6	P355GH	1.0473	3.6
19 MnB 4	19MnB4	1.5523	3.9
19 MnCr 5	19MnCr5	1.3523	3.8, 3.18
20 Cr 4	20Cr4	1.7027	3.8
20 CrMoNiV 4 7	–	1.6979	3.6
20 CrMoV 13 5	20CrMoV13-5-5	1.7779	3.3.3
20 CrS 4	–	1.7028	3.8
20 Mn 5	20Mn5	1.1133	3.6, 3.9
20 MnCr 5	20MnCr5	1.7147	3.8
20 MnCrS 5	20MnCrS5	1.7149	3.8
20 MnMoNi 4 5	20MnMoNi4-5	1.6311	3.6, 3.9
20 MoCr 4	20MoCr4	1.7321	3.8
20 MoCrS 4	20MoCrS4	1.7323	3.8
21 CrMoV 5 7	21CrMoV5-7	1.7709	3.6
21 MnCr 5	21MnCr5	1.2162	3.16.2
21 NiCrMo 2	20NiCrMo2-2	1.6523	3.8
21 NiCrMoS 2	20NiCrMoS2-2	1.6526	3.8
22 B 2	23B2	1.5508	3.9
22 CrMoS 3 5	22CrMoS3-5	1.7333	3.8
22 NiMoCr 4 7	–	1.6755	3.6, 3.9
23 CrMo 5	–	1.7255	3.6
23 CrNiMo 7 4 7	23CrNiMo7-4-7	1.6749	3.6
24 CrMo 5	–	1.7258	3.6, 3.9
25 CrMo 4	25CrMo4	1.7218	3.3.3, 3.9
25 CrMoS 4	25CrMoS4	1.7213	3.9
26 CrMo 4	26CrMo4-2	1.7219	3.3.3
26 NiCrMoV 11 5	27NiCrMoV11-6	1.6948	3.6
26 NiCrMoV 14 5	27NiCrMoV15-6	1.6957	3.6
26 NiCrMoV 8 5	–	1.6931	3.6
28 B 2	28B2	1.5510	3.9
28 Cr 4	28Cr4	1.7030	3.9
28 CrMoNiV 4 9	28CrMoNiV4-9	1.6985	3.6
28 CrS 4	28CrS4	1.7036	3.9
28 Mn 6	–	1.1170	3.3.3, 3.6
28 Mn 6	28Mn6	1.1170	3.9
28 NiCrMo 5 5	–	1.6732	3.6
28 NiCrMoV 8 5	–	1.6932	3.6

2.2 Alte Werkstoffbezeichnungen (überwiegend DIN)

Auflistung in alphanumerischer Reihenfolge

Old steel names (mainly DIN)

Listing in alphanumerical order

Werkstoff Kurzname (alt) Steel name (old)	EN-Werkstoff-Kurzname (neu) EN steel name (new)	Werk-stoff-Nr. Material number	Abschnitt Section
28 NiCrMoV 8 5	28NiCrMoV8-5	1.6932	3.9
30 Cr MoV 9	G17CrMoV5-10	1.7706	3.15.3
30 CrMoNiV 5 11	30CrMoNiV5-11	1.6946	3.6
30 CrMoV 9	–	1.7707	3.3.3
30 CrMoV 9	30CrMoV9	1.7707	3.9
30 CrNiMo 8	30CrNiMo8	1.6580	3.3.3, 3.6, 3.9
31 CrMo 12	31CrMo12	1.8515	3.12
31 CrMoV 9	31CrMoV9	1.8519	3.12
31 CrV 3	–	1.2208	3.16.5
32 Cr 2	–	1.7020	3.9
32 CrMo 12	–	1.7361	3.6
32 CrMo 12	32CrMo12	1.7361	3.9
32 CrS 2	–	1.7021	3.9
33 NiCrMo 14 5	–	1.6956	3.6
33 NiCrMo 14 5	33NiCrMo14-5	1.6956	3.9
34 Cr 4	34Cr4	1.7033	3.9
34 CrAlMo 5	34CrAlMo5-10	1.8507	3.12
34 CrAlNi 7	34CrAlNi7-10	1.8550	3.12
34 CrMo 4	34CrMo4	1.7220	3.3.3
34 CrMo 4	–	1.7220	3.6
34 CrMo 4	34CrMo4	1.7220	3.9
34 CrMoS 4	34 CrMoS4	1.7226	3.9
34 CrNiMo 6	–	1.6582	3.3.3
34 CrNiMo 6	34CrNiMo6	1.6582	3.6, 3.9
34 CrS 4	34CrS4	1.7037	3.9
35 B 2	35B2	1.5511	3.9
35 S 20	35S20	1.0726	3.7, 3.9
35 SPb 20	35SPb20	1.0756	3.7, 3.9
36 CrNiMo 4	36CrNiMo4	1.6511	3.3.3, 3.9
36 Mn 4	–	1.0561	3.3.3, 3.9
36 Mn 5	–	1.1167	3.3.3, 3.9
37 Cr 4	37Cr4	1.7034	3.9
37 CrS 4	37CrS4	1.7038	3.9
38 Cr 2	38Cr2	1.7003	3.9
38 CrS 2	38CrS2	1.7023	3.9
38 Si 7	38Si7	1.5023	3.17
40 CrMnMoS 8 6	–	1.2312	3.16.2
40 CrMoV 4 7	40CrMoV4-6	1.7711	3.6
41 Cr 4	41Cr4	1.7035	3.3.3, 3.9
41 CrS 4	41CrS4	1.7039	3.9

2.2 Alte Werkstoffbezeichnungen (überwiegend DIN)

Auflistung in alphanumerischer Reihenfolge

Old steel names (mainly DIN)

Listing in alphanumerical order

Werkstoff-Kurzname (alt) Steel name (old)	EN-Werkstoff-Kurzname (neu) EN steel name (new)	Werk-stoff-Nr. Material number	Abschnitt Section
42 CrMo 4	42CrMo4	1.7225	3.3.3, 3.9
42 CrMoS 4	42CrMoS4	1.7227	3.9
43 CrMo 4	–	1.3563	3.9
43 CrMo 4	43CrMo4	1.3563	3.18
44 Cr 2	–	1.3561	3.9, 3.18
45 CrMoV 7	–	1.2328	3.16.5
45 S 20	46S20	1.0727	3.7, 3.9
45 SPb 20	46SPb20	1.0757	3.7, 3.9
46 Cr 2	46Cr2	1.7006	3.9
46 CrS 2	46CrS2	1.7025	3.9
46 SiCrMo 6 3[a]	46SiCrMo6	1.8062	3.17
48 CrMo 4	–	1.3565	3.9, 3.18
48 CrMoV 6 7	48CrMoV6-7	1.2323	3.16.5
50 CrMo 4	50CrMo4	1.7228	3.9
50 CrV 4	51CrV4	1.8159	3.9, 3.17
51 CrMoV 4	52CrMoV4	1.7701	3.17
51 CrV 4	–	1.2241	3.16.5
54 SiCr 6	54SiCr6	1.7102	3.17
55 Cr 3	55Cr3	1.7176	3.17
55 NiCrMoV 6	–	1.2713	3.16.3
55 Si 7	–	1.0904	3.17
56 NiCrMoV 7	55NiCrMoV7	1.2714	3.16.3
60 MnSiCr 4	–	1.2826	3.16.5
60 S 20	–	1.0728	3.7
60 SiCr 7	60SiCr7	1.7108	3.17
60 SPb 20	–	1.0758	3.7
60 WCrV 7	60WCrV8	1.2550	3.16.2
62 SiMnCr 4	–	1.2101	3.16.5
67 SiCr 5	–	1.7103	3.17
71 Si 7	–	1.5029	3.17
75 Cr 1	–	1.2003	3.16.5
80 CrV 2	–	1.2235	3.16.5
80 MoCrV 42 16	80MoCrV42-16	1.3551	3.18
90 MnCrV 8	90MnCrV8	1.2842	3.16.2
100 Cr 2	–	1.3501	3.18
100 Cr 6	102Cr6	1.2067	3.16.2
100 Cr 6	100Cr6	1.3505	3.18
100 CrMn 6	100CrMnSi6-4	1.3520	3.18
100 CrMnMo 8	100CrMnMoSi8-4-6	1.3539	3.18
100 CrMo 7	100CrMo7	1.3537	3.18
100 CrMo 7 3	100CrMo7-3	1.3536	3.18

2.2 Alte Werkstoffbezeichnungen (überwiegend DIN)

Auflistung in alphanumerischer Reihenfolge

Old steel names (mainly DIN)

Listing in alphanumerical order

Werkstoff-Kurzname (alt) Steel name (old)	EN-Werkstoff-Kurzname (neu) EN steel name (new)	Werkstoff-Nr. Material number	Abschnitt Section
105 WCr 6	–	1.2419	3.16.2
110 WCrV 5	–	1.2519	3.16.5
115 CrV 3	–	1.2210	3.16.2
145 V 33	–	1.2838	3.16.2
C 10	C10	1.0301	3.8
C 10 Pb	–	1.0302	3.8
C 105 W1	C105U	1.1545	3.16.1
C 15	C15	1.0401	3.8
C 15 Pb	–	1.0403	3.8
C 22	–	1.0402	3.3.3
C 22	C22	1.0402	3.9
C 22.8	P250GH	1.0460	3.3.5, 3.6
C 25	C25	1.0406	3.9
C 30	C30	1.0528	3.9
C 35	–	1.0501	3.3.3, 3.6
C 35	C35	1.0501	3.9
C 40	C40	1.0511	3.9
C 45	–	1.0503	3.3.3
C 45	C45	1.0503	3.9
C 45 W	C45U	1.1730	3.16.1
C 50	C50	1.0540	3.9
C 55	–	1.0535	3.3.3, 3.17
C 55	C55	1.0535	3.9
C 60	–	1.0601	3.3.3, 3.17
C 60	C60	1.0601	3.9
C 60 W	–	1.1740	3.16.1
C 67	–	1.0603	3.17
C 70 W2	C70U	1.1620	3.16.1
C 75	–	1.0605	3.17
C 80 W1	C80U	1.1525	3.16.1
C 85 W	–	1.1830	3.16.1
C 100 W1	C105U	1.1545	3.16.1
Cf 54	–	1.1219	3.9
Cf 54	C56E2	1.1219	3.18
Ck 10	C10E	1.1121	3.8
Ck 15	C15E	1.1141	3.8
Ck 22	C22E	1.1151	3.3.3, 3.9
Ck 22	–	1.1151	3.6
Ck 25	C25E	1.1158	3.9
Ck 30	C30E	1.1178	3.9

2.2 Alte Werkstoffbezeichnungen (überwiegend DIN)

Auflistung in alphanumerischer Reihenfolge

Old steel names (mainly DIN)

Listing in alphanumerical order

Werkstoff-Kurzname (alt) Steel name (old)	EN-Werkstoff-Kurzname (neu) EN steel name (new)	Werk-stoff-Nr. Material number	Abschnitt Section
Ck 35	C35E	1.1181	3.3.3, 3.6, 3.9
Ck 40	C40E	1.1186	3.9
Ck 45	C45E	1.1191	3.3.3, 3.6, 3.9
Ck 50	–	1.1206	3.6
Ck 50	C50E	1.1206	3.9
Ck 55	–	1.1203	3.3.3, 3.17
Ck 55	C55E	1.1203	3.9
Ck 60	C60E	1.1221	3.3.3
Ck 60	–	1.1221	3.6, 3.17
Ck 60	C60E	1.1221	3.9
Ck 67	C67S	1.1231	3.17
Ck 75	C75S	1.1248	3.17
Ck 85	C85S	1.1269	3.17
Ck 101	C100S	1.1274	3.17
Cm 15	C15R	1.1140	3.8
Cm 22	–	1.1149	3.3.3
Cm 22	C22R	1.1149	3.9
Cm 25	C25R	1.1163	3.9
Cm 30	C30R	1.1179	3.9
Cm 35	–	1.1180	3.3.3
Cm 35	C35R	1.1180	3.9
Cm 40	C40R	1.1189	3.9
Cm 45	–	1.1201	3.3.3
Cm 45	C45R	1.1201	3.9
Cm 50	C50R	1.1241	3.9
Cm 55	–	1.1209	3.3.3
Cm 55	C55R	1.1209	3.9
Cm 60	–	1.1223	3.3.3
Cm 60	C60R	1.1223	3.9
Cq 10	C10E2C	1.1122	3.8
Cq 15	C15E2C	1.1132	3.8
Cq 22	C20E2C	1.1152	3.8
Cq 22	–	1.1152	3.9
Cq 35	–	1.1172	3.6
Cq 35	C35EC	1.1172	3.9
Cq 45	C45EC	1.1192	3.9
D 5-2	–	1.0288	3.20
D 6-2	–	1.0314	3.20
D 8-2	C7D	1.0313	3.20

2.2 Alte Werkstoffbezeichnungen (überwiegend DIN)

Auflistung in alphanumerischer Reihenfolge

Old steel names (mainly DIN)

Listing in alphanumerical order

Werkstoff-Kurzname (alt) Steel name (old)	EN-Werkstoff-Kurzname (neu) EN steel name (new)	Werkstoff-Nr. Material number	Abschnitt Section
D 10-2	C10D	1.0310	3.20
D 15-2	C15D	1.0413	3.20
D 20-2	C20D	1.0414	3.20
D 25-2	C26D	1.0415	3.20
D 30-2	C32D	1.0530	3.20
D 35-2	C38D	1.0516	3.20
D 40-2	C42D	1.0541	3.20
D 45-2	C48D	1.0517	3.20
D 50-2	C50D	1.0586	3.20
D 53-2	C52D	1.0588	3.20
D 53-3	C52D2	1.1202	3.20
D 55-2	C56D	1.0518	3.20
D 55-3	C56D2	1.1220	3.20
D 58-2	C58D	1.0609	3.20
D 58-3	C58D2	1.1212	3.20
D 60-2	C60D	1.0610	3.20
D 60-3	C60D2	1.1228	3.20
D 63-2	C62D	1.0611	3.20
D 63-3	C62D2	1.1222	3.20
D 65-2	C66D	1.0612	3.20
D 65-3	C66D2	1.1236	3.20
D 68-2	C68D	1.0613	3.20
D 68-3	C68D2	1.1232	3.20
D 70-2	C70D	1.0615	3.20
D 70-3	C70D2	1.1251	3.20
D 73-2	C72D	1.0617	3.20
D 73-3	C72D2	1.1242	3.20
D 75-2	C76D	1.0614	3.20
D 75-3	C76D2	1.1253	3.20
D 78-2	C78D	1.0620	3.20
D 78-3	C78D2	1.1252	3.20
D 80-2	C80D	1.0622	3.20
D 80-3	C80D2	1.1255	3.20
D 83-2	C82D	1.0626	3.20
D 83-3	C82D2	1.1262	3.20
D 85-2	C86D	1.0616	3.20
D 85-3	C86D2	1.1265	3.20
D 88-2	C88D	1.0628	3.20
D 88-3	C88D2	1.1272	3.20
D 95-2	C92D	1.0618	3.20
D 95-3	C92D2	1.1282	3.20

2.2 Alte Werkstoffbezeichnungen (überwiegend DIN)

Auflistung in alphanumerischer Reihenfolge

Old steel names (mainly DIN)

Listing in alphanumerical order

Werkstoff-Kurzname (alt) Steel name (old)	EN-Werkstoff-Kurzname (neu) EN steel name (new)	Werk-stoff-Nr. Material number	Abschnitt Section
ED 3	–	1.0393	3.4
ED 4	DC04ED	1.0394	3.4
EK 2	–	1.0391	3.4
EK 4	DC04EK	1.0392	3.4
EStE 255	–	1.1103	3.2, 3.3.2, 3.3.3, 3.3.4
EStE 285	P275NL2	1.1104	3.2, 3.3.3, 3.3.4
EStE 285	–	1.1104	3.3.2, 3.3.3
EStE 315	–	1.1105	3.2
EStE 355	P355NL2	1.1106	3.2, 3.3.3, 3.3.4
EStE 355	–	1.1106	3.3.2, 3.3.3, 3.3.4
EStE 380	–	1.8911	3.2
EStE 420	–	1.8913	3.2, 3.3.2, 3.3.3, 3.3.4
EStE 460	P460NL2	1.8918	3.2, 3.3.3, 3.3.4
EStE 460	–	1.8918	3.3.2, 3.3.3, 3.3.4
EStE 500	–	1.8919	3.2
G-CoCr 28	G-CoCr28	2.4778	3.15.4
G-CoCr28 Nb	–	2.4779	3.15.4
G-NiCr 28 W	G-NiCr28W	2.4879	3.15.4
GS-8 Mn 7	–	1.5015	3.15.1
GS-8 MnMo 7 4	–	1.5430	3.15.1
GS-10 Ni 14	G9Ni14	1.5638	3.15.6
GS-10 Ni 6	G10Ni6	1.5621	3.15.6
GS-12 CrMo 9 10	–	1.7380	3.15.4
GS-12 CrMo 19 5	–	1.7363	3.15.4
GS-14NiCrMo 10 6	G14NiCrMo10-6	1.6779	3.15.6
GS-15 MnMo 6 4[a]	G12MnMo7-4	1.5431	3.15.5
GS-16 Mn 5	G17Mn5	1.1131	3.15.1
GS-17 CrMo 5 5	G17CrMo5-5	1.7357	3.15.3
GS-17 CrMo 9 10	G15CrMo9-10	1.7377	3.15.6
GS-18 CrMo 9 10	G17CrMo9-10	1.7379	3.15.3, 3.15.5
GS-20 Mn 5	–	1.1120	3.15.1
GS-20NiMoCr 3 7	G20NiMoCr3-7	1.6750	3.15.6
GS-21 Mn 5	G21Mn5	1.1138	3.15.6
GS-22 Mo 4	G20Mo5	1.5419	3.15.3

2.2 Alte Werkstoffbezeichnungen (überwiegend DIN)

Auflistung in alphanumerischer Reihenfolge

Old steel names (mainly DIN)

Listing in alphanumerical order

Werkstoff-Kurzname (alt) Steel name (old)	EN-Werkstoff-Kurzname (neu) EN steel name (new)	Werkstoff-Nr. Material number	Abschnitt Section
GS-25 CrMo 4	–	1.7218	3.15.1
GS-25CrNiMo 4	–	1.6515	3.15.1
GS-26 CrMo 4	–	1.7219	3.15.6
GS-30 Mn 5	–	1.1165	3.15.1
GS-30 NiCrMo 8 5	G32NiCrMo8-5-4	1.6570	3.15.1
GS-30CrMoV 6 4	G30CrMoV6-4	1.7725	3.15.1
GS-33 NiCrMo 7 4 4	–	1.6740	3.15.1
GS-34 CrMo 4	–	1.7220	3.15.1
GS-34 CrMo 4 4	–	1.7341	3.15.1
GS-34 CrNiMo 6	–	1.6582	3.15.1
GS-35 CrMoV 10 4	–	1.7755	3.15.1
GS-38	GE200	1.0420	3.15.1
GS-40NiCrMo 6 5 6	–	1.6748	3.15.1
GS-42 CrMo 4	–	1.7225	3.15.1
GS-45	GE240	1.0446	3.15.1
GS-52	–	1.0552	3.15.1
GS-60	GE300	1.0558	3.15.1
GS-C 25	GP240GH	1.0619	3.15.3
GS-Ck 25	–	1.1155	3.15.1
G-X 2 CrNiMnMoNNb 21 15 4 3	GX2CrNiMn-MoNNb21-15-4-3	1.4569	3.15.2
G-X 2 CrNiMnMoNNb 21 16 5 3	–	1.3964	3.15.7
G-X 2 CrNiMoN 18 10	–	1.4404	3.15.2
G-X 2 CrNiMoN 18 14	–	1.3952	3.15.7
G-X 2 CrNiMoN 25 7 4	GX2CrNiMoN26-7-4	1.4469	3.15.2
G-X 2 CrNiN 18 9	–	1.4306	3.15.2
G-X 2 CrNiN 18 13	GX2CrNiN18-13	1.3940	3.15.7
G-X 2 NiCrMoCuN 25 20	GX2NiCrMoCuN25-20	1.4536	3.15.2
G-X 3 CrNi 13 4	GX3CrNi13-4	1.6982	3.15.6
G-X 3 CrNiMo 16 5	GX3CrNiMo16-5	1.6983	3.15.6
G-X 3 CrNiMoCuN 26 6 3	GX2CrNiMoCuN26-6-3	1.4515	3.15.2
G-X 3 CrNiMoCuN 26 6 3 3	GX2CrNiMoCuN25-6-3-3	1.4517	3.15.2
G-X 3 CrNiMoN 17 13 5	–	1.4439	3.15.2
G-X 3 CrNiMoN 26 6 3	GX2CrNiMoN25-6-3	1.4468	3.15.2
G-X 5 CrNi 13 4	–	1.4313	3.15.2
G-X 5 CrNiMo 16 5	GX4CrNiMo16-5-1	1.4405	3.15.2
G-X 5 CrNiMoNb 18 10	GX5CrNiMoNb19-11-2	1.4581	3.15.2
G-X 5 CrNiNb 18 9	GX5CrNiNb19-11	1.4552	3.15.2
G-X 6 CrNi 18 9	GX5CrNi19-10	1.4308	3.15.2
G-X 6 CrNi 18 10	GX6CrNi18-10	1.6902	3.15.6

2.2 Alte Werkstoffbezeichnungen (überwiegend DIN)

Auflistung in alphanumerischer Reihenfolge

Old steel names (mainly DIN)

Listing in alphanumerical order

Werkstoff-Kurzname (alt) Steel name (old)	EN-Werkstoff-Kurzname (neu) EN steel name (new)	Werk-stoff-Nr. Material number	Abschnitt Section
G-X 6 CrNiMo 18 10	GX5CrNiMo19-11-2	1.4408	3.15.2
G-X 8 CrNi 12	GX8CrNi12	1.4107	3.15.3
G-X 8 CrNi 13	GX7CrNiMo12-1	1.4008	3.15.2
G-X 8 CrNi 19 19	–	1.4815	3.15.4
G-X 8 CrNiN 26 7	GX6CrNiN26-7	1.4347	3.15.2
G-X 8 CrNiNb 18 10	–	1.4827	3.15.4
G-X 10 NiCrNb 32 20	GX10NiCrSiNb32-20	1.4859	3.15.4
G-X 12 CrMo 10 1	–	1.7389	3.15.4
G-X 12 CrNi 18 11	GX12CrNi18-11	1.3955	3.15.7
G-X 15 CrNi 25 20	–	1.4840	3.15.4
G-X 20 Cr 14	GX20Cr14	1.4027	3.15.2
G-X 22 CrMoV 12 1	GX23CrMoV12-1	1.4931	3.15.3
G-X 22 CrNi 17	GX22CrNi17	1.4059	3.15.2
G-X 25 MnCrNi 8 8 6	GX25MnCrNi18-8-6	1.3966	3.15.7
G-X 30 CrNiSiNb 24 24	GX40CrNiSiNb24-24	1.4855	3.15.4
G-X 40 CrNi 27 4	GX40CrNi27-4	1.4340	3.15.2
G-X 40 CrNiMo 27 5	GX40CrNiMo27-5	1.4464	3.15.2
G-X 40 CrNiSi 25 20	GX40CrNiSi25-20	1.4848	3.15.4
G-X 40 NiCrNb 35 25	GX40NiCrSiNb35-26	1.4852	3.15.4
G-X 40 NiCrSi 35 25	GX40NiCrSi35-26	1.4857	3.15.4
G-X 40 NiCrSi 38 18	GX40NiCrSi38-19	1.4865	3.15.4
G-X 40NiCrSiNb 38 18	GX40NiCrSiNb38-19	1.4849	3.15.4
G-X 50 CrNi 30 30	–	1.4868	3.15.4
G-X 70 Cr 29	GX70Cr29	1.4085	3.15.2
G-X 120 Cr 29	GX120Cr29	1.4086	3.15.2
G-X 120 CrMo 29 2	GX120CrMo29-2	1.4138	3.15.2
G-X 120 Mn 13	GX120Mn13	1.3802	3.15.7
G-X 130 CrSi 29	GX130CrSi29	1.4777	3.15.4
G-X 160 CrSi 18	GX160CrSi18	1.4743	3.15.4
H I	P235GH	1.0345	3.3.5, 3.6
H II	P265GH	1.0425	3.3.5, 3.6
IF 18	–	1.0311	3.4
NiCr 20 TiAl	NiCr20TiAl	2.4952	3.6, 3.11
NiFe 25 Cr 20 NbTi	NiFe25Cr20NbTi	2.4955	3.11
QSt 32-3	C4C	1.0303	3.20
QSt 34-3	C8C	1.0213	3.20
QSt 36-3	C10C	1.0214	3.20
QSt 38-3	C15C	1.0234	3.20
QSt 44-2	S275JRC	1.0128	3.1
QSt 53-2 Cu3	S355J2G3CuC	1.0587	3.1
QStE 260 N	S260NC	1.0971	3.4

2.2 Alte Werkstoffbezeichnungen (überwiegend DIN)

Auflistung in alphanumerischer Reihenfolge

Old steel names (mainly DIN)

Listing in alphanumerical order

Werkstoff Kurzname (alt) Steel name (old)	EN-Werkstoff-Kurzname (neu) EN steel name (new)	Werkstoff-Nr. Material number	Abschnitt Section
QStE 340 N	–	1.0975	3.4
QStE 340 TM	–	1.0974	3.4
QStE 380 N	–	1.0979	3.4
QStE 380 TM	–	1.0978	3.4
QStE 420 N	S420NC	1.0981	3.4
QStE 420 TM	S450J0	1.0590	3.1
QStE 420 TM	S420MC	1.0980	3.4
QStE 460 N	–	1.0983	3.4
QStE 460 TM	S460MC	1.0982	3.4
QStE 500 N	–	1.0985	3.4
QStE 500 TM	S500MC	1.0984	3.4
QStE 550 TM	S550MC	1.0986	3.4
RQSt 37-2	S235JRG2C	1.0122	3.1
RQSt 37-3 Cu3	S235JRG2CuC	1.0170	3.1
RR St 13/RRSt 3	DC03	1.0347	3.4
RRSt 13	DC03	1.0347	3.5
RRStW 23	DD12	1.0398	3.4
RSt 34-2	S205G2T	1.0034	3.3.4
RSt 37-2	S235JRG2	1.0038	3.1
RSt 37-2	S235JR	1.0038	3.1
RSt 37-2	–	1.0038	3.1, 3.3.3, 3.3.4, 3.3.5
RSt 37-3 Cu3	S235JRG2Cu	1.0167	3.1
RZSt 37-2	–	1.0165	3.1
S 2-10-1-8	HS2-9-1-8	1.3247	3.16.4
S 2-9-2	HS2-9-2	1.3348	3.16.5
S 2-9-2[a]	HS2-9-2	1.3348	3.16.4
S 3-3-2	HS3-3-2	1.3333	3.16.5
S 3-3-2[a]	HS3-3-2	1.3333	3.16.4
S 6-5-2	HS6-5-2C	1.3343	3.16.4
S 6-5-2 Si[a]	HS6-5-3C	1.3345	3.16.4
S 6-5-2-5	HS6-5-2-5	1.3243	3.16.4
S 6-5-3	HS6-5-3	1.3344	3.16.4
S 7-4-2-5	–	1.3246	3.16.4
S 10-4-3-10	HS10-4-3-10	1.3207	3.16.4
S 12-1-4-5	–	1.3202	3.16.4
S 18-0-1[a]	HS18-0-1	1.3355	3.16.4
S 18-1-2-5	–	1.3255	3.16.4
S205G2T	E195	1.0034	3.3.4
S235J2G4	S235J2	1.0117	3.1
S235J2G4C	S235J2C	1.0119	3.1

2.2 Alte Werkstoffbezeichnungen (überwiegend DIN)

Auflistung in alphanumerischer Reihenfolge

Old steel names (mainly DIN)

Listing in alphanumerical order

Werkstoff-Kurzname (alt) Steel name (old)	EN-Werkstoff-Kurzname (neu) EN steel name (new)	Werk-stoff-Nr. Material number	Abschnitt Section
S235JRG2C	S235JRC	1.0122	3.1
S255GT	E255	1.0408	3.3.3
S275J2G4	S275J2	1.0145	3.1
S275J2G4C	S275J2C	1.0142	3.1
S355J2G2W	–	1.8965	3.14
S355J2G4	S355J2	1.0577	3.1
S355J2G4C	S355J2C	1.0579	3.1
S355K2G1W	–	1.8966	3.14
S355K2G2W	–	1.8967	3.14
S355K2G4	S355K2	1.0596	3.1
S355K2G4C	S355K2C	1.0594	3.1
SC 6-5-2	–	1.3342	3.16.4
St 01Z	–	1.0022	3.5
St 02Z	DX51D	1.0226	3.5
St 03Z	DX52D	1.0350	3.5
St 04Z	DX53D	1.0355	3.5
St 05Z	–	1.0358	3.5
St 12	DC01	1.0330	3.5
St 12/St 2	DC01	1.0330	3.4
St 14	DC04	1.0338	3.5
St 14/St 4	DC04	1.0338	3.4
St 30 Al	E215	1.0212	3.3.3
St 30 Al	S215GAlT	1.0212	3.3.3
St 30 Si	S215GSiT	1.0211	3.3.3
St 33	S185	1.0035	3.1, 3.3.4
St 33	–	1.0035	3.3.2
St 34-2	–	1.0032	3.3.2
St 35	E235	1.0308	3.3.3
St 35	S235G2T	1.0308	3.3.3
St 35.8	–	1.0305	3.3.3, 3.3.5
St 37.0	–	1.0254	3.3.1
St 37.0	P235TR1	1.0254	3.3.3, 3.3.4, 3.3.5
St 37-2	S235JR	1.0037	3.1
St 37-2	–	1.0037	3.3.2
St 37-3	–	1.0116	3.3.2, 3.3.3, 3.3.4
St 37-3 Cu3	S235J2G3Cu	1.0166	3.1
St 37-3N	S235J2G3	1.0116	3.1
St 37-3N	–	1.0116	3.1
St 37-3U	S235J0	1.0114	3.1

2.2 Alte Werkstoffbezeichnungen (überwiegend DIN)

Auflistung in alphanumerischer Reihenfolge

Old steel names (mainly DIN)

Listing in alphanumerical order

Werkstoff-Kurzname (alt) Steel name (old)	EN-Werkstoff-Kurzname (neu) EN steel name (new)	Werkstoff-Nr. Material number	Abschnitt Section
St 37.4	P235TR2	1.0255	3.3.3, 3.3.4
St 37.8	–	1.0315	3.3.4, 3.3.5
St 42.8	–	1.0498	3.3.4
St 44.0	–	1.0256	3.3.1, 3.3.3, 3.3.4, 3.3.5
St 44-2	S275JR	1.0044	3.1
St 44-2	–	1.0044	3.3.2, 3.3.3, 3.3.4, 3.3.5
St 44-3	–	1.0144	3.3.2, 3.3.3, 3.3.4
St 44-3N	S275J2G3	1.0144	3.1
St 44-3U	S275J0	1.0143	3.1
St 44.4	–	1.0257	3.3.3, 3.3.4
St 45	S255GT	1.0408	3.3.3
St 45.8	–	1.0405	3.3.3
St 50-2	E295	1.0050	3.1
St 52	E355	1.0580	3.3.3
St 52	S355GT	1.0580	3.3.3
St 52.0	–	1.0421	3.3.1, 3.3.3, 3.3.4, 3.3.5
St 52-3	S355J2G3	1.0570	3.1
St 52-3	–	1.0570	3.1, 3.3.2, 3.3.4, 3.3.5
St 52-3 Cu3	S355J2G3Cu	1.0585	3.1
St 52-3U	S355J0	1.0553	3.1
St 52.4	–	1.0581	3.3.3, 3.3.4
St 60-2	E335	1.0060	3.1
St 70-2	E360	1.0070	3.1
StE 240.7	–	1.0307	3.3.1
StE 240.7	L245NB	1.0457	3.3.1
St E250-2Z	S250GD	1.0242	3.5
StE 255	–	1.0461	3.2, 3.3.2, 3.3.3, 3.3.4
St E280-2Z	S280GD	1.0244	3.5
St E280-3Z	–	1.0246	3.5
StE 285	P275N	1.0486	3.2
StE 285	–	1.0486	3.3.2, 3.3.3, 3.3.4
StE 290.7	L290NB	1.0484	3.3.1, 3.3.5
StE 290.7 TM	–	1.0429	3.3.1
StE 315	–	1.0505	3.2
St E320-3Z	S320GD	1.0250	3.5

2.2 Alte Werkstoffbezeichnungen (überwiegend DIN)

Auflistung in alphanumerischer Reihenfolge

Old steel names (mainly DIN)

Listing in alphanumerical order

Werkstoff-Kurzname (alt) Steel name (old)	EN-Werkstoff-Kurzname (neu) EN steel name (new)	Werk-stoff-Nr. Material number	Abschnitt Section
StE 320.7	–	1.0409	3.3.1
StE 320.7 TM	–	1.0430	3.3.1
St E350-3Z	S350GD	1.0529	3.5
StE 355	P355N	1.0562	3.2, 3.3.3, 3.3.4
StE 355	–	1.0562	3.3.2, 3.3.3, 3.3.4
StE 355 TM	S355M	1.8823	3.2
StE 360.7	L360NB	1.0582	3.3.1, 3.3.5
StE 360.7 TM	–	1.0578	3.3.1
StE 380	–	1.8900	3.2
StE 385.7	L390N	1.8970	3.3.1
StE 385.7 TM	–	1.8971	3.3.1
StE 415.7	L415NB	1.8972	3.3.1
StE 415.7 TM	–	1.8973	3.3.1
StE 420	S420N	1.8902	3.2
StE 420	–	1.8902	3.3.2, 3.3.3, 3.3.4
StE 445.7 TM	–	1.8975	3.3.1
StE 460	P460N	1.8905	3.2, 3.3.3, 3.3.4
StE 460	–	1.8905	3.3.2, 3.3.3, 3.3.4
StE 460 TM	S460M	1.8827	3.2
StE 480.7 TM	–	1.8977	3.3.1
StE 500	–	1.8907	3.2
StSp 37	S240GP	1.0021	3.1
StSp 45	S270GP	1.0023	3.1
StSp S	S355GP	1.0083	3.1
StW 22	DD11	1.0332	3.4
StW 24	DD13	1.0335	3.4
TStE 255	–	1.0463	3.2, 3.3.2, 3.3.3, 3.3.4
TStE 285	P275NL1	1.0488	3.2, 3.3.3, 3.3.4
TStE 285	–	1.0488	3.3.2, 3.3.3, 3.3.4, 3.3.5
TStE 315	–	1.0508	3.2
TStE 355	–	1.0566	3.3.2, 3.3.4
TStE 355	P355NL1	1.0566	3.2, 3.3.3, 3.3.4, 3.3.5
TStE 355 TM	S355ML	1.8834	3.2

2.2 Alte Werkstoffbezeichnungen (überwiegend DIN)

Auflistung in alphanumerischer Reihenfolge

Old steel names (mainly DIN)

Listing in alphanumerical order

Werkstoff Kurzname (alt) Steel name (old)	EN-Werkstoff-Kurzname (neu) EN steel name (new)	Werkstoff-Nr. Material number	Abschnitt Section
TStE 380	S380NL	1.8910	3.2
TStE 420	S420NL	1.8912	3.2
TStE 420	–	1.8912	3.3.2, 3.3.3, 3.3.4
TStE 460	P460NL1	1.8915	3.2, 3.3.3, 3.3.4
TStE 460	–	1.8915	3.3.2, 3.3.3, 3.3.4
TStE 460 TM	S460ML	1.8838	3.2
TStE 500	–	1.8917	3.2
TTSt 35	–	1.0356	3.3.3, 3.3.4
UH I	P195GH	1.0348	3.6
UQSt 37-2	S235JRG1C	1.0121	3.1
USt 13/USt 3	–	1.0333	3.4
USt 37.0	–	1.0253	3.3.1, 3.3.4
USt 37-2	S235JRG1	1.0036	3.1, 3.3.2, 3.3.4
UStW 23	–	1.0334	3.4
UZSt 37-2	–	1.0161	3.1
V 250-35 A	M250-35A	1.0800	3.19
V 270-35 A	M270-35A	1.0801	3.19
V 270-50 A	M270-50A	1.0806	3.19
V 290-50 A	M290-50A	1.0807	3.19
V 300-35 A	M300-35A	1.0803	3.19
V 310-50 A	M310-50A	1.0808	3.19
V 330-35 A	M330-35A	1.0804	3.19
V 330-50 A	M330-50A	1.0809	3.19
V 330-65 A	M330-65A	1.0819	3.19
V 350-50 A	M350-50A	1.0810	3.19
V 350-65 A	M350-65A	1.0820	3.19
V 400-50 A	M400-50A	1.0811	3.19
V 400-65 A	M400-65A	1.0821	3.19
V 470-50 A	M470-50A	1.0812	3.19
V 470-65 A	M470-65A	1.0823	3.19
V 530-50 A	M530-50A	1.0813	3.19
V 530-65 A	M530-65A	1.0824	3.19
V 600-50 A	M600-50A	1.0814	3.19
V 600-65 A	M600-65A	1.0825	3.19
V 700-50 A	M700-50A	1.0815	3.19
V 700-65 A	M700-65A	1.0826	3.19
V 800-50 A	M800-50A	1.0816	3.19

2.2 Alte Werkstoffbezeichnungen (überwiegend DIN)

Auflistung in alphanumerischer Reihenfolge

Old steel names (mainly DIN)

Listing in alphanumerical order

Werkstoff-Kurzname (alt) Steel name (old)	EN-Werkstoff-Kurzname (neu) EN steel name (new)	Werkstoff-Nr. Material number	Abschnitt Section
V 800-65 A	M800-65A	1.0827	3.19
V 940-65 A	–	1.0828	3.19
VE 340-50	M340-50E	1.0841	3.19
VE 390-50	M390-50E	1.0842	3.19
VE 390-65	M390-65E	1.0846	3.19
VE 450-50	M450-50E	1.0843	3.19
VE 450-65	M450-65E	1.0847	3.19
VE 520-65	M520-65E	1.0848	3.19
VE 560-50	M560-50E	1.0844	3.19
VE 630-65	M630-65E	1.0849	3.19
VH 660-50	M660-50D	1.0361	3.19
VH 800-65	M800-65D	1.0364	3.19
VH 890-50	M890-50D	1.0362	3.19
VH 1000-65	M1000-65D	1.0365	3.19
VH 1050-50	M1050-50D	1.0363	3.19
VH 1200-65	M1200-65D	1.0366	3.19
VM 89-27 N	M140-27S	1.0865	3.19
VM 97-30 N	M150-30S	1.0861	3.19
VM 111-30 P	–	1.0881	3.19
VM 111-35 N	M165-35S	1.0856	3.19
VM 117-30 P	–	1.0882	3.19
VM 130-27 S	M130-27S	1.0866	3.19
VM 140-30 S	M140-30S	1.0862	3.19
VM 155-35 S	–	1.0857	3.19
WStE 255	–	1.0462	3.2, 3.3.3, 3.3.4
WStE 285	–	1.0487	3.2, 3.3.3, 3.3.4
WStE 285	P275NH	1.0487	3.2
WStE 315	–	1.0506	3.2
WStE 355	–	1.0565	3.2
WStE 355	P355NH	1.0565	3.2, 3.3.3, 3.3.4, 3.3.5, 3.6
WStE 380	–	1.8930	3.2
WStE 420	P420NH	1.8932	3.2
WStE 420	–	1.8932	3.2, 3.3.3, 3.3.4
WStE 460	P460NH	1.8935	3.2, 3.3.3, 3.3.4
WStE 500	–	1.8937	3.2
WTSt 37-2	–	1.8960	3.3.2, 3.14

2.2 Alte Werkstoffbezeichnungen (überwiegend DIN)

Auflistung in alphanumerischer Reihenfolge

Old steel names (mainly DIN)

Listing in alphanumerical order

Werkstoff-Kurzname (alt) Steel name (old)	EN-Werkstoff-Kurzname (neu) EN steel name (new)	Werkstoff-Nr. Material number	Abschnitt Section
WTSt 37-3	–	1.8961	3.3.2
WTSt 37-3	S235J2W	1.8961	3.14
WTSt 52-3	–	1.8963	3.3.2
WTSt 52-3	S355J2G1W	1.8963	3.14
X 1 CrNi 25 21	X1CrNi25-21	1.4335	3.10.1
X 1 CrNiMoN 25 25 2	X1CrNiMoN25-25-2	1.4465	3.10.1
X 1 CrNiMoTi 18 13 2	X1CrNiMoTi18-13-2	1.4561	3.10.1
X 1 CrTi 15	X2CrTi17	1.4520	3.10.1
X 1 NiCrMoCuN 25 20 5	X1NiCrMoCu25-20-5	1.4539	3.10.1
X 1 NiCrMoCuN 25 20 6	X1NiCrMoCuN25-20-7	1.4529	3.10.1
X 1 NiCrMoCuN 31 27	X1NiCrMoCu31-27-4	1.4563	3.10.1
X 2 Cr 11	X2CrNi12	1.4003	3.10.1
X 2 CrMoNb 18 2	–	1.4522	3.10.1
X 2 CrMoTi 18 2	X2CrMoTi18-2	1.4521	3.10.1
X 2 CrNi 19 11	X2CrNi19-11	1.4306	3.3.3, 3.3.4, 3.3.5, 3.10.1
X 2 CrNiMo 17 13 2	X2CrNiMo17-12-2	1.4404	3.3.3, 3.3.4
X 2 CrNiMo 17 11 2	X2CrNiMoN17-12-2	1.4406	3.10.1
X 2 CrNiMo 17 13 2	–	1.4404	3.3.5
X 2 CrNiMo 18 10	X2CrNiMo17-12-2	1.4404	3.10.1
X 2 CrNiMo 18 14 3	X2CrNiMo18-14-3	1.4435	3.3.3, 3.3.4, 3.10.1
X 2 CrNiMo 18 16 4	X2CrNiMo18-15-4	1.4438	3.10.1
X 2 CrNiMoN 17 13 3	X2CrNiMoN17-13-3	1.4429	3.3.3, 3.3.4, 3.10.1
X 2 CrNiMoN 17 13 5	X2CrNiMoN17-13-5	1.4439	3.3.3, 3.3.4, 3.10.1
X 2 CrNiMoN 22 5 3	X2CrNiMoN22-5-3	1.4462	3.10.1
X 2 CrNiN 18 10	X2CrNiN18-10	1.4311	3.3.3, 3.3.4, 3.10.1
X 2 CrNiN 18 7	X2CrNiN18-7	1.4318	3.10.1
X 2 CrNiN 23 4	X2CrNiN23-4	1.4362	3.10.1
X 2 CrNiSi 18 15[a]	X1CrNiSi18-15-4	1.4361	3.10.1
X 2 CrTi 12	X2CrTi12	1.4512	3.3.4
X 2 NiCrAlTi 32 20	X2NiCrAlTi32-20	1.4558	3.10.1
X 2 NiCrMoCu 25 20 5[a]	X1NiCrMoCu25-20-5	1.4539	3.17
X 3 CrNiCu 18 9	X3CrNiCu18-9-4	1.4567	3.10.1
X 3 CrNiMnMoNbN 23 17 5 3	X2CrNiMnMoNbN25-18-5-4	1.4565	3.10.1
X 3 CrNiMoN 17 13	X3CrNiMoBN17-13-3	1.4910	3.3.3, 3.10.3
X 3 CrNiMoTi 25 25	X3CrNiMoTi25-25	1.4577	3.10.1
X 3 CrNiN 18 11	–	1.4949	3.3.3, 3.10.3

2.2 Alte Werkstoffbezeichnungen (überwiegend DIN)

Auflistung in alphanumerischer Reihenfolge

Old steel names (mainly DIN)

Listing in alphanumerical order

Werkstoff-Kurzname (alt) Steel name (old)	EN-Werkstoff-Kurzname (neu) EN steel name (new)	Werk-stoff-Nr. Material number	Abschnitt Section
X 3 CrTi 17	X3CrTi17	1.4510	3.3.4
X 4 CrMoS 18	X6CrMoS17	1.4105	3.10.1
X 4 CrNi 13 4	X3CrNiMo13-4	1.4313	3.10.1
X 4 CrNiMo 16 5	X4CrNiMo16-5-1	1.4418	3.10.1
X 4 NiCrMoCuNb 20 18 2	X4NiCrMoCuNb20-18-2	1.4505	3.10.1
X 5 CrNi 18 10	X5CrNi18-10	1.4301	3.3.3, 3.3.4, 3.3.5, 3.10.1
X 5 CrNi 18 10	–	1.6906	3.13
X 5 CrNi 18 12	X4CrNi18-12	1.4303	3.10.1
X 5 CrNiMo 17 12 2	X5CrNiMo17-12-2	1.4401	3.3.3, 3.3.4, 3.3.5, 3.10.1
X 5 CrNiMo 17 13 3	X3CrNiMo17-13-3	1.4436	3.3.3, 3.3.4, 3.10.1
X 5 CrNiMo 18 10	X5CrNiMo17-12-2	1.4401	3.17
X 5 CrNiCuNb 17 4[a]	X5CrNiCuNb16-4	1.4542	3.10.1
X 5 NiCrAlTi 31 20	X5NiCrAlTi31-20	1.4958	3.3.3, 3.10.3
X 6 Cr 13	X6Cr13	1.4000	3.10.1
X 6 Cr 17	X6Cr17	1.4016	3.10.1
X 6 CrAl 13	X6CrAl13	1.4002	3.10.1
X 6 CrMo 17 1	X6CrMo17-1	1.4113	3.10.1
X 6 CrNb 17	X3CrNb17	1.4511	3.10.1
X 6 CrNi 18 11	X6CrNi18-10	1.4948	3.3.3, 3.10.3
X 6 CrNiMo 17 13	–	1.4919	3.3.3
X 6 CrNiMo 17 13	X6CrNiMoB17-12-2	1.4919	3.10.3
X 6 CrNiMoNb 17 12 2	X6CrNiMoNb17-12-2	1.4580	3.3.3, 3.10.1
X 6 CrNiMoTi 17 12 2	X6CrNiMoTi17-12-2	1.4571	3.3.3, 3.3.4, 3.3.5, 3.10.1
X 6 CrNiNb 18 10	X6CrNiNb18-10	1.4550	3.3.3, 3.3.4, 3.10.1
X 6 CrNiTi 18 10	X6CrNiTi18-10	1.4541	3.3.3, 3.3.4, 3.3.5, 3.10.1
X 6 CrNiWNb 16 16	X6CrNiWNbN16-16	1.4945	3.10.3
X 6 CrTi 12	X2CrTi12	1.4512	3.10.1
X 6 CrTi 17	X3CrTi17	1.4510	3.10.1
X 7 CrTi 12	–	1.4720	3.10.2
X 7 CrNi 23 14	X12CrNi23-13	1.4833	3.10.2
X 7 CrNiAl 17 7	X7CrNiAl17-7	1.4568	3.10.1, 3.17
X 7 NiMo 6	X7NiMo6	1.6349	3.13
X 8 CrNiMo 27 5	X3CrNiMoN27-5-2	1.4460	3.10.1
X 8 CrNiMoBNb 16 16	X7CrNiMoBNb16-16	1.4986	3.6, 3.10.3
X 8 CrNiMoNb 16 16	X8CrNiMoNb16-16	1.4981	3.10.3
X 8 CrNiMoVNb 16 13	X8CrNiMoVNb16-13	1.4988	3.3.3, 3.10.3

2.2 Alte Werkstoffbezeichnungen (überwiegend DIN)

Auflistung in alphanumerischer Reihenfolge

Old steel names (mainly DIN)

Listing in alphanumerical order

Werkstoff-Kurzname (alt) Steel name (old)	EN-Werkstoff-Kurzname (neu) EN steel name (new)	Werk-stoff-Nr. Material number	Abschnitt Section
X 8 CrNiMoNb 16 16	X8CrNiMoNb16-16	1.4981	3.3.3
X 8 CrNiNb 16 13	X8CrNiNb16-13	1.4961	3.3.3, 3.10.3
X 8 CrNiTi 18 10	X6CrNiTiB18-10	1.4941	3.3.3, 3.10.3
X 8 Ni 9	–	1.5662	3.3.3, 3.3.4
X 8 Ni 9	X8Ni9	1.5662	3.13
X 8 NiCrAlTi 32 21	X8NiCrAlTi32-21	1.4959	3.3.3, 3.10.3
X 10 Cr 13	X12Cr13	1.4006	3.10.1
X 10 CrAl 13	X10CrAlSi13	1.4724	3.10.2
X 10 CrAl 18	X10CrAlSi18	1.4742	3.10.2
X 10 CrAl 24	X10CrAlSi25	1.4762	3.10.2
X 10 CrAl 7	X10CrAlSi7	1.4713	3.10.2
X 10 CrNiNb 18 10	–	1.6905	3.13
X 10 CrNiS 18 9	X8CrNiS18-9	1.4305	3.10.1
X 10 CrNiTi 18 10	–	1.6903	3.13
X 10 NiCrAlTi 32 20	X10NiCrAlTi32-21	1.4876	3.10.2
X 12 CrMo 9 1	X11CrMo9-1	1.7386	3.3.3
X 12 CrMoS 17	X14CrMoS17	1.4104	3.10.1
X 12 CrMoV 12 1	X22CrMoV12-1	1.4923	3.6
X 12 CrNi 17 7	X10CrNi18-8	1.4310	3.10.1, 3.17
X 12 CrNi 18 9	–	1.6900	3.13
X 12 CrNi 25 21	X8CrNi25-21	1.4845	3.10.2
X 12 CrNiTi 18 9	X8CrNiTi18-10	1.4878	3.10.2
X 12 NiCrSi 36 16	X12NiCrSi35-16	1.4864	3.10.2
X 15 Cr 13	X15Cr13	1.4024	3.10.1
X 15 CrNiSi 20 12	X15CrNiSi20-12	1.4828	3.10.2
X 15 CrNiSi 25 20	X15CrNiSi25-21	1.4841	3.10.2
X 19 CrMo 12 1	–	1.4921	3.10.3
X 19 CrMoVNbN 11 1	X19CrMoNbVN11-1	1.4913	3.6, 3.10.3
X 19 NiCrMo 4	–	1.2764	3.16.2
X 20 Cr 13	X20Cr13	1.4021	3.10.1
X 20 CrMo 13	X20CrMo13	1.4120	3.10.1
X 20 CrMoV 12 1	X20CrMoV11-1	1.4922	3.3.3, 3.6, 3.10.3
X 20 CrNi 17 2	X17CrNi16-2	1.4057	3.10.1
X 20 CrNiSi 25 4	X15CrNiSi25-4	1.4821	3.10.2
X 21 CrMoV 12 1	X21CrMoV12-1	1.4926	3.6
X 22 CrMoV 12 1	X22CrMoV12-1	1.4923	3.10.3
X 30 Cr 13	X30Cr13	1.4028	3.10.1
X 32 CrMoV 3 3	32CrMoV12-28	1.2365	3.16.3
X 35 CrMo 17	X39CrMo17-1	1.4122	3.10.1
X 36 CrMo 17	X38CrMo16	1.2316	3.16.2

2.2 Alte Werkstoffbezeichnungen (überwiegend DIN)

Auflistung in alphanumerischer Reihenfolge

Old steel names (mainly DIN)

Listing in alphanumerical order

Werkstoff-Kurzname (alt) Steel name (old)	EN-Werkstoff-Kurzname (neu) EN steel name (new)	Werk-stoff-Nr. Material number	Abschnitt Section
X 38 Cr 13	X39Cr13	1.4031	3.10.1
X 38 CrMoV 5 1	X37CrMoV5-1	1.2343	3.16.3
X 38 CrMoV 5 3	X38CrMoV5-3	1.2367	3.16.3
X 40 CrMoV 5 1	X40CrMoV5-1	1.2344	3.16.3
X 40 CrSiMo 10 2	X40CrSiMo10-2	1.4731	3.11
X 45 Cr 13	X47Cr14	1.3541	3.10.1, 3.18
X 45 CrMoV 15	X50CrMoV15	1.4116	3.10.1
X 45 CrNiW 18 9	–	1.4873	3.11
X 45 CrSi 9 3	X45CrSi9-3	1.4718	3.11
X 45 NiCrMo 4	45NiCrMo16	1.2767	3.16.2
X 46 Cr 13	X46Cr13	1.4034	3.10.1
X 50 CrMnNiNbN 21 9	X50CrMnNiNbN21-9	1.4882	3.11
X 53 CrMnNiN 21 9	X53CrMnNiN21-9	1.4871	3.11
X 55 CrMnNiN 20 8	X55CrMnNiN20-8	1.4875	3.11
X 55 CrMo 14	X55CrMo14	1.4110	3.10.1
X 60 CrMnMoVNbN 21 10	–	1.4785	3.11
X 65 Cr 13	X65Cr13	1.4037	3.10.1
X 65 CrMo 14[a]	X70CrMo15	1.4109	3.10.1
X 75 WCrV 18 4 1	X75WCrV18-4-1	1.3558	3.18
X 82 WMoCrV 6 5 4	X82WMoCrV6-5-4	1.3553	3.18
X 85 CrMoV 18 2	X85CrMoV18-2	1.4748	3.11
X 89 CrMoV 18 1	X89CrMoV18-1	1.3549	3.10.1, 3.18
X 90 CrMoV 18	X90CrMoV18	1.4112	3.10.1
X 96 CrMoV 12	–	1.2376	3.16.5
X 102 CrMo 17	X108CrMo17	1.3543	3.10.1, 3.18
X 105 CrMo 17	X105CrMo17	1.4125	3.10.1
X 155 CrVMo 12 1	X153CrMoV12	1.2379	3.16.2
X 165 CrMoV 12	–	1.2601	3.16.2
X 210 Cr 12	X210Cr12	1.2080	3.16.2
X 210 CrW 12	X210CrW12	1.2436	3.16.2
ZSt 37-2	–	1.0159	3.1
ZSt 37-3	–	1.0168	3.1
ZSt 44-2	–	1.0129	3.1
ZSt 44-3	–	1.0153	3.1
ZSt 50-2	E295GC	1.0533	3.1
ZSt 52-3	–	1.0597	3.1
ZSt 60-2	E335GC	1.0543	3.1
ZSt 70-2	E360GC	1.0633	3.1
ZStE 180 BH	HC180B	1.0395	3.4
ZStE 220 BH	HC220B	1.0396	3.4
ZStE 220 P	HC220P	1.0397	3.4

2.2 Alte Werkstoffbezeichnungen (überwiegend DIN)

Auflistung in alphanumerischer Reihenfolge

Old steel names (mainly DIN)

Listing in alphanumerical order

Werkstoff Kurzname (alt) Steel name (old)	EN-Werkstoff-Kurzname (neu) EN steel name (new)	Werkstoff-Nr. Material number	Abschnitt Section
ZStE 260	H240LA	1.0480	3.4
ZStE 260	–	1.0480	3.5
ZStE 260 BH	HC260B	1.0400	3.4
ZStE 260 P	HC260P	1.0417	3.4
ZStE 300	H280LA	1.0489	3.4
ZStE 300	–	1.0489	3.5
ZStE 300 BH	HC300B	1.0444	3.4
ZStE 300 P	HC300P	1.0448	3.4
ZStE 340	H320LA	1.0548	3.4
ZStE 340	–	1.0548	3.5
ZStE 380	H360LA	1.0550	3.4
ZStE 420	H400LA	1.0556	3.4

[a] Der alte Werkstoff-Kurzname ist nicht aus Normen, sondern aus anderer Fachliteratur entnommen.

The old version of material description is not taken from standards, but from the corresponding literature.

2.3 Neue Werkstoffbezeichnungen (EN)

Auflistung in alphanumerischer Reihenfolge

New steel names (EN)

Listing in alphanumerical order

EN-Werkstoff-Kurzname (neu) EN steel name (new)	Werkstoff-Kurzname (alt) Steel name (old)	Werk-stoff-Nr. Material number	Abschnitt Section
7CrMoVTiB10-10	–	1.7378	3.3.3
7CrWVMoNb9-6	–	1.8201	3.3.3
8MnSi7	–	1.5113	3.20
8MoB5-4	–	1.5450	3.3.3
10CrMo5-5	–	1.7338	3.3.3, 3.3.5
10CrMo9-10	10 CrMo 9 10	1.7380	3.3.3, 3.3.5, 3.6
10MnTi3	–	1.8882	3.6
10NiCr5-4	–	1.5805	3.8
10S10	–	1.0711	3.3.3
10S20	10 S 20	1.0721	3.7, 3.8
10SPb20	10 SPb 20	1.0722	3.7, 3.8
11CrMo9-10	–	1.7383	3.3.3, 3.6
11MnNi5-3	11 MnNi 5 3	1.6212	3.3.3, 3.13
11NiMoV5-3	–	1.6341	3.6
11SMn30	9 SMn 28	1.0715	3.7
11SMn37	9 SMn 36	1.0736	3.7
11SMnPb30	9 SMnPb 28	1.0718	3.7
11SMnPb37	9 SMnPb 36	1.0737	3.7
12CrMo19-5	–	1.7362	3.6
12CrMo4	–	1.7201	3.8
12CrMo9-10	–	1.7375	3.6
12CrMoV12-10	–	1.7767	3.6
12Ni14	10 Ni 14	1.5637	3.3.3, 3.3.5, 3.13
12Ni19	12 Ni 19	1.5680	3.13
12NiCr3-2	–	1.5701	3.8
13CrMo4-5	13 CrMo 4 4	1.7335	3.3.3, 3.3.5, 3.6
13CrMoSi5-5	–	1.7336	3.6
13CrMoV9-10	–	1.7703	3.6
13MnNi6-3	13 MnNi 6 3	1.6217	3.3.3, 3.13
13MnNiMo5-4	–	1.8807	3.6
13MoCrNi42-16-14	–	1.3555	3.18
14MoV6-3	14 MoV 6 3	1.7715	3.3.3, 3.6
14NiCrMo13-4	–	1.6657	3.8
15B2	–	1.5501	3.8
15CrMo4	–	1.3566	3.8, 3.18
15MnCrMoNiV5-3	–	1.6920	3.6
15MnMoV4-5	–	1.5402	3.6
15MnNi6-3	–	1.6210	3.6

2.3 Neue Werkstoffbezeichnungen (EN)

Auflistung in alphanumerischer Reihenfolge

New steel names (EN)

Listing in alphanumerical order

EN-Werkstoff-Kurzname (neu) EN steel name (new)	Werkstoff-Kurzname (alt) Steel name (old)	Werk-stoff-Nr. Material number	Abschnitt Section
15NiCr13	–	1.5752	3.8
15NiCuMoNb5	–	1.6368	3.6
15NiCuMoNb5-6-4	–	1.6368	3.3.3, 3.6
15NiMn6	15 NiMn 6	1.6228	3.13
15S10	–	1.0710	3.3.3
15SMn13	–	1.0725	3.7, 3.8
16MnCr5	16 MnCr 5	1.7131	3.8
16MnCrB5	–	1.7160	3.8
16MnCrS5	16 MnCrS 5	1.7139	3.8
16MnNi6-3	–	1.6211	3.6
16Mo3	15 Mo 3	1.5415	3.3.3, 3.3.4, 3.3.5, 3.6
16NiCr4	–	1.5714	3.8
16NiCrMo16-5	–	1.3532	3.8, 3.18
16NiCrS4	–	1.5715	3.8
17B2	–	1.5502	3.9
17Cr3	17 Cr 3	1.7016	3.8
17CrNi6-6	–	1.5918	3.8
17CrS3	–	1.7014	3.8
17MnB4	–	1.5520	3.9
17MnCr5	17 MnCr 5	1.3521	3.8, 3.18
17NiCrMo6-4	–	1.6566	3.8
17NiCrMoS6-4	–	1.6569	3.8
18B2	–	1.5503	3.8
18CrMo4	–	1.7243	3.8
18CrMoS4	–	1.7244	3.8
18CrNiMo7-6	–	1.6587	3.18
18CrNiMo7-6	17 CrNiMo 6	1.6587	3.8
18MnB4	–	1.5521	3.8
18MnMo4-5	–	1.5414	3.6
18MnMoNi5-5	–	1.6308	3.6
18MnMoV5-2	–	1.8812	3.6
18MnMoV6-3	–	1.8815	3.6
18NiCr5-4	–	1.5810	3.8
18NiCrMo14-6	17 NiCrMo 14	1.3533	3.18
18S10	–	1.0712	3.3.3
19MnB4	19 MnB 4	1.5523	3.9
19MnCr5	19 MnCr 5	1.3523	3.8, 3.18
20Cr3	–	1.3559	3.8, 3.18
20Cr4	–	1.7027	3.18
20Cr4	20 Cr 4	1.7027	3.8

2.3 Neue Werkstoffbezeichnungen (EN)

Auflistung in alphanumerischer Reihenfolge

New steel names (EN)

Listing in alphanumerical order

EN-Werkstoff-Kurzname (neu) EN steel name (new)	Werkstoff-Kurzname (alt) Steel name (old)	Werk-stoff-Nr. Material number	Abschnitt Section
20CrMo4	–	1.3567	3.8, 3.18
20CrMoV13-5-5	20 CrMoV 13 5	1.7779	3.3.3
20Mn5	20 Mn 5	1.1133	3.6, 3.9
20MnB4	–	1.5525	3.9
20MnB5	–	1.5530	3.9
20MnCr4-2	–	1.3515	3.8, 3.18
20MnCr5	20 MnCr 5	1.7147	3.8
20MnCrMo4-2	–	1.3570	3.8, 3.18
20MnCrS5	20 MnCrS 5	1.7149	3.8
20MnMoNi4-5	20 MnMoNi 4 5	1.6311	3.6, 3.9
20MnMoNi5-5	–	1.6310	3.6
20MnNb6	–	1.0471	3.3.3
20MnNiCrMo3-2	–	1.6522	3.8
20MoCr3	–	1.7320	3.8
20MoCr4	20 MoCr 4	1.7321	3.8
20MoCrS3	–	1.7319	3.8
20MoCrS4	20 MoCrS 4	1.7323	3.8
20NiCrMo13-4	–	1.6660	3.8
20NiCrMo2	–	1.6522	3.18
20NiCrMo2-2	21 NiCrMo 2	1.6523	3.8
20NiCrMo7	–	1.3576	3.8, 3.18
20NiCrMoS2-2	21 NiCrMoS 2	1.6526	3.8
20NiCrMoS6-4	–	1.6571	3.8
21CrMoV5-7	21 CrMoV 5 7	1.7709	3.6
21MnCr5	21 MnCr 5	1.2162	3.16.2
22CrMoNiWV8-8	–	1.6945	3.6
22CrMoS3-5	22 CrMoS 3 5	1.7333	3.8
22MnB4	–	1.5522	3.8
23B2	22 B 2	1.5508	3.9
23CrNiMo7-4-7	23 CrNiMo 7 4 7	1.6749	3.6
23MnB4	–	1.5535	3.9
24CrMo13-6	–	1.8516	3.12
24NiCrMoV10-10	–	1.6961	3.6
25CrMo4	–	1.7218	3.6
25CrMo4	25 CrMo 4	1.7218	3.3.3, 3.9
25CrMoS4	25 CrMoS 4	1.7213	3.9
25Mn4	–	1.1177	3.9
25NiCrMoV12-7	–	1.6962	3.6
26CrMo4-2	26 CrMo 4	1.7219	3.3.3
26Mn5	–	1.1161	3.3.3
26Mo2	–	1.5417	3.3.3

2.3 Neue Werkstoffbezeichnungen (EN)

Auflistung in alphanumerischer Reihenfolge

New steel names (EN)

Listing in alphanumerical order

EN-Werkstoff-Kurzname (neu) EN steel name (new)	Werkstoff-Kurzname (alt) Steel name (old)	Werk-stoff-Nr. Material number	Abschnitt Section
27MnB4	–	1.5536	3.9
27MnCrB5-2	–	1.7182	3.9
27NiCrMoV11-6	26 NiCrMoV 11 5	1.6948	3.6
27NiCrMoV15-6	26 NiCrMoV 14 5	1.6957	3.6
27NiCrMoV16-7	–	1.6963	3.6
28B2	28 B 2	1.5510	3.9
28Cr4	–	1.7030	3.8
28Cr4	28 Cr 4	1.7030	3.9
28CrMoNiV4-9	28 CrMoNiV 4 9	1.6985	3.6
28CrS4	–	1.7036	3.8
28CrS4	28 CrS 4	1.7036	3.9
28Mn6	28 Mn 6	1.1170	3.9
28NiCrMoV8-5	28 NiCrMoV 8 5	1.6932	3.9
30CrMo4	–	1.7216	3.3.3
30CrMoNiV5-11	30 CrMoNiV 5 11	1.6946	3.6
30CrMoV9	30 CrMoV 9	1.7707	3.9
30CrNiMo8	30 CrNiMo 8	1.6580	3.3.3, 3.6 3.9
30MnB4	–	1.5526	3.9
30MnB5	–	1.5531	3.9
30MoB1	–	1.5408	3.9
30NiCrMo16-6	–	1.6747	3.9
31CrMo12	31 CrMo 12	1.8515	3.12
31CrMoB2-1	–	1.7272	3.9
31CrMoV9	31 CrMoV 9	1.8519	3.12
32CrAlMo7-10	–	1.8505	3.12
32CrB4	–	1.7076	3.9
32CrMo12	32 CrMo 12	1.7361	3.9
32CrMoV12-28	X 32 CrMoV 3 3	1.2365	3.16.3
33B2	–	1.5514	3.9
33CrMoV12-9	–	1.8522	3.12
33MnCrB5-2	–	1.7185	3.9
33NiCrMo14-5	33 NiCrMo 14 5	1.6956	3.9
34 CrMoS4	34 CrMoS 4	1.7226	3.9
34Cr4	34 Cr 4	1.7033	3.9
34CrAlMo5-10	34 CrAlMo 5	1.8507	3.12
34CrAlNi7-10	34 CrAlNi 7	1.8550	3.12
34CrMo4	34 CrMo 4	1.7220	3.3.3, 3.9
34CrNiMo6	34 CrNiMo 6	1.6582	3.6, 3.9
34CrS4	34 CrS 4	1.7037	3.9
35B2	35 B 2	1.5511	3.9

2.3 Neue Werkstoffbezeichnungen (EN)

Auflistung in alphanumerischer Reihenfolge

New steel names (EN)

Listing in alphanumerical order

EN-Werkstoff-Kurzname (neu) EN steel name (new)	Werkstoff-Kurzname (alt) Steel name (old)	Werk-stoff-Nr. Material number	Abschnitt Section
35CrMo7	–	1.2302	3.16.2
35NiCr6	–	1.5815	3.9
35S20	35 S 20	1.0726	3.7, 3.9
35SPb20	35 SPb 20	1.0756	3.7, 3.9
36CrB4	–	1.7077	3.9
36CrNiMo4	36 CrNiMo 4	1.6511	3.3.3, 3.9
36MnB4	–	1.5537	3.9
36NiCrMo16	–	1.6773	3.9
36SMn14	–	1.0764	3.7, 3.9
36SMnPb14	–	1.0765	3.7, 3.9
37Cr4	37 Cr 4	1.7034	3.9
37CrMo4	–	1.7202	3.9
37CrS4	37 CrS 4	1.7038	3.9
37MnB5	–	1.5538	3.9
37Mo2	–	1.5418	3.9
37S10	–	1.0713	3.3.3
38B2	–	1.5515	3.9
38Cr2	38 Cr 2	1.7003	3.9
38CrCoWV18-17-17	–	1.2661	3.16.3
38CrS2	38 CrS 2	1.7023	3.9
38Mn6	–	1.1127	3.3.3
38MnB5	–	1.5532	3.9
38Si7	38 Si 7	1.5023	3.17
38SMn28	–	1.0760	3.7, 3.9
38SMnPb28	–	1.0761	3.7, 3.9
39MnCrB6-2	–	1.7189	3.9
39NiCrMo3	–	1.6510	3.9
40CrMnNiMo8-6-4	–	1.2738	3.16.2
40CrMoV13-9	–	1.8523	3.12
40CrMoV4-6	40 CrMoV 4 7	1.7711	3.6
41Cr4	41 Cr 4	1.7035	3.3.3, 3.9
41CrAlMo7-10	–	1.8509	3.12
41CrS4	41 CrS 4	1.7039	3.9
41NiCrMo7-3-2	–	1.6563	3.3.3, 3.9
42CrMo4	42 CrMo 4	1.7225	3.3.3, 3.9
42CrMoS4	42 CrMoS 4	1.7227	3.9
43CrMo4	43 CrMo 4	1.3563	3.18
44SMn28	–	1.0762	3.7, 3.9
44SMnPb28	–	1.0763	3.7, 3.9
45NiCrMo16	X 45 NiCrMo 4	1.2767	3.16.2
45SiCrV6-2	–	1.8151	3.17

2.3 Neue Werkstoffbezeichnungen (EN)

Auflistung in alphanumerischer Reihenfolge

New steel names (EN)

Listing in alphanumerical order

EN-Werkstoff-Kurzname (neu) EN steel name (new)	Werkstoff-Kurzname (alt) Steel name (old)	Werkstoff-Nr. Material number	Abschnitt Section
46 SPb 20	45 SPb 20	1.0757	3.9
46Cr2	46 Cr 2	1.7006	3.9
46CrS2	46 CrS 2	1.7025	3.9
46S20	45 S 20	1.0727	3.7, 3.9
46Si7	–	1.5024	3.17
46SiCrMo6	46 SiCrMo 6 3[a]	1.8062	3.17
46SPb20	45 SPb 20	1.0757	3.7
48CrMoV6-7	48 CrMoV 6 7	1.2323	3.16.5
48Si7	–	1.5021	3.17
50CrMo4	50 CrMo 4	1.7228	3.9
50CrMoV13-15	–	1.2355	3.16.3
50SiCrMo6	–	1.8063	3.17
50WCrV8	–	1.2549	3.16.2
51CrV4	50 CrV 4	1.8159	3.9, 3.17
52CrMoV4	51 CrMoV 4	1.7701	3.17
52SiCrNi5	–	1.7117	3.17
54SiCr6	54 SiCr 6	1.7102	3.17
54SiCrV6	–	1.8152	3.17
55Cr3	55 Cr 3	1.7176	3.17
55NiCrMoV7	56 NiCrMoV 7	1.2714	3.16.3
56Mn4	–	1.1233	3.18
56Si7	–	1.5026	3.17
56SiCr7	–	1.7106	3.17
60Cr3	–	1.7177	3.17
60CrMo3-1	–	1.7239	3.17
60CrMo3-2	–	1.7240	3.17
60CrMo3-3	–	1.7241	3.17
60SiCr7	60 SiCr 7	1.7108	3.17
60SiCrV7	–	1.8153	3.17
60WCrV8	60 WCrV 7	1.2550	3.16.2
70Mn4	–	1.1244	3.18
70MnMoCr8	–	1.2824	3.16.2
75Ni8	–	1.5634	3.17
80CrV2	–	1.2235	3.17
80MoCrV42-16	80 MoCrV 42 16	1.3551	3.18
90MnCrV8	90 MnCrV 8	1.2842	3.16.2
95MnWCr5	–	1.2825	3.16.2
100Cr6	100 Cr 6	1.3505	3.18
100CrMnMoSi8-4-6	100 CrMnMo 8	1.3539	3.18
100CrMnSi4-4	–	1.3518	3.18
100CrMnSi6-4	100 CrMn 6	1.3520	3.18

2.3 Neue Werkstoffbezeichnungen (EN)

Auflistung in alphanumerischer Reihenfolge

New steel names (EN)

Listing in alphanumerical order

EN-Werkstoff-Kurzname (neu) EN steel name (new)	Werkstoff-Kurzname (alt) Steel name (old)	Werk-stoff-Nr. Material number	Abschnitt Section
100CrMnSi6-6	–	1.3519	3.18
100CrMo7	100 CrMo 7	1.3537	3.18
100CrMo7-3	100 CrMo 7 3	1.3536	3.18
100CrMo7-4	–	1.3538	3.18
102Cr6	–	1.2067	3.17
102Cr6	100 Cr 6	1.2067	3.16.2
105V	–	1.2834	3.16.2
125Cr2	–	1.2002	3.17
C2C	–	1.0314	3.20
C2D1	–	1.1185	3.20
C3D1	–	1.1187	3.20
C3D2	–	1.1110	3.20
C4C	QSt 32-3	1.0303	3.20
C4D	–	1.0300	3.20
C4D1	–	1.1188	3.20
C5D2	–	1.1111	3.20
C7D	D 8-2	1.0313	3.20
C8C	QSt 34-3	1.0213	3.20
C8D2	–	1.1113	3.20
C9D	–	1.0304	3.20
C10	C 10	1.0301	3.8
C10C	QSt 36-3	1.0214	3.20
C10D	D 10-2	1.0310	3.20
C10D2	–	1.1114	3.20
C10E	Ck 10	1.1121	3.8
C10E2C	Cq 10	1.1122	3.8
C10R	–	1.1207	3.8
C12D	–	1.0311	3.20
C12D2	–	1.1124	3.20
C15	C 15	1.0401	3.8
C15C	QSt 38-3	1.0234	3.20
C15D	D 15-2	1.0413	3.20
C15D2	–	1.1126	3.20
C15E	Ck 15	1.1141	3.8
C15E2C	Cq 15	1.1132	3.8
C15R	Cm 15	1.1140	3.8
C16E	–	1.1148	3.8
C16R	–	1.1208	3.8
C17C	–	1.0434	3.20
C17E2C	–	1.1147	3.8
C18D	–	1.0416	3.20

2.3 Neue Werkstoffbezeichnungen (EN)

Auflistung in alphanumerischer Reihenfolge

New steel names (EN)

Listing in alphanumerical order

EN-Werkstoff-Kurzname (neu) EN steel name (new)	Werkstoff-Kurzname (alt) Steel name (old)	Werk-stoff-Nr. Material number	Abschnitt Section
C18D2	–	1.1129	3.20
C20C	–	1.0411	3.20
C20D	D 20-2	1.0414	3.20
C20D2	–	1.1137	3.20
C20E2C	Cq 22	1.1152	3.8
C22	C 22	1.0402	3.9
C22E	Ck 22	1.1151	3.3.3, 3.9
C22R	Cm 22	1.1149	3.9
C25	C 25	1.0406	3.9
C25E	Ck 25	1.1158	3.9
C25R	Cm 25	1.1163	3.9
C26D	D 25-2	1.0415	3.20
C26D2	–	1.1139	3.20
C30	C 30	1.0528	3.9
C30E	Ck 30	1.1178	3.9
C30R	Cm 30	1.1179	3.9
C32D	D 30-2	1.0530	3.20
C32D2	–	1.1143	3.20
C35	C 35	1.0501	3.9
C35E	Ck 35	1.1181	3.3.3, 3.6, 3.9
C35EC	Cq 35	1.1172	3.9
C35R	Cm 35	1.1180	3.9
C35RC	–	1.1060	3.9
C36D2	–	1.1145	3.20
C38D	D 35-2	1.0516	3.20
C38D2	–	1.1150	3.20
C40	C 40	1.0511	3.9
C40D2	–	1.1153	3.20
C40E	Ck 40	1.1186	3.9
C40R	Cm 40	1.1189	3.9
C42D	D 40-2	1.0541	3.20
C42D2	–	1.1154	3.20
C45	C 45	1.0503	3.9
C45E	Ck 45	1.1191	3.3.3, 3.6, 3.9
C45EC	Cq 45	1.1192	3.9
C45R	Cm 45	1.1201	3.9
C45RC	–	1.1061	3.9
C45U	C 45 W	1.1730	3.16.1
C46D2	–	1.1162	3.20

2.3 Neue Werkstoffbezeichnungen (EN)

Auflistung in alphanumerischer Reihenfolge

New steel names (EN)

Listing in alphanumerical order

EN-Werkstoff-Kurzname (neu) EN steel name (new)	Werkstoff-Kurzname (alt) Steel name (old)	Werkstoff-Nr. Material number	Abschnitt Section
C48D	D 45-2	1.0517	3.20
C48D2	–	1.1164	3.20
C50	C 50	1.0540	3.9
C50D	D 50-2	1.0586	3.20
C50D2	–	1.1171	3.20
C50E	Ck 50	1.1206	3.9
C50R	Cm 50	1.1241	3.9
C52D	D 53-2	1.0588	3.20
C52D2	D 53-3	1.1202	3.20
C55	C 55	1.0535	3.9
C55E	Ck 55	1.1203	3.9
C55R	Cm 55	1.1209	3.9
C55S	–	1.1204	3.17
C56D	D 55-2	1.0518	3.20
C56D2	D 55-3	1.1220	3.20
C56E2	Cf 54	1.1219	3.18
C58D	D 58-2	1.0609	3.20
C58D2	D 58-3	1.1212	3.20
C60	C 60	1.0601	3.9
C60D	D 60-2	1.0610	3.20
C60D2	D 60-3	1.1228	3.20
C60E	Ck 60	1.1221	3.3.3, 3.9
C60R	Cm 60	1.1223	3.9
C60S	–	1.1211	3.17
C62D	D 63-2	1.0611	3.20
C62D2	D 63-3	1.1222	3.20
C66D	D 65-2	1.0612	3.20
C66D2	D 65-3	1.1236	3.20
C67S	Ck 67	1.1231	3.17
C68D	D 68-2	1.0613	3.20
C68D2	D 68-3	1.1232	3.20
C70D	D 70-2	1.0615	3.20
C70D2	D 70-3	1.1251	3.20
C70U	C 70 W2	1.1620	3.16.1
C72D	D 73-2	1.0617	3.20
C72D2	D 73-3	1.1242	3.20
C75S	Ck 75	1.1248	3.17
C76D	D 75-2	1.0614	3.20
C76D2	D 75-3	1.1253	3.20
C78D	D 78-2	1.0620	3.20
C78D2	D 78-3	1.1252	3.20

2.3 Neue Werkstoffbezeichnungen (EN)

Auflistung in alphanumerischer Reihenfolge

New steel names (EN)

Listing in alphanumerical order

EN-Werkstoff-Kurzname (neu) EN steel name (new)	Werkstoff-Kurzname (alt) Steel name (old)	Werk-stoff-Nr. Material number	Abschnitt Section
C80D	D 80-2	1.0622	3.20
C80D2	D 80-3	1.1255	3.20
C80U	C 80 W1	1.1525	3.16.1
C82D	D 83-2	1.0626	3.20
C82D2	D 83-3	1.1262	3.20
C85S	Ck 85	1.1269	3.17
C86D	D 85-2	1.0616	3.20
C86D2	D 85-3	1.1265	3.20
C88D	D 88-2	1.0628	3.20
C88D2	D 88-3	1.1272	3.20
C90S	–	1.1217	3.17
C90U	–	1.1535	3.16.1
C92D	D 95-2	1.0618	3.20
C92D2	D 95-3	1.1282	3.20
C98D2	–	1.1283	3.20
C100S	Ck 101	1.1274	3.17
C105U	C 105 W1	1.1545	3.16.1
C120U	–	1.1555	3.16.1
C124S	–	1.1224	3.17
DC01	St 12/St 2	1.0330	3.4, 3.5
DC01EK	–	1.0390	3.4
DC03	RRSt 13/RRSt 3	1.0347	3.4, 3.5
DC03ED	–	1.0399	3.4
DC04	St 14/St 4	1.0338	3.4, 3.5
DC04ED	ED 4	1.0394	3.4
DC04EK	EK 4	1.0392	3.4
DC05	–	1.0312	3.4, 3.5
DC05EK	–	1.0386	3.4
DC06	–	1.0873	3.4, 3.5
DC06ED	–	1.0872	3.4
DC06EK	–	1.0869	3.4
DC07	–	1.0898	3.4, 3.5
DD11	StW 22	1.0332	3.4
DD12	RRStW 23	1.0398	3.4
DD13	StW 24	1.0335	3.4
DD14	–	1.0389	3.4
DD33X	–	1.0936	3.4
DX51D	St 02Z	1.0226	3.5
DX51D	–	1.0917	3.5
DX52D	St 03Z	1.0350	3.5
DX52D	–	1.0918	3.5

2.3 Neue Werkstoffbezeichnungen (EN)

Auflistung in alphanumerischer Reihenfolge

New steel names (EN)

Listing in alphanumerical order

EN-Werkstoff-Kurzname (neu) EN steel name (new)	Werkstoff-Kurzname (alt) Steel name (old)	Werkstoff-Nr. Material number	Abschnitt Section
DX53D	St 04Z	1.0355	3.5
DX53D	–	1.0951	3.5
DX54D	–	1.0306	3.5
DX54D	–	1.0952	3.5
DX55D	–	1.0309	3.5
DX55D	–	1.0962	3.5
DX56D	–	1.0322	3.5
DX56D	–	1.0963	3.5
DX57D	–	1.0853	3.5
E155	–	1.0033	3.3.2, 3.3.4
E190	–	1.0031	3.3.2, 3.3.4
E195	–	1.0034	3.3.2, 3.3.4
E215	St 30 Al	1.0212	3.3.3
E220	–	1.0215	3.3.2, 3.3.4
E235	–	1.0308	3.3.2, 3.3.4
E235	St 35	1.0308	3.3.3
E255	S255GT	1.0408	3.3.3
E260	–	1.0220	3.3.2, 3.3.4
E275	–	1.0225	3.3.2, 3.3.3, 3.3.4
E275K2	–	1.0456	3.3.3, 3.3.4
E275M	–	1.8895	3.3.4
E295	St 50-2	1.0050	3.1
E295GC	ZSt 50-2	1.0533	3.1
E315	–	1.0236	3.3.3
E320	–	1.0237	3.3.2, 3.3.4
E335	St 60-2	1.0060	3.1
E335GC	ZSt 60-2	1.0543	3.1
E355	–	1.0580	3.3.2, 3.3.4
E355	St 52	1.0580	3.3.3
E355K2	–	1.0920	3.3.3, 3.3.4
E355M	–	1.8896	3.3.4
E360	St 70-2	1.0070	3.1
E360GC	ZSt 70-2	1.0633	3.1
E370	–	1.0261	3.3.2, 3.3.4
E410	–	1.0509	3.3.3
E420	–	1.0575	3.3.2, 3.3.4
E420J2	–	1.0599	3.3.3
E420M	–	1.8897	3.3.4
E460	–	1.0435	3.3.2, 3.3.4
E460K2	–	1.8891	3.3.3

2.3 Neue Werkstoffbezeichnungen (EN)

Auflistung in alphanumerischer Reihenfolge

New steel names (EN)

Listing in alphanumerical order

EN-Werkstoff-Kurzname (neu) EN steel name (new)	Werkstoff-Kurzname (alt) Steel name (old)	Werkstoff-Nr. Material number	Abschnitt Section
E460K2	–	1.8891	3.3.4
E460M	–	1.8898	3.3.4
E470	–	1.0536	3.3.3
E500	–	1.0519	3.3.2, 3.3.4
E550	–	1.0593	3.3.2, 3.3.4
E590K2	–	1.0644	3.3.3
E600	–	1.0595	3.3.2, 3.3.4
E700	–	1.0987	3.3.2, 3.3.4
E730K2	–	1.8893	3.3.3
G9Ni14	GS-10 Ni 14	1.5638	3.15.6
G10MnMoV6-3	–	1.5410	3.15.1
G10Ni6	GS-10 Ni 6	1.5621	3.15.6
G12MnMo7-4	GS-15 MnMo 6 4[a]	1.5431	3.15.5
G12MoCrV5-2	–	1.7720	3.15.3
G14NiCrMo10-6	–	1.6779	3.15.5
G14NiCrMo10-6	GS-14NiCrMo 10 6	1.6779	3.15.6
G15CrMo9-10	GS-17 CrMo 9 10	1.7377	3.15.6
G15CrMoV6-9	–	1.7710	3.15.1, 3.15.3
G17CrMo5-5	GS-17 CrMo 5 5	1.7357	3.15.3
G17CrMo9-10	GS-18 CrMo 9 10	1.7379	3.15.3, 3.15.5
G17CrMoV5-10	30 Cr MoV 9	1.7706	3.15.3
G17Mn5	GS-16 Mn 5	1.1131	3.15.1
G17NiCrMo13-6	–	1.6781	3.15.5
G18CrMnMo5-5	–	1.7352	3.15.5
G18Mo5	–	1.5422	3.15.1
G18NiMoCr3-6	–	1.6759	3.15.5
G20Mn5	–	1.6220	3.15.1
G20MnMoNi5-5	–	1.6309	3.15.5
G20Mo5	GS-22 Mo 4	1.5419	3.15.3
G20NiMoCr3-7	GS-20NiMoCr 3 7	1.6750	3.15.6
G20NiMoCr4	–	1.6750	3.15.6
G21Mn5	GS-21 Mn 5	1.1138	3.15.6
G22NiMoCr5-6	–	1.6760	3.15.5
G24Mn6	–	1.1118	3.15.1, 3.15.5
G26CrMo4	–	1.7221	3.15.6
G30CrMoV6-4	GS-30CrMoV 6 4	1.7725	3.15.1
G32NiCrMo8-5-4	GS-30 NiCrMo 8 5	1.6570	3.15.1
G34CrMo4	–	1.7230	3.15.1

2.3 Neue Werkstoffbezeichnungen (EN)

Auflistung in alphanumerischer Reihenfolge

New steel names (EN)

Listing in alphanumerical order

EN-Werkstoff-Kurzname (neu) EN steel name (new)	Werkstoff-Kurzname (alt) Steel name (old)	Werkstoff-Nr. Material number	Abschnitt Section
G35CrNiMo6-6	–	1.6579	3.15.1
G42CrMo4	–	1.7231	3.15.1
G-CoCr28	G-CoCr 28	2.4778	3.15.4
GE200	GS-38	1.0420	3.15.1
GE240	GS-45	1.0446	3.15.1
GE270	–	1.0454	3.15.1
GE300	GS-60	1.0558	3.15.1
GE320	–	1.0591	3.15.1
GE360	–	1.0597	3.15.1
G-NiCr28W	G-NiCr 28 W	2.4879	3.15.4
GP240GH	GS-C 25	1.0619	3.15.3
GP240GR	–	1.0621	3.15.3
GP280GH	–	1.0625	3.15.3
GS200	–	1.0449	3.15.1
GS240	–	1.0455	3.15.1
GX1NiCrMoCuN25-20-5	–	1.4538	3.15.2
GX2CrNi19-11	–	1.4309	3.15.2
GX2CrNiMnMoNNb21-15-4-3	G-X 2 CrNiMnMoNNb 21 15 4 3	1.4569	3.15.2
GX2CrNiMn-MoNNb21-16-5-8	–	1.3967	3.15.7
GX2CrNiMo19-11-2	–	1.4409	3.15.2
GX2CrNiMoCuN20-18-6	–	1.4557	3.15.2
GX2CrNiMoCuN25-6-3-3	G-X 3 CrNiMoCuN 26 6 3 3	1.4517	3.15.2
GX2CrNiMoCuN26-6-3	G-X 3 CrNiMoCuN 26 6 3	1.4515	3.15.2
GX2CrNiMoN17-13-4	–	1.4446	3.15.2
GX2CrNiMoN18-14	–	1.3960	3.15.7
GX2CrNiMoN22-5-3	–	1.4470	3.15.2
GX2CrNiMoN25-6-3	G-X 3 CrNiMoN 26 6 3	1.4468	3.15.2
GX2CrNiMoN25-7-3	–	1.4417	3.15.2
GX2CrNiMoN26-7-4	G-X 2 CrNiMoN 25 7 4	1.4469	3.15.2
GX2CrNiN18-13	G-X 2 CrNiN 18 13	1.3940	3.15.7
GX2NiCrMo28-20-2	–	1.4458	3.15.2
GX2NiCrMoCu25-20-5	–	1.4584	3.15.2
GX2NiCrMoCuN25-20	G-X 2 NiCrMoCuN 25 20	1.4536	3.15.2
GX2NiCrMoCuN25-20-6	–	1.4588	3.15.2
GX2NiCrMoCuN29-25-5	–	1.4587	3.15.2
GX2NiCrMoN25-20-5	–	1.4416	3.15.2
GX3CrNi13-4	–	1.6982	3.15.2
GX3CrNi13-4	GX-3 CrNi 13 4	1.6982	3.15.6
GX3CrNiMo16-5	GX-3 CrNiMo 16 5	1.6983	3.15.6

2.3 Neue Werkstoffbezeichnungen (EN)

Auflistung in alphanumerischer Reihenfolge

New steel names (EN)

Listing in alphanumerical order

EN-Werkstoff-Kurzname (neu) EN steel name (new)	Werkstoff Kurzname (alt) Steel name (old)	Werk-stoff-Nr. Material number	Abschnitt Section
GX3CrNiMoCuN24-6-2-3	–	1.4593	3.15.2
GX3CrNiMoCuN24-6-5	–	1.4573	3.15.2
GX3CrNiMoWCuN27-6-3-1	–	1.4471	3.15.2
GX4CrNi13-4	–	1.4317	3.15.2, 3.15.3
GX4CrNi16-4	–	1.4421	3.15.2
GX4CrNiMo16-5-1	–	1.4405	3.15.3
GX4CrNiMo16-5-1	G-X 5 CrNiMo 16 5	1.4405	3.15.2
GX4CrNiMo16-5-2	–	1.4411	3.15.2
GX4CrNiMo19-11-3		1.4443	3.15.2
GX4CrNiMoN26-5-2	–	1.4474	3.15.2
GX4NiCrCuMo30-20-4	–	1.4527	3.15.2
GX5CrNi19-10	G-X 6 CrNi 18 9	1.4308	3.15.2
GX5CrNiCu16-4	–	1.4525	3.15.2
GX5CrNiMo19-11-2	G-X 6 CrNiMo 18 10	1.4408	3.15.2
GX5CrNiMo19-11-3	–	1.4412	3.15.2
GX5CrNiMoNb19-11-2	G-X 5 CrNiMoNb 18 10	1.4581	3.15.2
GX5CrNiNb19-11	G-X 5 CrNiNb 18 9	1.4552	3.15.2
GX6CrNi18-10	GX-6 CrNi 18 10	1.6902	3.15.6
GX6CrNiN26-7	G-X 8 CrNiN 26 7	1.4347	3.15.2
GX7CrNiMo12-1	G-X 8 CrNi 13	1.4008	3.15.2
GX8CrNi12	–	1.4107	3.15.2
GX8CrNi12	G-X 8 CrNi 12	1.4107	3.15.3
GX9Ni	–	1.5681	3.15.2
GX10NiCrSiNb32-20	–	1.4859	3.15.2
GX10NiCrSiNb32-20	G-X 10 NiCrNb 32 20	1.4859	3.15.4
GX12Cr12	–	1.4011	3.15.2
GX12CrMoVNbN9-1	–	1.4955	3.15.2
GX12CrNi18-11	G-X 12 CrNi 18 11	1.3955	3.15.7
GX15CrMo5	–	1.7365	3.15.3
GX20Cr14	G-X 20 Cr 14	1.4027	3.15.2
GX22CrNi17	G-X 22 CrNi 17	1.4059	3.15.2
GX23CrMoV12-1	–	1.4931	3.15.2
GX23CrMoV12-1	G-X 22 CrMoV 12 1	1.4931	3.15.3
GX25CrNiSi18-9	–	1.4825	3.15.4
GX25CrNiSi20-14	–	1.4832	3.15.4
GX25MnCrNi18-8-6	G-X 25 MnCrNi 8 8 6	1.3966	3.15.7
GX30CrSi7	–	1.4710	3.15.4
GX35NiCrSi25-21	–	1.4805	3.15.4
GX40CrNi27-4	G-X 40 CrNi 27 4	1.4340	3.15.2
GX40CrNiMo27-5	G-X 40 CrNiMo 27 5	1.4464	3.15.2

2.3 Neue Werkstoffbezeichnungen (EN)

Auflistung in alphanumerischer Reihenfolge

New steel names (EN)

Listing in alphanumerical order

EN-Werkstoff-Kurzname (neu) EN steel name (new)	Werkstoff-Kurzname (alt) Steel name (old)	Werkstoff-Nr. Material number	Abschnitt Section
GX40CrNiSi22-10	–	1.4826	3.15.4
GX40CrNiSi25-12	–	1.4837	3.15.4
GX40CrNiSi25-20	–	1.4848	3.15.4
GX40CrNiSi27-4	–	1.4823	3.15.4
GX40CrNiSiNb24-24	G-X 30 CrNiSiNb 24 24	1.4855	3.15.4
GX40CrSi13	–	1.4729	3.15.4
GX40CrSi17	–	1.4740	3.15.4
GX40CrSi24	–	1.4745	3.15.4
GX40CrSi28	–	1.4776	3.15.4
GX40NiCrNb45-35	–	1.4889	3.15.4
GX40NiCrSi35-17	–	1.4806	3.15.4
GX40NiCrSi35-26	G-X 40 NiCrSi 35 25	1.4857	3.15.4
GX40NiCrSi38-19	G-X 40 NiCrSi 38 18	1.4865	3.15.4
GX40NiCrSiNb35-18	–	1.4807	3.15.4
GX40NiCrSiNb35-26	G-X 40 NiCrNb 35 25	1.4852	3.15.4
GX40NiCrSiNb38-19	G-X 40NiCrSiNb 38 18	1.4849	3.15.4
GX50NiCrCo20-20-20	–	1.4874	3.15.4
GX50NiCrCoW35-25-15-5	–	1.4869	3.15.4
GX70Cr29	G-X 70 Cr 29	1.4085	3.15.2
GX120Cr29	G-X 120 Cr 29	1.4086	3.15.2
GX120CrMo29-2	G-X 120 CrMo 29 2	1.4138	3.15.2
GX120Mn13	G-X 120 Mn 13	1.3802	3.15.7
GX130CrSi29	G-X 130 CrSi 29	1.4777	3.15.4
GX160CrSi18	G-X 160 CrSi 18	1.4743	3.15.4
H240LA	ZStE 260	1.0480	3.4
H260X	–	1.0937	3.4
H270X	–	1.0938	3.4
H280LA	ZStE 300	1.0489	3.4
H300X	–	1.0939	3.4
H310X	–	1.0940	3.4
H320LA	ZStE 340	1.0548	3.4
H340X	–	1.0941	3.4
H360LA	ZStE 380	1.0550	3.4
H380X	–	1.0942	3.4
H400LA	ZStE 420	1.0556	3.4
HC180B	ZStE 180 BH	1.0395	3.4
HC180P	–	1.0342	3.4
HC180Y	–	1.0922	3.4
HC220B	ZStE 220 BH	1.0396	3.4
HC220I	–	1.0346	3.4
HC220P	ZStE 220 P	1.0397	3.4

2.3 Neue Werkstoffbezeichnungen (EN)

Auflistung in alphanumerischer Reihenfolge

New steel names (EN)

Listing in alphanumerical order

EN-Werkstoff-Kurzname (neu) EN steel name (new)	Werkstoff Kurzname (alt) Steel name (old)	Werk-stoff-Nr. Material number	Abschnitt Section
HC220Y	–	1.0925	3.4
HC260B	ZStE 260 BH	1.0400	3.4
HC260I	–	1.0349	3.4
HC260P	ZStE 260 P	1.0417	3.4
HC260Y	–	1.0928	3.4
HC300B	ZStE 300 BH	1.0444	3.4
HC300I	–	1.0447	3.4
HC300LA	–	1.0489	3.4
HC300P	ZStE 300 P	1.0448	3.4
HC340LA	–	1.0548	3.4
HC380LA	–	1.0550	3.4
HC420LA	–	1.0556	3.4
HC460LA	–	1.0574	3.4
HC500LA	–	1.0573	3.4
HCT450X	–	1.0937	3.5
HCT450X	–	1.0945	3.5
HCT490X	–	1.0995	3.5
HCT500X	–	1.0939	3.5
HCT500X	–	1.0946	3.5
HCT590X	–	1.0996	3.5
HCT600C	–	1.0953	3.5
HCT600X	–	1.0941	3.5
HCT600X	–	1.0949	3.5
HCT690T	–	1.0947	3.5
HCT780C	–	1.0954	3.5
HCT780T	–	1.0948	3.5
HCT780X	–	1.0943	3.5
HCT980C	–	1.0955	3.5
HCT980X	–	1.0944	3.5
HCT980XG	–	1.0997	3.5
HDT1200M	–	1.0965	3.5
HDT450F	–	1.0961	3.5
HDT560F	–	1.0959	3.5
HDT580F	–	1.0994	3.5
HDT580X	–	1.0936	3.5
HDT750C	–	1.0956	3.5
HDT760C	–	1.0998	3.5
HDT780C	–	1.0957	3.5
HDT950C	–	1.0958	3.5
HS0-4-1	–	1.3325	3.16.4
HS1-4-2	–	1.3326	3.16.4

2.3 Neue Werkstoffbezeichnungen (EN)

Auflistung in alphanumerischer Reihenfolge

New steel names (EN)

Listing in alphanumerical order

EN-Werkstoff-Kurzname (neu) EN steel name (new)	Werkstoff-Kurzname (alt) Steel name (old)	Werkstoff-Nr. Material number	Abschnitt Section
HS1-8-1	–	1.3327	3.16.4
HS2-9-1-8	S 2-10-1-8	1.3247	3.16.4
HS2-9-2	S 2-9-2[a]	1.3348	3.16.4
HS2-9-2	S 2-9-2	1.3348	3.16.5
HS3-3-2	S 3-3-2[a]	1.3333	3.16.4
HS3-3-2	S 3-3-2	1.3333	3.16.5
HS6-5-2	–	1.3339	3.16.4
HS6-5-2-5	S 6-5-2-5	1.3243	3.16.4
HS6-5-2C	S 6-5-2	1.3343	3.16.4
HS6-5-3	S 6-5-3	1.3344	3.16.4
HS6-5-3-8	–	1.3244	3.16.4
HS6-5-3C	S 6-5-2 Si[a]	1.3345	3.16.4
HS6-5-4	–	1.3351	3.16.4
HS6-6-2	–	1.3350	3.16.4
HS10-4-3-10	S 10-4-3-10	1.3207	3.16.4
HS18-0-1	S 18-0-1[a]	1.3355	3.16.4
HX160YD	–	1.0910	3.5
HX180BD	–	1.0354	3.5
HX180BD	–	1.0914	3.5
HX180YD	–	1.0921	3.5
HX220BD	–	1.0353	3.5
HX220BD	–	1.0919	3.5
HX220PD	–	1.0358	3.5
HX220YD	–	1.0923	3.5
HX260BD	–	1.0433	3.5
HX260BD	–	1.0924	3.5
HX260LAD	–	1.0929	3.5
HX260PD	–	1.0431	3.5
HX260YD	–	1.0926	3.5
HX300BD	–	1.0445	3.5
HX300BD	–	1.0930	3.5
HX300LAD	–	1.0932	3.5
HX300PD	–	1.0443	3.5
HX300YD	–	1.0927	3.5
HX340BD	–	1.0945	3.5
HX340LAD	–	1.0933	3.5
HX380LAD	–	1.0934	3.5
HX420LAD	–	1.0935	3.5
HX460LAD	–	1.0990	3.5
HX500LAD	–	1.0991	3.5
L175	–	1.8700	3.3.1

2.3 Neue Werkstoffbezeichnungen (EN)

Auflistung in alphanumerischer Reihenfolge

New steel names (EN)

Listing in alphanumerical order

EN-Werkstoff-Kurzname (neu) EN steel name (new)	Werkstoff Kurzname (alt) Steel name (old)	Werk-stoff-Nr. Material number	Abschnitt Section
L175P	–	1.8707	3.3.1
L210	–	1.8713	3.3.1
L210GA	–	1.0319	3.3.1
L235	–	1.0252	3.3.1
L235GA	–	1.0458	3.3.1
L245	–	1.8723	3.3.1
L245GA	–	1.0459	3.3.1
L245M	–	1.8746	3.3.4
L245MB	–	1.0418	3.3.1
L245MB	–	1.0418	3.3.4
L245ME	–	1.0418	3.3.4
L245MO	–	1.1050	3.3.4
L245MS	–	1.1030	3.3.4
L245N	–	1.8790	3.3.1
L245NB	StE 240.7	1.0457	3.3.1
L245NE	–	1.0457	3.3.1
L245NO	–	1.1040	3.3.1
L245NS	–	1.1020	3.3.1
L245Q	–	1.8737	3.3.1
L245QO	–	1.1045	3.3.1
L245QS	–	1.1025	3.3.1
L245R	–	1.8788	3.3.1
L275	–	1.0260	3.3.1
L290	–	1.8728	3.3.1
L290GA	–	1.0483	3.3.1
L290M	–	1.8747	3.3.4
L290MB	StE 290.7 TM	1.0429	3.3.4
L290ME	–	1.0429	3.3.4
L290MO	–	1.1051	3.3.4
L290MS	–	1.1031	3.3.4
L290N	–	1.8791	3.3.1
L290NB	StE 290.7	1.0484	3.3.1, 3.3.5
L290NE	–	1.0484	3.3.1
L290NO	–	1.1041	3.3.1
L290NS	–	1.1021	3.3.1
L290Q	–	1.8738	3.3.1
L290QO	–	1.1046	3.3.1
L290QS	–	1.1026	3.3.1
L290R	–	1.8789	3.3.1
L320	–	1.8729	3.3.1
L320M	–	1.8748	3.3.4

2.3 Neue Werkstoffbezeichnungen (EN)

Auflistung in alphanumerischer Reihenfolge

New steel names (EN)

Listing in alphanumerical order

EN-Werkstoff-Kurzname (neu) EN steel name (new)	Werkstoff-Kurzname (alt) Steel name (old)	Werk-stoff-Nr. Material number	Abschnitt Section
L320MO	–	1.1052	3.3.4
L320MS	–	1.1032	3.3.4
L320N	–	1.8792	3.3.1
L320NO	–	1.1042	3.3.1
L320NS	–	1.1022	3.3.1
L320Q	–	1.8739	3.3.1
L320QO	–	1.1047	3.3.1
L320QS	–	1.1027	3.3.1
L355	–	1.0419	3.3.1
L360	–	1.8730	3.3.1
L360GA	–	1.0499	3.3.1
L360M	–	1.8749	3.3.4
L360MB	–	1.0578	3.3.4
L360MB	StE 360.7 TM	1.0578	3.3.1
L360ME	–	1.0578	3.3.4
L360MO	–	1.8781	3.3.4
L360MS	–	1.1033	3.3.4
L360N	–	1.8793	3.3.1
L360NB	StE 360.7	1.0582	3.3.1, 3.3.5
L360NE	–	1.0582	3.3.1
L360NO	–	1.8778	3.3.1
L360NS	–	1.8757	3.3.1
L360Q	–	1.8741	3.3.1
L360QB	–	1.8948	3.3.3, 3.3.5
L360QE	–	1.8948	3.3.3
L360QO	–	1.8771	3.3.1
L360QS	–	1.8759	3.3.1
L390	–	1.8724	3.3.1
L390M	–	1.8771	3.3.4
L390MO	–	1.8782	3.3.4
L390MS	–	1.1034	3.3.4
L390N	StE 385.7	1.8970	3.3.1
L390Q	–	1.8740	3.3.1
L390QO	–	1.8772	3.3.1
L390QS	–	1.8760	3.3.1
L415	–	1.8725	3.3.1
L415M	–	1.8752	3.3.4
L415MB	–	1.8973	3.3.4
L415ME	–	1.8973	3.3.4
L415MO	–	1.8783	3.3.4
L415MS	–	1.8766	3.3.4

2.3 Neue Werkstoffbezeichnungen (EN)

Auflistung in alphanumerischer Reihenfolge

New steel names (EN)

Listing in alphanumerical order

EN-Werkstoff-Kurzname (neu) EN steel name (new)	Werkstoff-Kurzname (alt) Steel name (old)	Werkstoff-Nr. Material number	Abschnitt Section
L415N	–	1.8736	3.3.1
L415NB	StE 415.7	1.8972	3.3.1, 3.3.5
L415NE	–	1.8972	3.3.1
L415Q	–	1.8742	3.3.1
L415QB	–	1.8947	3.3.3, 3.3.5
L415QE	–	1.8947	3.3.3
L415QO	–	1.8773	3.3.1
L415QS	–	1.8761	3.3.1
L450	–	1.8726	3.3.1
L450M	–	1.8754	3.3.4
L450MB	–	1.8975	3.3.4
L450ME	–	1.8975	3.3.4
L450MO	–	1.8784	3.3.4
L450MS	–	1.8767	3.3.4
L450Q	–	1.8743	3.3.1
L450QB	–	1.8952	3.3.3, 3.3.5
L450QE	–	1.8952	3.3.3
L450QO	–	1.8774	3.3.1
L450QS	–	1.8762	3.3.1
L485	–	1.8727	3.3.1
L485M	–	1.8756	3.3.4
L485MB	–	1.8977	3.3.4
L485ME	–	1.8977	3.3.4
L485MO	–	1.8785	3.3.4
L485MS	–	1.8768	3.3.4
L485Q	–	1.8744	3.3.1
L485QB	–	1.8955	3.3.3
L485QE	–	1.8955	3.3.3
L485QO	–	1.8775	3.3.1
L485QS	–	1.8763	3.3.1
L555M	–	1.8758	3.3.4
L555MB	–	1.8978	3.3.4
L555ME	–	1.8978	3.3.4
L555MO	–	1.8786	3.3.4
L555Q	–	1.8745	3.3.1
L555QB	–	1.8957	3.3.3
L555QE	–	1.8957	3.3.3
L555QO	–	1.8776	3.3.1
L625M	–	1.8753	3.3.4
L625Q	–	1.8764	3.3.1
L625QO	–	1.8777	3.3.1

2.3 Neue Werkstoffbezeichnungen (EN)

Auflistung in alphanumerischer Reihenfolge

New steel names (EN)

Listing in alphanumerical order

EN-Werkstoff-Kurzname (neu) EN steel name (new)	Werkstoff-Kurzname (alt) Steel name (old)	Werk-stoff-Nr. Material number	Abschnitt Section
L690M	–	1.8779	3.3.4
L690Q	–	1.8765	3.3.1
L690QO	–	1.8779	3.3.1
L830M	–	1.8755	3.3.4
M65-23P	–	1.0822	3.19
M90-23P	–	1.0835	3.19
M90-27P	–	1.0838	3.19
M95-23P	–	1.0836	3.19
M95-27P	–	1.0839	3.19
M100-23P	–	1.0879	3.19
M100-27P	–	1.9840	3.19
M100-30P	–	1.0852	3.19
M105-30P	–	1.0886	3.19
M110-23S	–	1.0863	3.19
M110-27P	–	1.9841	3.19
M110-30P	–	1.9887	3.19
M115-35P	–	1.0855	3.19
M120-23S	–	1.0864	3.19
M120-27S	–	1.0868	3.19
M120-30S	–	1.9858	3.19
M125-35P	–	1.0854	3.19
M127-23S	–	1.0860	3.19
M130-27S	VM 130-27 S	1.0866	3.19
M130-30S	–	1.0859	3.19
M135-35S	–	19854	3.19
M140-27S	VM 89-27 N	1.0865	3.19
M140-30S	VM 140-30 S	1.0862	3.19
M145-35S	–	1.9855	3.19
M150-30S	VM 97-30 N	1.0861	3.19
M155-35S	–	1.9856	3.19
M165-35S	VM 111-35 N	1.0856	3.19
M210-35A	–	1.0802	3.19
M230-50A	–	1.0837	3.19
M235-35A	–	1.0890	3.19
M250-35A	V 250-35 A	1.0800	3.19
M250-50A	–	1.0891	3.19
M270-35A	V 270-35 A	1.0801	3.19
M270-50A	V 270-50 A	1.0806	3.19
M290-50A	V 290-50 A	1.0807	3.19
M300-35A	V 300-35 A	1.0803	3.19
M310-50A	V 310-50 A	1.0808	3.19

2.3 Neue Werkstoffbezeichnungen (EN)

Auflistung in alphanumerischer Reihenfolge

New steel names (EN)

Listing in alphanumerical order

EN-Werkstoff-Kurzname (neu) EN steel name (new)	Werkstoff-Kurzname (alt) Steel name (old)	Werkstoff-Nr. Material number	Abschnitt Section
M310-65A	–	1.0892	3.19
M330-35A	V 330-35 A	1.0804	3.19
M330-50A	V 330-50 A	1.0809	3.19
M330-65A	V 330-65 A	1.0819	3.19
M340-50E	VE 340-50	1.0841	3.19
M340-50K	–	1.0841	3.19
M350-50A	V 350-50 A	1.0810	3.19
M350-65A	V 350-65 A	1.0820	3.19
M390-50E	VE 390-50	1.0842	3.19
M390-50K	–	1.0842	3.19
M390-65E	VE 390-65	1.0846	3.19
M390-65K	–	1.0846	3.19
M400-50A	V 400-50 A	1.0811	3.19
M400-65A	V 400-65 A	1.0821	3.19
M450-50E	VE 450-50	1.0843	3.19
M450-50K	–	1.0843	3.19
M450-65E	VE 450-65	1.0847	3.19
M450-65K	–	1.0847	3.19
M470-50A	V 470-50 A	1.0812	3.19
M470-65A	V 470-65 A	1.0823	3.19
M520-65E	VE 520-65	1.0848	3.19
M520-65K	–	1.0848	3.19
M530-50A	V 530-50 A	1.0813	3.19
M530-65A	V 530-65 A	1.0824	3.19
M560-50E	VE 560-50	1.0844	3.19
M560-50K	–	1.0844	3.19
M600-50A	V 600-50 A	1.0814	3.19
M600-65A	V 600-65 A	1.0825	3.19
M600-100A	–	1.0893	3.19
M630-65E	VE 630-65	1.0849	3.19
M630-65K	–	1.0849	3.19
M660-50D	VH 660-50	1.0361	3.19
M660-50K	–	1.0361	3.19
M700-50A	V 700-50 A	1.0815	3.19
M700-65A	V 700-65 A	1.0826	3.19
M700-100A	–	1.0894	3.19
M800-50A	V 800-50 A	1.0816	3.19
M800-65A	V 800-65 A	1.0827	3.19
M800-65D	VH 800-65	1.0364	3.19
M800-65K	–	1.0364	3.19
M800-100A	–	1.0895	3.19

2.3 Neue Werkstoffbezeichnungen (EN)

Auflistung in alphanumerischer Reihenfolge

New steel names (EN)

Listing in alphanumerical order

EN-Werkstoff-Kurzname (neu) EN steel name (new)	Werkstoff-Kurzname (alt) Steel name (old)	Werk-stoff-Nr. Material number	Abschnitt Section
M890-50D	VH 890-50	1.0362	3.19
M890-50K	–	1.0362	3.19
M940-50A	–	1.0817	3.19
M1000-65A	–	1.0829	3.19
M1000-65D	VH 1000-65	1.0365	3.19
M1000-65K	–	1.0365	3.19
M1000-100A	–	1.0896	3.19
M1050-50D	VH 1050-50	1.0363	3.19
M1050-50K	–	1.0363	3.19
M1200-65D	VH 1200-65	1.0366	3.19
M1200-65K	–	1.0366	3.19
M1300-100A	–	1.0897	3.19
NiCr20TiAl	NiCr 20 TiAl	2.4952	3.11
NiFe25Cr20NbTi	NiFe 25 Cr 20 NbTi	2.4955	3.11
P195GH	–	1.0348	3.3.3, 3.3.4
P195GH	UH I	1.0348	3.6
P195TR1	–	1.0107	3.3.3, 3.3.4
P195TR2	–	1.0108	3.3.3, 3.3.4
P215NL	–	1.0451	3.3.3, 3.3.4, 3.3.5
P235GH	–	1.0345	3.3.3, 3.3.4, 3.3.5
P235GH	H I	1.0345	3.6
P235S	–	1.0112	3.6
P235TR1	St 37.0	1.0254	3.3.3, 3.3.4
P235TR2	St 37.4	1.0255	3.3.3, 3.3.4, 3.3.5
P245GH	–	1.0352	3.6
P250GH	C 22.8	1.0460	3.6
P255QL	–	1.0452	3.3.3
P265	–	1.0424	3.6
P265GH	–	1.0425	3.3.3, 3.3.4, 3.3.5
P265GH	H II	1.0425	3.6
P265NL	–	1.0453	3.3.3, 3.3.4, 3.3.5
P265S	–	1.0130	3.6
P265TR1	–	1.0258	3.3.3, 3.3.4
P265TR2	–	1.0259	3.3.3, 3.3.4, 3.3.5
P275N	StE 285	1.0486	3.2
P275NH	–	1.0487	3.6

2.3 Neue Werkstoffbezeichnungen (EN)

Auflistung in alphanumerischer Reihenfolge

New steel names (EN)

Listing in alphanumerical order

EN-Werkstoff-Kurzname (neu) EN steel name (new)	Werkstoff Kurzname (alt) Steel name (old)	Werk-stoff-Nr. Material number	Abschnitt Section
P275NH	WStE 285	1.0487	3.2
P275NL1	TStE 285	1.0488	3.2, 3.3.3, 3.3.4
P275NL2	EStE 285	1.1104	3.2, 3.3.3, 3.3.4
P275QH	–	1.0478	3.2
P275SL	–	1.1100	3.6
P280GH	–	1.0426	3.6
P285NH	–	1.0477	3.2
P295GH	17 Mn 4	1.0481	3.6
P305GH	–	1.0436	3.6
P355GH	19 Mn 6	1.0473	3.6
P355M	–	1.8821	3.2
P355ML1	–	1.8832	3.2
P355ML2	–	1.8833	3.2
P355N	StE 355	1.0562	3.2, 3.3.3, 3.3.4, 3.3.5
P355NH	WStE 355	1.0565	3.2, 3.3.3, 3.3.4, 3.3.5, 3.6
P355NL1	TStE 355	1.0566	3.2, 3.3.3, 3.3.4, 3.3.5
P355NL2	EStE 355	1.1106	3.2, 3.3.3, 3.3.4
P355Q	–	1.8866	3.2
P355QH	–	1.8867	3.2, 3.6
P355QH1	–	1.0571	3.2
P355QL1	–	1.8868	3.2
P355QL2	–	1.8869	3.2
P420M	–	1.8824	3.2
P420ML1	–	1.8835	3.2
P420ML2	–	1.8828	3.2
P420NH	WStE 420	1.8932	3.2
P420QH	–	1.8936	3.2
P460M	–	1.8826	3.2
P460ML1	–	1.8837	3.2
P460ML2	–	1.8831	3.2
P460N	StE 460	1.8905	3.2, 3.3.3, 3.3.4
P460NH	–	1.8935	3.6
P460NH	WStE 460	1.8935	3.2, 3.3.3, 3.3.4

2.3 Neue Werkstoffbezeichnungen (EN)

Auflistung in alphanumerischer Reihenfolge

New steel names (EN)

Listing in alphanumerical order

EN-Werkstoff-Kurzname (neu) EN steel name (new)	Werkstoff-Kurzname (alt) Steel name (old)	Werk-stoff-Nr. Material number	Abschnitt Section
P460NL1	TStE 460	1.8915	3.2, 3.3.3, 3.3.4
P460NL2	EStE 460	1.8918	3.2, 3.3.3, 3.3.4
P460Q	–	1.8870	3.2
P460QH	–	1.8871	3.2, 3.6
P460QL1	–	1.8872	3.2
P460QL2	–	1.8864	3.2
P500Q	–	1.8873	3.2
P500QH	–	1.8874	3.2, 3.6
P500QL1	–	1.8875	3.2
P500QL2	–	1.8865	3.2
P620Q	–	1.8876	3.3.3
P620QH	–	1.8877	3.3.3
P620QL	–	1.8890	3.3.3
P690Q	–	1.8879	3.2, 3.3.3
P690QH	–	1.8880	3.2, 3.3.3, 3.6
P690QL1	–	1.8881	3.2, 3.3.3
P690QL2	–	1.8888	3.2, 3.3.3
S185	St 33	1.0035	3.1, 3.3.4
S195T	–	1.0026	3.3.1
S205G2T	RSt 34-2	1.0034	3.3.4
S215GAlT	St 30 Al	1.0212	3.3.3
S215GSiT	St 30 Si	1.0211	3.3.3
S220GD	–	1.0241	3.5
S235G2T	St 35	1.0308	3.3.3
S235J0	St 37-3U	1.0114	3.1
S235J0C	–	1.0115	3.1
S235J0W	–	1.8958	3.14
S235J2	S235J2G4	1.0117	3.1
S235J2C	S235J2G4C	1.0119	3.1
S235J2G3	St 37-3N	1.0116	3.1
S235J2G3C	–	1.0118	3.1
S235J2G3Cu	St 37-3 Cu3	1.0166	3.1
S235J2G3CuC	–	1.0171	3.1
S235J2G4	–	1.0117	3.1
S235J2G4C	–	1.0119	3.1
S235J2W	WTSt 37-3	1.8961	3.14
S235JR	RSt 37-2	1.0038	3.1
S235JR	St 37-2	1.0037	3.1

2.3 Neue Werkstoffbezeichnungen (EN)

Auflistung in alphanumerischer Reihenfolge

New steel names (EN)

Listing in alphanumerical order

EN-Werkstoff-Kurzname (neu) EN steel name (new)	Werkstoff-Kurzname (alt) Steel name (old)	Werk-stoff-Nr. Material number	Abschnitt Section
S235JRC	–	1.0120	3.1
S235JRC	S235JRG2C	1.0122	3.1
S235JRG1	USt 37-2	1.0036	3.1
S235JRG1C	UQSt 37-2	1.0121	3.1
S235JRG2	RSt 37-2	1.0038	3.1
S235JRG2C	RQSt 37-2	1.0122	3.1
S235JRG2Cu	RSt 37-3 Cu3	1.0167	3.1
S235JRG2CuC	RQSt 37-3 Cu3	1.0170	3.1
S235JRH	–	1.0039	3.3.2
S240GP	StSp 37	1.0021	3.1
S250GD	St E250-2Z	1.0242	3.5
S255GT	St 45	1.0408	3.3.3
S260NC	QStE 260 N	1.0971	3.4
S270GP	StSp 45	1.0023	3.1
S275J0	St 44-3U	1.0143	3.1
S275J0C	–	1.0140	3.1
S275J0H	–	1.0149	3.3.2
S275J2	S275J2G4	1.0145	3.1
S275J2C	S275J2G4C	1.0142	3.1
S275J2G3	St 44-3N	1.0144	3.1
S275J2G3C	–	1.0141	3.1
S275J2G4	–	1.0145	3.1
S275J2G4C	–	1.0142	3.1
S275J2H	–	1.0138	3.3.2
S275JR	St 44-2	1.0044	3.1
S275JRC	QSt 44-2	1.0128	3.1
S275M	–	1.8818	3.2
S275MH	–	1.8843	3.3.2
S275ML	–	1.8819	3.2
S275MLH	–	1.8844	3.3.2
S275N	–	1.0490	3.2
S275NH	–	1.0493	3.3.2
S275NL	–	1.0491	3.2
S275NLH	–	1.0497	3.3.2
S280GD	St E280-2Z	1.0244	3.5
S315MC	–	1.0972	3.4
S315NC	–	1.0973	3.4
S320GD	St E320-3Z	1.0250	3.5
S320GP	–	1.0046	3.1
S350GD	StE350-3Z	1.0529	3.5
S355GP	StSp S	1.0083	3.1

2.3 Neue Werkstoffbezeichnungen (EN)

Auflistung in alphanumerischer Reihenfolge

New steel names (EN)

Listing in alphanumerical order

EN-Werkstoff-Kurzname (neu) EN steel name (new)	Werkstoff-Kurzname (alt) Steel name (old)	Werk-stoff-Nr. Material number	Abschnitt Section
S355GT	St 52	1.0580	3.3.3
S355J0	St 52-3U	1.0553	3.1
S355J0C	–	1.0554	3.1
S355J0H	–	1.0547	3.3.2
S355J0W	–	1.8959	3.14
S355J0WP	–	1.8945	3.14
S355J2	S355J2G4	1.0577	3.1
S355J2C	S355J2G4C	1.0579	3.1
S355J2G1W	WTSt 52-3	1.8963	3.14
S355J2G3	St 52-3	1.0570	3.1
S355J2G3C	–	1.0569	3.1
S355J2G3Cu	St 52-3 Cu3	1.0585	3.1
S355J2G3CuC	QSt 53-2 Cu3	1.0587	3.1
S355J2G4	–	1.0577	3.1
S355J2G4C	–	1.0579	3.1
S355J2H	–	1.0576	3.3.2
S355J2W	–	1.8965	3.14
S355J2WP	–	1.8946	3.14
S355JR	–	1.0045	3.1
S355JRC	–	1.0551	3.1
S355K2	S355K2G4	1.0596	3.1
S355K2C	S355K2G4C	1.0594	3.1
S355K2G3	–	1.0595	3.1
S355K2G3C	–	1.0593	3.1
S355K2G4	–	1.0596	3.1
S355K2G4C	–	1.0594	3.1
S355K2H	–	1.0512	3.3.2
S355K2W	–	1.8967	3.14
S355M	StE 355 TM	1.8823	3.2
S355MC	–	1.0976	3.4
S355MH	–	1.8845	3.3.2
S355ML	TStE 355 TM	1.8834	3.2
S355MLH	–	1.8846	3.3.2
S355N	–	1.0545	3.2
S355NC	–	1.0977	3.4
S355NH	–	1.0539	3.3.2
S355NL	–	1.0546	3.2
S355NLH	–	1.0549	3.3.2
S380NL	TStE 380	1.8910	3.2
S390GD	–	1.0238	3.5
S390GP	–	1.0522	3.1

2.3 Neue Werkstoffbezeichnungen (EN)

Auflistung in alphanumerischer Reihenfolge

New steel names (EN)

Listing in alphanumerical order

EN-Werkstoff-Kurzname (neu) EN steel name (new)	Werkstoff-Kurzname (alt) Steel name (old)	Werk-stoff-Nr. Material number	Abschnitt Section
S420GD	–	1.0239	3.5
S420M	–	1.8825	3.2
S420MC	QStE 420 TM	1.0980	3.4
S420MH	–	1.8847	3.3.2
S420ML	–	1.8836	3.2
S420MLH	–	1.8848	3.3.2
S420N	StE 420	1.8902	3.2
S420NC	QStE 420 N	1.0981	3.4
S420NH	–	1.8750	3.3.2
S420NH	–	1.8751	3.3.2
S420NL	TStE 420	1.8912	3.2
S430GP	–	1.0523	3.1
S450GD	–	1.0233	3.5
S450J0	QStE 420 TM	1.0590	3.1
S460M	StE 460 TM	1.8827	3.2
S460MC	QStE 460 TM	1.0982	3.4
S460MH	–	1.8849	3.3.2
S460ML	TStE 460 TM	1.8838	3.2
S460MLH	–	1.8850	3.3.2
S460N	–	1.8901	3.2
S460NH	–	1.8953	3.3.2
S460NL	–	1.8903	3.2
S460NLH	–	1.8956	3.3.2
S460Q	–	1.8908	3.2
S460QL	–	1.8906	3.2
S460QL1	–	1.8916	3.2
S500MC	QStE 500 TM	1.0984	3.4
S500Q	–	1.8924	3.2
S500QL	–	1.8909	3.2
S500QL1	–	1.8984	3.2
S550GD	–	1.0531	3.5
S550MC	QStE 550 TM	1.0986	3.4
S550Q	–	1.8904	3.2
S550QL	–	1.8926	3.2
S550QL1	–	1.8986	3.2
S600MC	–	1.8969	3.4
S620Q	–	1.8914	3.2
S620QL	–	1.8927	3.2
S620QL1	–	1.8987	3.2
S650MC	–	1.8976	3.4
S690Q	–	1.8931	3.2

2.3 Neue Werkstoffbezeichnungen (EN)

Auflistung in alphanumerischer Reihenfolge

New steel names (EN)

Listing in alphanumerical order

EN-Werkstoff-Kurzname (neu) EN steel name (new)	Werkstoff-Kurzname (alt) Steel name (old)	Werk-stoff-Nr. Material number	Abschnitt Section
S690QL	–	1.8928	3.2
S690QL1	–	1.8988	3.2
S700MC	–	1.8974	3.4
S770QL	–	1.8938	3.2
S790QL1	–	1.8939	3.2
S890Q	–	1.8940	3.2
S890QL	–	1.8983	3.2
S890QL1	–	1.8925	3.2
S900MC	–	1.8798	3.4
S960MC	–	1.8799	3.4
S960Q	–	1.8941	3.2
S960QL	–	1.8933	3.2
X1CrNb15	–	1.4595	3.10.1
X1CrNi25-21	–	1.4335	3.3.3, 3.3.5
X1CrNi25-21	X 1 CrNi 25 21	1.4335	3.10.1
X1CrNiMoAlTi12-10-2	–	1.4596	3.10.1
X1CrNiMoAlTi12-11-2	–	1.4612	3.10.1
X1CrNiMoAlTi12-9-2	–	1.4530	3.10.1
X1CrNiMoCu12-5-2	–	1.4422	3.10.1
X1CrNiMoCu12-7-3	–	1.4423	3.10.1
X1CrNiMoCuN20-18-7	–	1.4547	3.3.3, 3.3.4, 3.3.5, 3.10.1
X1CrNiMoCuN24-22-8	–	1.4652	3.10.1
X1CrNiMoCuN25-25-5	–	1.4537	3.10.1
X1CrNiMoCuNW24-22-6	–	1.4659	3.10.1
X1CrNiMoN25-22-2	–	1.4466	3.3.3, 3.10.1
X1CrNiMoN25-25-2	X 1 CrNiMoN 25 25 2	1.4465	3.10.1
X1CrNiMoTi18-13-2	X 1 CrNiMoTi 18 13 2	1.4561	3.10.1
X1CrNiSi18-15-4	X 2 CrNiSi 18 15[a]	1.4361	3.10.1
X1NiCrMoCu25-20-5	–	1.4539	3.3.3, 3.3.4, 3.3.5
X1NiCrMoCu25-20-5	X 1 NiCrMoCuN 25 20 5	1.4539	3.10.1
X1NiCrMoCu25-20-5	X 2 NiCrMoCu 25 20 5[a]	1.4539	3.17
X1NiCrMoCu31-27-4	–	1.4563	3.3.3, 3.3.4, 3.3.5
X1NiCrMoCu31-27-4	X 1 NiCrMoCuN 31 27	1.4563	3.10.1
X1NiCrMoCuN25-20-7	–	1.4529	3.3.3, 3.3.4, 3.3.5
X1NiCrMoCuN25-20-7	X 1 NiCrMoCuN 25 20 6	1.4529	3.10.1
X2CrAlSiNb18	–	1.4634	3.10.1
X2CrAlTi18-2	–	1.4605	3.10.1

2.3 Neue Werkstoffbezeichnungen (EN)

Auflistung in alphanumerischer Reihenfolge

New steel names (EN)

Listing in alphanumerical order

EN-Werkstoff-Kurzname (neu) EN steel name (new)	Werkstoff-Kurzname (alt) Steel name (old)	Werkstoff-Nr. Material number	Abschnitt Section
X2CrCuNbTiV22-1	–	1.4622	3.10.1
X2CrCuNiN23-2-2	–	1.4669	3.10.1
X2CrMnNi21-5-1	–	1.4162	3.10.1
X2CrMnNiMoN21-5-3	–	1.4482	3.10.1
X2CrMnNiN17-7-5	–	1.4371	3.10.1
X2CrMnTi12	–	1.4600	3.10.1
X2CrMoTi17-1	–	1.4513	3.10.1
X2CrMoTi18-2	–	1.4521	3.3.4
X2CrMoTi18-2	X 2 CrMoTi 18 2	1.4521	3.10.1
X2CrMoTi29-4	–	1.4592	3.10.1
X2CrMoTiS18-2	–	1.4523	3.10.1
X2CrNbCu21	–	1.4621	3.10.1
X2CrNbTi20	–	1.4607	3.10.1
X2CrNbZr17	–	1.4590	3.10.1
X2CrNi12	–	1.4003	3.3.4
X2CrNi12	X 2 Cr 11	1.4003	3.10.1
X2CrNi18-9	–	1.4307	3.3.3, 3.3.4, 3.3.5, 3.10.1
X2CrNi19-11	X 2 CrNi 19 11	1.4306	3.3.3, 3.3.4, 3.3.5, 3.10.1
X2CrNiCu19-10	–	1.4650	3.10.1
X2CrNiCuN23-4	–	1.4655	3.10.1
X2CrNiMnMoCuN24-4-3-2	–	1.4662	3.10.1
X2CrNiMnMoN25-18-6-5	–	1.4565	3.10.1
X2CrNiMnMoNbN25-18-5-4	X 3 CrNiMnMoNbN 23 17 5 3	1.4565	3.10.1
X2CrNiMo17-12-2	X 2 CrNiMo 17 13 2	1.4404	3.3.3, 3.3.4, 3.3.5
X2CrNiMo17-12-2	X 5 CrNiMo 18 10	1.4404	3.10.1
X2CrNiMo17-12-3	–	1.4432	3.3.4, 3.3.5, 3.10.1
X2CrNiMo18-14-3	X 2 CrNiMo 18 14 3	1.4435	3.3.3, 3.3.4, 3.3.5, 3.10.1
X2CrNiMo18-15-4	–	1.4438	3.3.4, 3.3.5
X2CrNiMo18-15-4	X 2 CrNiMo 18 16 4	1.4438	3.10.1
X2CrNiMoCoN28-8-5-1	–	1.4658	3.10.1
X2CrNiMoCuN25-6-3	–	1.4507	3.3.3, 3.3.5, 3.10.1
X2CrNiMoCuS17-10-2	–	1.4598	3.10.1
X2CrNiMoCuWN25-7-4	–	1.4501	3.3.3, 3.3.4, 3.3.5, 3.10.1
X2CrNiMoN17-11-2	X 2 CrNiMo 17 13 2	1.4406	3.10.1

2.3 Neue Werkstoffbezeichnungen (EN)

Auflistung in alphanumerischer Reihenfolge

New steel names (EN)

Listing in alphanumerical order

EN-Werkstoff-Kurzname (neu) EN steel name (new)	Werkstoff-Kurzname (alt) Steel name (old)	Werk-stoff-Nr. Material number	Abschnitt Section
X2CrNiMoN17-13-3	X 2 CrNiMoN 17 13 3	1.4429	3.3.3, 3.3.4, 3.3.5, 3.10.1
X2CrNiMoN17-13-5	X 2 CrNiMoN 17 13 5	1.4439	3.3.3, 3.3.4, 3.3.5, 3.10.1
X2CrNiMoN18-12-4	–	1.4434	3.10.1
X2CrNiMoN21-9-1	–	1.4420	3.10.1
X2CrNiMoN22-5-3	–	1.4462	3.3.3, 3.3.4, 3.3.5, 3.17
X2CrNiMoN22-5-3	X 2 CrNiMoN 22 5 3	1.4462	3.10.1
X2CrNiMoN25-7-4	–	1.4410	3.3.3, 3.3.4, 3.3.5, 3.10.1
X2CrNiMoN29-7-2	–	1.4477	3.3.3, 3.10.1
X2CrNiMoSi18-5-3	–	1.4424	3.3.3, 3.10.1
X2CrNiMoV13-5-2	–	1.4415	3.10.1
X2CrNiN18-10	X 2 CrNiN 18 10	1.4311	3.3.3, 3.3.4, 3.3.5, 3.10.1
X2CrNiN18-7	–	1.4318	3.3.4
X2CrNiN18-7	X 2 CrNiN 18 7	1.4318	3.10.1
X2CrNiN22-2	–	1.4062	3.10.1
X2CrNiN23-4	–	1.4362	3.3.3, 3.3.4, 3.3.5
X2CrNiN23-4	X 2 CrNiN 23 4	1.4362	3.10.1
X2CrSiTi15	–	1.4630	3.10.1
X2CrTi12	–	1.4512	3.3.3
X2CrTi12	X 2 CrTi 12	1.4512	3.3.4
X2CrTi12	X 6 CrTi 12	1.4512	3.10.1
X2CrTi17	X 1 CrTi 15	1.4520	3.10.1
X2CrTi21	–	1.4611	3.10.1
X2CrTi24	–	1.4613	3.10.1
X2CrTiNb18	–	1.4509	3.3.4, 3.10.1
X2NiCrAlTi32-20	–	1.4558	3.3.3
X2NiCrAlTi32-20	X 2 NiCrAlTi 32 20	1.4558	3.10.1
X3CrAlTi18-2	–	1.4736	3.10.2
X3CrMnNiCu15-8-5-3	–	1.4615	3.10.1
X3CrNb17	–	1.4511	3.3.4
X3CrNb17	X 6 CrNb 17	1.4511	3.10.1
X3CrNiCu18-9-4	X 3 CrNiCu 18 9	1.4567	3.10.1
X3CrNiCu19-9-2	–	1.4560	3.10.1
X3CrNiCuMo17-11-3-2	–	1.4578	3.10.1
X3CrNiMo13-4	X 4 CrNi 13 4	1.4313	3.10.1
X3CrNiMo17-13-3	X 5 CrNiMo 17 13 3	1.4436	3.3.3, 3.3.4, 3.3.5, 3.10.1

2.3 Neue Werkstoffbezeichnungen (EN)

Auflistung in alphanumerischer Reihenfolge

New steel names (EN)

Listing in alphanumerical order

EN-Werkstoff-Kurzname (neu) EN steel name (new)	Werkstoff Kurzname (alt) Steel name (old)	Werk-stoff-Nr. Material number	Abschnitt Section
X3CrNiMo18-12-3	–	1.4449	3.10.1
X3CrNiMoBN17-13-3	X 3CrNiMoN 17 13	1.4910	3.3.3, 3.10.3
X3CrNiMoN27-5-2	–	1.4460	3.3.3
X3CrNiMoN27-5-2	X 8 CrNiMo 27 5	1.4460	3.10.1
X3CrNiMoTi25-25	X 3 CrNiMoTi 25 25	1.4577	3.10.1
X3CrTi17	–	1.4510	3.3.3
X3CrTi17	X 3 CrTi 17	1.4510	3.3.4
X3CrTi17	X 6 CrTi 17	1.4510	3.10.1
X4CrNi18-12	X 5 CrNi 18 12	1.4303	3.10.1
X4CrNiMo16-5-1	X 4 CrNiMo 16 5	1.4418	3.10.1
X4NiCrMoCuNb20-18-2	X 4 NiCrMoCuNb 20 18 2	1.4505	3.10.1
X5CrNi17-7	–	1.4319	3.10.1
X5CrNi18-10	–	1.4301	3.17
X5CrNi18-10	X 5 CrNi 18 10	1.4301	3.3.3, 3.3.4, 3.3.5, 3.10.1
X5CrNiCu19-6-2	–	1.4640	3.10.1
X5CrNiCuNb16-4	X 5 CrNiCuNb 17 4[a]	1.4542	3.10.1
X5CrNiMo17-12-2	X 5 CrNiMo 17 12 2	1.4401	3.3.3, 3.3.4, 3.3.5, 3.10.1
X5CrNiMo17-12-2	X 5 CrNiMo 18 10	1.4401	3.17
X5CrNiMoCuNb14-5	–	1.4594	3.10.1
X5CrNiMoTi15-2	–	1.4589	3.10.1
X5CrNiN19-9	–	1.4315	3.10.1
X5NiCrAlTi31-20	X 5 NiCrAlTi 31 20	1.4958	3.3.3
X5NiCrAlTi31-20	X 5 NiCrAlTi 31 20	1.4958	3.10.3
X5NiCrTiMoVB25-15-2	–	1.4606	3.10.1
X6Cr13	X 6 Cr 13	1.4000	3.10.1
X6Cr17	–	1.4016	3.3.3, 3.3.4, 3.17
X6Cr17	X 6 Cr 17	1.4016	3.10.1
X6CrAl13	–	1.4002	3.3.3
X6CrAl13	X 6 CrAl 13	1.4002	3.10.1
X6CrMnNiCuN18-12-4-2	–	1.4646	3.10.1
X6CrMnNiN18-13-3	–	1.4378	3.10.1
X6CrMo17-1	X 6 CrMo 17 1	1.4113	3.10.1
X6CrMoNb17-1	–	1.4526	3.3.4, 3.10.1
X6CrMoS17	X 4 CrMoS 18	1.4105	3.10.1
X6CrNi17-1	–	1.4017	3.10.1
X6CrNi18-10	X 6 CrNi 18 11	1.4948	3.3.3, 3.10.3
X6CrNi23-13	–	1.4950	3.10.3
X6CrNi25-20	–	1.4951	3.10.3

2.3 Neue Werkstoffbezeichnungen (EN)

Auflistung in alphanumerischer Reihenfolge

New steel names (EN)

Listing in alphanumerical order

EN-Werkstoff-Kurzname (neu) EN steel name (new)	Werkstoff-Kurzname (alt) Steel name (old)	Werk-stoff-Nr. Material number	Abschnitt Section
X6CrNiCuS18-9-2	–	1.4570	3.10.1
X6CrNiMo17-13-2	–	1.4918	3.3.3, 3.10.3
X6CrNiMoB17-12-2	X 6 CrNiMo 17 13	1.4919	3.10.3
X6CrNiMoNb17-12-2	X 6 CrNiMoNb 17 12 2	1.4580	3.3.3, 3.10.1
X6CrNiMoTi17-12-2	X 6 CrNiMoTi 17 12 2	1.4571	3.3.3, 3.3.4, 3.3.5, 3.10.1
X6CrNiMoTiB17-13	–	1.4983	3.10.3
X6CrNiNb18-10	X 6 CrNiNb 18 10	1.4550	3.3.3, 3.3.4, 3.3.5, 3.10.1
X6CrNiSiNCe19-10	–	1.4818	3.3.4, 3.10.2
X6CrNiTi12	–	1.4516	3.10.1
X6CrNiTi18-10	X 6 CrNiTi 18 10	1.4541	3.3.3, 3.3.4, 3.3.5, 3.10.1
X6CrNiTiB18-10	X 8 CrNiTi 18 10	1.4941	3.3.3, 3.10.3
X6CrNiWNbN16-16	X 6 CrNiWNb 16 16	1.4945	3.10.3
X6NiCrNbCe32-27	–	1.4877	3.10.2
X6NiCrSiNCe35-25	–	1.4854	3.3.3, 3.3.4, 3.10.2
X6NiCrTiMoVB25-15-2	–	1.4980	3.10.3
X7CrNiAl17-7	X 7 CrNiAl 17 7	1.4568	3.10.1, 3.17
X7CrNiMoBNb16-16	X 8 CrNiMoBNb 16 16	1.4986	3.6, 3.10.3
X7CrNiNb18-10	–	1.4912	3.3.3, 3.10.3
X7CrNiTi18-10	–	1.4940	3.3.3, 3.10.3
X7Ni9	–	1.5663	3.13
X7NiMo6	X 7 NiMo 6	1.6349	3.13
X8CrCoNiMo10-6	–	1.4911	3.10.3
X8CrMnCuNB17-8-3	–	1.4597	3.10.1
X8CrMnNi19-6-3	–	1.4376	3.10.1
X8CrMnNiN18-9-5	–	1.4374	3.10.1
X8CrNi25-21	–	1.4845	3.3.3
X8CrNi25-21	–	1.4845	3.3.4
X8CrNi25-21	X 12 CrNi 25 21	1.4845	3.10.2
X8CrNiMoAl15-7-2	–	1.4532	3.10.1
X8CrNiMoNb16-16	X 8 CrNiMoNb 16 16	1.4981	3.3.3, 3.10.3
X8CrNiMoVNb16-13	X 8 CrNiMoVNb 16 13	1.4988	3.3.3, 3.10.3
X8CrNiNb16-13	X 8 CrNiNb 16 13	1.4961	3.3.3, 3.10.3
X8CrNiS18-9	–	1.4305	3.3.3
X8CrNiS18-9	X 10 CrNiS 18 9	1.4305	3.10.1
X8CrNiTi18-10	–	1.4878	3.3.3
X8CrNiTi18-10	X 12 CrNiTi 18 9	1.4878	3.10.2
X8Ni9	X 8 Ni 9	1.5662	3.13

2.3 Neue Werkstoffbezeichnungen (EN)

Auflistung in alphanumerischer Reihenfolge

New steel names (EN)

Listing in alphanumerical order

EN-Werkstoff-Kurzname (neu) EN steel name (new)	Werkstoff-Kurzname (alt) Steel name (old)	Werk-stoff-Nr. Material number	Abschnitt Section
X8NiCrAlTi32-21	X 8 NiCrAlTi 32 21	1.4959	3.3.3, 3.10.3
X9CrMnNiCu17-8-5-2	–	1.4618	3.10.1
X9CrNi18-9	–	1.4325	3.10.1
X9CrNiSiNCe21-11-2	–	1.4835	3.3.3, 3.3.4, 3.10.2
X10CrAlSi13	X 10 CrAl 13	1.4724	3.10.2
X10CrAlSi18	X 10 CrAl 18	1.4742	3.10.2
X10CrAlSi25	X 10 CrAl 24	1.4762	3.10.2
X10CrAlSi7	X 10 CrAl 7	1.4713	3.10.2
X10CrMoVNb9-1	–	1.4903	3.3.3, 3.3.5, 3.6, 3.10.3
X10CrNi18-8	X 12 CrNi 17 7	1.4310	3.10.1, 3.17
X10CrNiMoMnNbVB15-10-1	–	1.4982	3.3.3, 3.10.3
X10CrWMoVNb9-2		1.4901	3.3.3
X10Ni9	–	1.5682	3.3.3, 3.3.5
X10NiCrAlTi32-21	–	1.4876	3.3.3
X10NiCrAlTi32-21	X 10 NiCrAlTi 32 20	1.4876	3.10.2
X10NiCrSi35-19	–	1.4886	3.10.2
X10NiCrSiNb35-22	–	1.4887	3.10.2
X11CrMo5	–	1.7362	3.3.3
X11CrMo5	12 CrMo 19 5	1.7362	3.3.3, 3.3.5
X11CrMo9-1	X 12 CrMo 9 1	1.7386	3.3.3, 3.3.5
X11CrMoWVNb9-1-1		1.4905	3.3.3, 3.10.3
X11CrNiMnN19-8-6	–	1.4369	3.10.1, 3.17
X12Cr13	–	1.4006	3.3.3
X12Cr13	X 10 Cr 13	1.4006	3.10.1
X12CrCoNi21-20	–	1.4971	3.10.3
X12CrMnNiN17-7-5	–	1.4372	3.10.1, 3.17
X12CrMnNiN18-9-5	–	1.4373	3.10.1
X12CrMo5	–	1.7362	3.6
X12CrMoWVNbN10-1-1	–	1.4906	3.6
X12CrNi23-13	–	1.4833	3.3.3, 3.3.4
X12CrNi23-13	X 7 CrNi 23 14	1.4833	3.10.2
X12CrNiMoV12-3	–	1.4938	3.10.3
X12CrNiWTiB16-13	–	1.4962	3.10.3
X12CrS13	–	1.4005	3.10.1
X12Ni5	12 Ni 19	1.5680	3.3.3, 3.13
X12NiCrSi35-16	X 12 NiCrSi 36 16	1.4864	3.10.2
X13CrMnNiN18-13-2	–	1.4020	3.10.1
X14CrMoS17	X 12 CrMoS 17	1.4104	3.10.1

2.3 Neue Werkstoffbezeichnungen (EN)

Auflistung in alphanumerischer Reihenfolge

New steel names (EN)

Listing in alphanumerical order

EN-Werkstoff-Kurzname (neu) EN steel name (new)	Werkstoff-Kurzname (alt) Steel name (old)	Werk-stoff-Nr. Material number	Abschnitt Section
X14CrMoVNbN10-1	–	1.4902	3.6
X153CrMoV12	X 155 CrVMo 12 1	1.2379	3.16.2
X15Cr13	X 15 Cr 13	1.4024	3.10.1
X15CrNiSi20-12	–	1.4828	3.3.4
X15CrNiSi20-12	X 15 CrNiSi 20 12	1.4828	3.10.2
X15CrNiSi25-21	X 15 CrNiSi 25 20	1.4841	3.10.2
X15CrNiSi25-4	X 20 CrNiSi 25 4	1.4821	3.10.2
X16CrMo5-1	–	1.7366	3.6
X17CrNi16-2	X 20 CrNi 17 2	1.4057	3.10.1
X18CrN28	–	1.4749	3.3.3, 3.10.2
X19CrMoNbVN11-1	X 19 CrMoVNbN 11 1	1.4913	3.6, 3.10.3
X20Cr13	–	1.4021	3.17
X20Cr13	X 20 Cr 13	1.4021	3.10.1
X20CrMo13	X 20 CrMo 13	1.4120	3.10.1
X20CrMoV11-1	X 20 CrMoV 12 1	1.4922	3.3.3, 3.6, 3.10.3
X20CrMoWV12-1	–	1.4935	3.10.3
X21CrMoV12-1	X 21 CrMoV 12 1	1.4926	3.6
X22CrMoV12-1	X 12 CrMoV 12 1	1.4923	3.6, 3.10.3
X25CrMnNiN25-9-7	–	1.4872	3.10.2
X29CrS13	–	1.4029	3.10.1
X30Cr13	–	1.4028	3.17
X30Cr13	X 30 Cr 13	1.4028	3.10.1
X30WCrV9-3	–	1.2581	3.16.3
X33CrNiMnN23-8	–	1.4866	3.11
X35CrWMoV5	–	1.2605	3.16.3
X37CrMoV5-1	X 38 CrMoV 5 1	1.2343	3.16.3
X38CrMo14	–	1.4419	3.10.1
X38CrMo16	X 36 CrMo 17	1.2316	3.16.2
X38CrMoV5-3	X 38 CrMoV 5 3	1.2367	3.16.3
X39Cr13	–	1.4031	3.17
X39Cr13	X 38 Cr 13	1.4031	3.10.1
X39CrMo17-1	X 35 CrMo 17	1.4122	3.10.1
X40Cr14	–	1.2083	3.16.2
X40CrMoV5-1	X 40 CrMoV 5 1	1.2344	3.16.3
X40CrMoVN16-2	–	1.4123	3.10.1
X40CrSiMo10-2	X 40 CrSiMo 10 2	1.4731	3.11
X45CrSi9-3	X 45 CrSi 9 3	1.4718	3.11
X46Cr13	X 46 Cr 13	1.4034	3.10.1
X46CrS13	–	1.4035	3.10.1
X47Cr14	X 45 Cr 13	1.3541	3.10.1, 3.18

2.3 Neue Werkstoffbezeichnungen (EN)

Auflistung in alphanumerischer Reihenfolge

New steel names (EN)

Listing in alphanumerical order

EN-Werkstoff-Kurzname (neu) EN steel name (new)	Werkstoff-Kurzname (alt) Steel name (old)	Werk-stoff-Nr. Material number	Abschnitt Section
X50CrMnNiNbN21-9	X 50 CrMnNiNbN 21 9	1.4882	3.11
X50CrMoV15	X 45 CrMoV 15	1.4116	3.10.1
X53CrMnNiN21-9	X 53 CrMnNiN 21 9	1.4871	3.11
X53CrMnNiNbN21-9	–	1.4870	3.11
X53CrSiMoVN16-2	–	1.4150	3.10.1
X55CrMnNiN20-8	X 55 CrMnNiN 20 8	1.4875	3.11
X55CrMo14	X 55 CrMo 14	1.4110	3.10.1
X65Cr13	X 65 Cr 13	1.4037	3.10.1
X65Cr14	–	1.3542	3.10.1, 3.18
X70CrMo15	X 65 CrMo 14[a]	1.4109	3.10.1
X75WCrV18-4-1	X 75 WCrV 18 4 1	1.3558	3.18
X82WMoCrV6-5-4	X 82 WMoCrV 6 5 4	1.3553	3.18
X85CrMoV18-2	X 85 CrMoV 18 2	1.4748	3.11
X89CrMoV18-1	X 89 CrMoV 18 1	1.3549	3.10.1, 3.18
X90CrMoV18	X 90 CrMoV 18	1.4112	3.10.1
X100CrMoV5	–	1.2363	3.16.2
X105CrMo17	X 105 CrMo 17	1.4125	3.10.1
X108CrMo17	X 102 CrMo 17	1.3543	3.10.1
X108CrMo17	X 102 CrMo 17	1.3543	3.18
X210Cr12	X 210 Cr 12	1.2080	3.16.2
X210CrW12	X 210 CrW 12	1.2436	3.16.2

[a] Der alte Werkstoff-Kurzname ist nicht aus Normen, sondern aus anderer Fachliteratur entnommen.

The old version of material description is not taken from standards, but from the corresponding literature.

3 Anwendungsbereiche mit Angabe der Werkstoffnormen

Fields of application and material standards

3.1 Allgemeine Baustähle

Auflistung nach steigenden Werkstoff-Nummern

Steels for general structural purposes

Listing according to material numbers in numerical order

Stahlsorte/Steel grade		Werkstoffnormen Material standards									
		1990-11	1980-01	1997-05	1994-03	2005-04	1995-08	1995-08	1999-12	1999-10	2008-06
Werk-stoff-Nr. Material number	EN-Werkstoff Kurzname (neu) EN steel name (new)	z DIN 1652-2	z DIN 17100	DIN 5512-1	z DIN EN 10025	DIN EN 10025-2	DIN EN 10248-1	DIN EN 10249-1	DIN EN 10250-2	z DIN EN 10277-2	DIN EN 10277-2
1.0021	S240GP						x				
1.0023	S270GP						x				
1.0035	S185		x		x	x					
1.0036	S235JRG1	x	x		x						
1.0037	S235JR	x	x		x						
1.0038	S235JRG2		x	x	x				x		
1.0038	S235JR		x			x					
1.0038	–	x									
1.0044	S275JR	x	x		x	x					
1.0045	S355JR				x	x					
1.0046	S320GP						x				
1.0050	E295	x	x		x	x					
1.0060	E335	x	x		x	x					
1.0070	E360	x	x		x	x					
1.0083	S355GP						x				
1.0114	S235J0				x	x					
1.0115	S235J0C				x	x					
1.0116	S235J2G3		x	x	x				x		
1.0116	–	x									
1.0117	S235J2G4				x						
1.0117	S235J2				x	x					
1.0118	S235J2G3C			x	x						
1.0119	S235J2G4C				x						
1.0119	S235J2C				x	x					
1.0120	S235JRC				x			x			
1.0121	S235JRG1C		x		x						
1.0122	S235JRG2C	x	x	x	x					x	
1.0122	S235JRC				x	x					x

3.1 Allgemeine Baustähle

Auflistung nach steigenden Werkstoff-Nummern

Steels for general structural purposes

Listing according to material numbers in numerical order

Stahlsorte/Steel grade		Werkstoffnormen Material standards									
		1990-11	1980-01	1997-05	1994-03	2005-04	1995-08	1995-08	1999-12	1999-10	2008-06
Werk-stoff-Nr. Material number	EN-Werkstoff Kurzname (neu) EN steel name (new)	z DIN 1652-2	z DIN 17100	DIN 5512-1	z DIN EN 10025	DIN EN 10025-2	DIN EN 10248-1	DIN EN 10249-1	DIN EN 10250-2	z DIN EN 10277-2	DIN EN 10277-2
1.0128	S275JRC		x		x	x		x			
1.0129	–	x									
1.0140	S275J0C				x	x					
1.0141	S275J2G3C				x						
1.0142	S275J2G4C				x						
1.0142	S275J2C				x	x					
1.0143	S275J0				x	x					
1.0144	S275J2G3	x	x		x						
1.0145	S275J2G4				x						
1.0145	S275J2				x	x					
1.0153	–	x									
1.0159	–	x									
1.0161	–	x									
1.0165	–	x									
1.0166	S235J2G3Cu			x							
1.0167	S235JRG2Cu			x							
1.0168	–	x									
1.0170	S235JRG2CuC			x							
1.0171	S235J2G3CuC			x							
1.0522	S390GP						x				
1.0523	S430GP						x				
1.0533	E295GC	x			x	x				x	x
1.0543	E335GC	x			x	x				x	x
1.0551	S355JRC				x	x					
1.0553	S355J0				x	x					
1.0554	S355J0C				x	x		x			
1.0569	S355J2G3C			x	x					x	
1.0570	S355J2G3		x	x	x				x		
1.0570	–	x									
1.0577	S355J2G4				x						
1.0577	S355J2				x	x					
1.0579	S355J2G4C				x						
1.0579	S355J2C				x	x					x
1.0585	S355J2G3Cu			x							

3.1 Allgemeine Baustähle

Auflistung nach steigenden Werkstoff-Nummern

Steels for general structural purposes

Listing according to material numbers in numerical order

Stahlsorte/Steel grade		Werkstoffnormen Material standards									
Werk-stoff-Nr. Material number	EN-Werkstoff Kurzname (neu) EN steel name (new)	z DIN 1652-2 1990-11	z DIN 17100 1980-01	DIN 5512-1 1997-05	z DIN EN 10025 1994-03	DIN EN 10025-2 2005-04	DIN EN 10248-1 1995-08	DIN EN 10249-1 1995-08	DIN EN 10250-2 1999-12	z DIN EN 10277-2 1999-10	DIN EN 10277-2 2008-06
1.0587	S355J2G3CuC			x							
1.0590	S450J0					x					
1.0593	S355K2G3C				x						
1.0594	S355K2G4C				x						
1.0594	S355K2C				x	x					
1.0595	S355K2G3				x						
1.0596	S355K2G4				x						
1.0596	S355K2				x	x					
1.0597	–	x									
1.0633	E360GC	x			x	x					

z = zurückgezogene Norm
E = Norm-Entwurf
Grau hinterlegte Felder markieren die Normen, in denen die alten DIN-Werkstoff-Kurznamen aufgeführt sind. Diese sind über die Werkstoff-Nummern in Tabelle 2.1 zu finden.

z = withdrawn standard
E = draft standard
Grey shaded fields mark those standards in which the old DIN steel names are listed. These can be found via the material numbers in table 2.1.

3.2 Vergütete und schweißgeeignete Feinkornbaustähle

Auflistung nach steigenden Werkstoff-Nummern

Quenched and weldable fine grain structural steels

Listing according to material numbers in numerical order

Stahlsorte/Steel grade		Werkstoffnormen Material standards																
Werkstoff-Nr. Material number	EN-Werkstoff-Kurzname (neu) EN steel name (new)	z DIN 17102 1983-10	z DIN 17103 1989-10	z SEW 083 1991-10	SEW 090-2 1993-01	z DIN EN 10028-3 1993-04	z DIN EN 10028-5 1997-02	z DIN EN 10028-6 1997-02	z DIN EN 10113-2 1993-04	z DIN EN 10113-3 1993-04	z DIN EN 10137-2 1995-11	DIN EN 10025-3 2005-02	DIN EN 10025-4 2005-04	DIN EN 10025-6 2009-08	DIN EN 10028-3 2009-09	DIN EN 10028-5 2009-09	DIN EN 10028-6 2009-09	DIN EN 10222-4 2001-12
1.0461	–	x																
1.0462	–	x																
1.0463	–	x																
1.0477	P285NH																	x
1.0478	P275QH																	x
1.0486	P275N	x	x			x												
1.0487	–		x															
1.0487	P275NH	x	x			x									x			
1.0488	P275NL1	x	x			x									x			
1.0490	S275N								x			x						
1.0491	S275NL								x			x						
1.0505	–	x																
1.0506	–	x																
1.0508	–	x																
1.0545	S355N								x			x						
1.0546	S355NL								x			x						
1.0562	P355N	x	x			x									x			
1.0565	P355NH	x	x			x									x			x
1.0566	P355NL1	x	x			x									x			
1.0571	P355QH1																	x
1.1103	–	x																
1.1104	P275NL2	x				x									x			
1.1105	–	x																
1.1106	P355NL2	x				x									x			
1.8818	S275M									x			x					
1.8819	S275ML									x			x					
1.8821	P355M						x									x		
1.8823	S355M			x						x			x					
1.8824	P420M						x									x		
1.8825	S420M									x			x					
1.8826	P460M						x									x		
1.8827	S460M			x						x			x					

3.2 Vergütete und schweißgeeignete Feinkornbaustähle

Auflistung nach steigenden Werkstoff-Nummern

Quenched and weldable fine grain structural steels

Listing according to material numbers in numerical order

Stahlsorte/Steel grade		Werkstoffnormen Material standards																
Werk-stoff-Nr. Material number	EN-Werkstoff-Kurzname (neu) EN steel name (new)	z DIN 17102 1983-10	z DIN 17103 1989-10	z SEW 083 1991-10	SEW 090-2 1993-01	z DIN EN 10028-3 1993-04	z DIN EN 10028-5 1997-02	z DIN EN 10028-6 1997-02	z DIN EN 10113-2 1993-04	z DIN EN 10113-3 1993-04	z DIN EN 10137-2 1995-11	DIN EN 10025-3 2005-02	DIN EN 10025-4 2005-04	DIN EN 10025-6 2009-08	DIN EN 10028-3 2009-09	DIN EN 10028-5 2009-09	DIN EN 10028-6 2009-09	DIN EN 10222-4 2001-12
1.8828	P420ML2						x									x		
1.8831	P460ML2						x									x		
1.8832	P355ML1						x									x		
1.8833	P355ML2						x									x		
1.8834	S355ML			x						x			x					
1.8835	P420ML1						x									x		
1.8836	S420ML									x			x					
1.8837	P460ML1						x									x		
1.8838	S460ML			x						x			x					
1.8864	P460QL2							x									x	
1.8865	P500QL2							x									x	
1.8866	P355Q							x									x	
1.8867	P355QH							x									x	
1.8868	P355QL1							x									x	
1.8869	P355QL2							x									x	
1.8870	P460Q							x									x	
1.8871	P460QH							x									x	
1.8872	P460QL1							x									x	
1.8873	P500Q							x									x	
1.8874	P500QH							x									x	
1.8875	P500QL1							x									x	
1.8879	P690Q							x									x	
1.8880	P690QH							x									x	
1.8881	P690QL1							x									x	
1.8888	P690QL2							x									x	
1.8900	–	x																
1.8901	S460N								x			x						
1.8902	S420N	x	x						x			x						
1.8903	S460NL								x			x						
1.8904	S550Q										x			x				
1.8905	P460N	x	x			x												
1.8906	S460QL										x			x				

3.2 Vergütete und schweißgeeignete Feinkornbaustähle

Auflistung nach steigenden Werkstoff-Nummern

Quenched and weldable fine grain structural steels

Listing according to material numbers in numerical order

Stahlsorte/Steel grade		Werkstoffnormen Material standards																
Werk-stoff-Nr. Material number	EN-Werkstoff-Kurzname (neu) EN steel name (new)	z DIN 17102 1983-10	z DIN 17103 1989-10	z SEW 083 1991-10	SEW 090-2 1993-01	z DIN EN 10028-3 1993-04	z DIN EN 10028-5 1997-02	z DIN EN 10028-6 1997-02	z DIN EN 10113-2 1993-04	z DIN EN 10113-3 1993-04	z DIN EN 10137-2 1995-11	DIN EN 10025-3 2005-02	DIN EN 10025-4 2005-04	DIN EN 10025-6 2009-08	DIN EN 10028-3 2009-09	DIN EN 10028-5 2009-09	DIN EN 10028-6 2009-09	DIN EN 10222-4 2001-12
1.8907	–	x	x															
1.8908	S460Q										x			x				
1.8909	S500QL										x			x				
1.8910	S380NL	x																
1.8911	–	x																
1.8912	S420NL	x	x						x			x						
1.8913	–	x																
1.8914	S620Q										x			x				
1.8915	P460NL1	x	x			x									x			
1.8916	S460QL1										x			x				
1.8917	–	x	x															
1.8918	P460NL2	x				x									x			
1.8919	–	x																
1.8924	S500Q										x			x				
1.8925	S890QL1				x						x			x				
1.8926	S550QL										x			x				
1.8927	S620QL										x			x				
1.8928	S690QL				x						x			x				
1.8930	–	x																
1.8931	S690Q										x			x				
1.8932	–	x	x															
1.8932	P420NH	x	x															x
1.8933	S960QL										x			x				
1.8935	P460NH	x	x			x									x			
1.8936	P420QH																	x
1.8937	–	x	x															
1.8938	S770QL				x													
1.8939	S790QL1				x													
1.8940	S890Q										x			x				
1.8941	S960Q										x			x				
1.8983	S890QL										x			x				
1.8984	S500QL1										x			x				

3.2 Vergütete und schweißgeeignete Feinkornbaustähle

Auflistung nach steigenden Werkstoff-Nummern

Quenched and weldable fine grain structural steels

Listing according to material numbers in numerical order

Stahlsorte/Steel grade		Werkstoffnormen Material standards																
Werk-stoff-Nr. Material number	EN-Werkstoff-Kurzname (neu) EN steel name (new)	z DIN 17102 1983-10	z DIN 17103 1989-10	z SEW 083 1991-10	SEW 090-2 1993-01	z DIN EN 10028-3 1993-04	z DIN EN 10028-5 1997-02	z DIN EN 10028-6 1997-02	z DIN EN 10113-2 1993-04	z DIN EN 10113-3 1993-04	z DIN EN 10137-2 1995-11	DIN EN 10025-3 2005-02	DIN EN 10025-4 2005-04	DIN EN 10025-6 2009-08	DIN EN 10028-3 2009-09	DIN EN 10028-5 2009-09	DIN EN 10028-6 2009-09	DIN EN 10222-4 2001-12
1.8986	S550QL1										x			x				
1.8987	S620QL1										x			x				
1.8988	S690QL1				x						x			x				

z = zurückgezogene Norm

E = Norm-Entwurf

Grau hinterlegte Felder markieren die Normen, in denen die alten DIN-Werkstoff-Kurznamen aufgeführt sind. Diese sind über die Werkstoff-Nummern in Tabelle 2.1 zu finden.

z = withdrawn standard

E = draft standard

Grey shaded fields mark those standards in which the old DIN steel names are listed. These can be found via the material numbers in table 2.1.

3.3 Stähle für Rohre und Formstücke zum Einschweißen

Steels for tubes and butt welding pipe fittings

3.3.1 Unlegierte und legierte Stahlrohre

Auflistung nach steigenden Werkstoff-Nummern

Unalloyed and alloyed steel tubes

Listing according to material numbers in numerical order

Stahlsorte/Steel grade		Werkstoffnormen Material standards							
		1984-10	1984-10	1978-05	2009-07	2009-07	2005-12	2004-11	2013-03
Werk-stoff-Nr. Material number	EN-Werkstoff-Kurzname (neu) EN steel name (new)	z DIN 1626	z DIN 1629	z DIN 17172	z DIN EN 10208-1	z DIN EN 10208-2	DIN EN 10224	DIN EN 10255	DIN EN ISO 3183
1.0026	S195T							x	
1.0252	L235						x		
1.0253	–	x							
1.0254	–	x	x						
1.0256	–	x	x						
1.0260	L275						x		
1.0307	–			x					
1.0319	L210GA				x				
1.0409	–			x					
1.0419	L355						x		
1.0421	–	x	x						
1.0429	–			x					
1.0430	–			x					
1.0457	L245NB			x		x			
1.0457	L245NE								x
1.0458	L235GA				x				
1.0459	L245GA				x				
1.0483	L290GA				x				
1.0484	L290NB			x		x			
1.0484	L290NE								x
1.0499	L360GA				x				
1.0578	–			x					
1.0582	L360NB			x		x			
1.0582	L360NE								x
1.1020	L245NS								x
1.1021	L290NS								x
1.1022	L320NS								x
1.1025	L245QS								x
1.1026	L290QS								x
1.1027	L320QS								x

3.3.1 Unlegierte und legierte Stahlrohre

Auflistung nach steigenden Werkstoff-Nummern

Unalloyed and alloyed steel tubes

Listing according to material numbers in numerical order

Stahlsorte/Steel grade		Werkstoffnormen Material standards							
Werk-stoff-Nr. Material number	EN-Werkstoff-Kurzname (neu) EN steel name (new)	z DIN 1626 1984-10	z DIN 1629 1984-10	z DIN 17172 1978-05	z DIN EN 10208-1 2009-07	z DIN EN 10208-2 2009-07	DIN EN 10224 2005-12	DIN EN 10255 2004-11	DIN EN ISO 3183 2013-03
1.1040	L245NO								x
1.1041	L290NO								x
1.1042	L320NO								x
1.1045	L245QO								x
1.1046	L290QO								x
1.1047	L320QO								x
1.8700	L175								x
1.8707	L175P								x
1.8713	L210								x
1.8723	L245								x
1.8724	L390								x
1.8725	L415								x
1.8726	L450								x
1.8727	L485								x
1.8728	L290								x
1.8729	L320								x
1.8730	L360								x
1.8736	L415N								x
1.8737	L245Q								x
1.8738	L290Q								x
1.8739	L320Q								x
1.8740	L390Q								x
1.8741	L360Q								x
1.8742	L415Q								x
1.8743	L450Q								x
1.8744	L485Q								x
1.8745	L555Q								x
1.8757	L360NS								x
1.8759	L360QS								x
1.8760	L390QS								x
1.8761	L415QS								x
1.8762	L450QS								x
1.8763	L485QS								x
1.8764	L625Q								x

3.3.1 Unlegierte und legierte Stahlrohre

Auflistung nach steigenden Werkstoff-Nummern

Unalloyed and alloyed steel tubes

Listing according to material numbers in numerical order

Stahlsorte/Steel grade		Werkstoffnormen Material standards							
Werk-stoff-Nr. Material number	EN-Werkstoff-Kurzname (neu) EN steel name (new)	z DIN 1626 1984-10	z DIN 1629 1984-10	z DIN 17172 1978-05	z DIN EN 10208-1 2009-07	z DIN EN 10208-2 2009-07	DIN EN 10224 2005-12	DIN EN 10255 2004-11	DIN EN ISO 3183 2013-03
1.8765	L690Q								x
1.8771	L360QO								x
1.8772	L390QO								x
1.8773	L415QO								x
1.8774	L450QO								x
1.8775	L485QO								x
1.8776	L555QO								x
1.8777	L625QO								x
1.8778	L360NO								x
1.8779	L690QO								x
1.8788	L245R								x
1.8789	L290R								x
1.8790	L245N								x
1.8791	L290N								x
1.8792	L320N								x
1.8793	L360N								x
1.8970	L390N			x					x
1.8971	–			x					
1.8972	L415NB			x		x			
1.8972	L415NE								x
1.8973	–			x					
1.8975	–			x					
1.8977	–			x					

z = zurückgezogene Norm
E = Norm-Entwurf
Grau hinterlegte Felder markieren die Normen, in denen die alten DIN-Werkstoff-Kurznamen aufgeführt sind. Diese sind über die Werkstoff-Nummern in Tabelle 2.1 zu finden.

z = withdrawn standard
E = draft standard
Grey shaded fields mark those standards in which the old DIN steel names are listed. These can be found via the material numbers in table 2.1.

3.3.2 Kalt- und warmgefertigte Hohlprofile mit quadratischem oder rechteckigem Querschnitt

Auflistung nach steigenden Werkstoff-Nummern

Cold and hot finished structural hollow sections with square or rectangular cross section

Listing according to material numbers in numerical order

Stahlsorte/Steel grade		Werkstoffnormen Material standards								
Werkstoff-Nr. Material number	EN-Werkstoff-Kurzname (neu) EN steel name (new)	z DIN 2395-2 1994-09	z DIN 17119 1984-06	z DIN 17125 1986-05	z SEW 087 1981-06	z DIN EN 10210-1 1994-09	z DIN EN 10219-1 1997-11	DIN EN 10210-1 2006-07	DIN EN 10219-1 2006-07	DIN EN 10305-5 2016-08
1.0031	E190									x
1.0032	–	x								
1.0033	E155									x
1.0034	E195									x
1.0035	–	x								
1.0036	–		x							
1.0037	–	x								
1.0039	S235JRH					x	x	x	x	
1.0044	–		x							
1.0116	–		x							
1.0138	S275J2H					x	x	x	x	
1.0144	–		x							
1.0149	S275J0H					x	x	x	x	
1.0215	E220									x
1.0220	E260									x
1.0225	E275									x
1.0237	E320									x
1.0261	E370									x
1.0308	E235									x
1.0435	E460									x
1.0461	–			x						
1.0463	–			x						
1.0486	–			x						
1.0488	–			x						
1.0493	S275NH					x	x	x	x	
1.0497	S275NLH					x	x	x	x	
1.0512	S355K2H							x	x	
1.0519	E500									x
1.0539	S355NH					x	x	x	x	
1.0547	S355J0H					x	x	x	x	
1.0549	S355NLH					x	x	x	x	
1.0562	–			x						

3.3.2 Kalt- und warmgefertigte Hohlprofile mit quadratischem oder rechteckigem Querschnitt

Auflistung nach steigenden Werkstoff-Nummern

Cold and hot finished structural hollow sections with square or rectangular cross section

Listing according to material numbers in numerical order

Stahlsorte/Steel grade		Werkstoffnormen Material standards								
Werk-stoff-Nr. Material number	EN-Werkstoff-Kurzname (neu) EN steel name (new)	z DIN 2395-2 1994-09	z DIN 17119 1984-06	z DIN 17125 1986-05	z SEW 087 1981-06	z DIN EN 10210-1 1994-09	z DIN EN 10219-1 1997-11	DIN EN 10210-1 2006-07	DIN EN 10219-1 2006-07	DIN EN 10305-5 2016-08
1.0566	–			x						
1.0570	–	x	x							
1.0575	E420									x
1.0576	S355J2H					x	x	x	x	
1.0580	E355									x
1.0593	E550									x
1.0595	E600									x
1.0987	E700									x
1.1103	–			x						
1.1104	–			x						
1.1106	–			x						
1.8750	S420NH							x		
1.8751	S420NH							x		
1.8843	S275MH						x		x	
1.8844	S275MLH						x		x	
1.8845	S355MH						x		x	
1.8846	S355MLH						x		x	
1.8847	S420MH						x		x	
1.8848	S420MLH						x		x	
1.8849	S460MH						x		x	
1.8850	S460MLH						x		x	
1.8902	–			x						
1.8905	–			x						
1.8912	–			x						
1.8913	–			x						
1.8915	–			x						
1.8918	–			x						
1.8953	S460NH					x	x	x	x	
1.8956	S460NLH					x	x	x	x	
1.8960	–		x		x					
1.8961	–		x		x					
1.8963	–		x		x					

z = zurückgezogene Norm
E = Norm-Entwurf
Grau hinterlegte Felder markieren die Normen, in denen die alten DIN-Werkstoff-Kurznamen aufgeführt sind. Diese sind über die Werkstoff-Nummern in Tabelle 2.1 zu finden.

z = withdrawn standard
E = draft standard
Grey shaded fields mark those standards in which the old DIN steel names are listed. These can be found via the material numbers in table 2.1.

3.3.3 Nahtlose Stahlrohre

Auflistung nach steigenden Werkstoff-Nummern

Seamless steel tubes

Listing according to material numbers in numerical order

Stahlsorte/Steel grade		Werkstoffnormen / Material standards																									
Werk-stoff-Nr. / Material number	EN-Werkstoff-Kurzname (neu) / EN steel name (new)	z DIN 1629 1984-10	z DIN 1630 1984-10	z DIN 2391-2 1994-09	z DIN 17121 1984-06	z DIN 17124 1986-05	z DIN 17173 1985-02	z DIN 17175 1979-05	z DIN 17176 1990-11	z DIN 17179 1986-05	z DIN 17204 1990-11	z DIN 17458 1985-07	z DIN 17459 1992-09	z DIN 17456 1999-02	z DIN EN 10208-2 2009-07	DIN EN 10216-1 2014-03	z DIN EN 10216-2 2004-07	DIN EN 10216-2 2014-03	DIN EN 10216-3 2014-03	DIN EN 10216-4 2014-03	DIN EN 10216-5 2014-03	DIN EN 10294-2 2012-04	DIN EN 10297-1 2003-06	DIN EN 10297-2 2006-02	DIN EN 10305-1 2016-08	DIN EN 10305-4 2016-08	DIN EN ISO 3183 2013-03
1.0038	–				x																						
1.0044	–				x																						
1.0107	P195TR1															x											
1.0108	P195TR2															x											
1.0116	–				x																						
1.0144	–				x																						
1.0211	S215GSiT			x																							
1.0212	E215			x																					x	x	
1.0212	S215GAlT			x																							
1.0225	E275																						x				
1.0236	E315																						x				
1.0254	P235TR1	x														x											

3.3.3 Nahtlose Stahlrohre

Auflistung nach steigenden Werkstoff-Nummern

Seamless steel tubes

Listing according to material numbers in numerical order

Stahlsorte/Steel grade		Werkstoffnormen Material standards																									
Werkstoff-Nr. Material number	EN-Werkstoff-Kurzname (neu) EN steel name (new)	z DIN 1629 1984-10	z DIN 1630 1984-10	z DIN 2391-2 1994-09	z DIN 17121 1984-06	z DIN 17124 1986-05	z DIN 17173 1985-02	z DIN 17175 1979-05	z DIN 17176 1990-11	z DIN 17179 1986-05	z DIN 17204 1990-11	z DIN 17458 1985-07	z DIN 17459 1992-09	z DIN 17456 1999-02	z DIN EN 10208-2 2009-07	DIN EN 10216-1 2014-03	z DIN EN 10216-2 2004-07	DIN EN 10216-2 2014-03	DIN EN 10216-3 2014-03	DIN EN 10216-4 2014-03	DIN EN 10216-5 2014-03	DIN EN 10294-2 2012-04	DIN EN 10297-1 2003-06	DIN EN 10297-2 2006-02	DIN EN 10305-1 2016-08	DIN EN 10305-4 2016-08	DIN EN ISO 3183 2013-03
1.0255	P235TR2		x													x											
1.0256	–	x																									
1.0257	–		x																								
1.0258	P265TR1															x											
1.0259	P265TR2															x											
1.0305	–							x																			
1.0308	E235			x																			x		x	x	
1.0308	S235G2T			x																							
1.0345	P235GH																x	x									
1.0348	P195GH																x	x									
1.0356	–						x																				
1.0402	–										x																

3.3.3 Nahtlose Stahlrohre

Auflistung nach steigenden Werkstoff-Nummern

Seamless steel tubes

Listing according to material numbers in numerical order

Stahlsorte/Steel grade: Werkstoff-Nr. / Material number	EN-Werkstoff-Kurzname (neu) / EN steel name (new)	z DIN 1629 1984-10	z DIN 1630 1984-10	z DIN 2391-2 1994-09	z DIN 17121 1984-06	z DIN 17124 1986-05	z DIN 17173 1985-02	z DIN 17175 1979-05	z DIN 17176 1990-11	z DIN 17179 1986-05	z DIN 17204 1990-11	z DIN 17458 1985-07	z DIN 17459 1992-09	z DIN 17456 1999-02	z DIN EN 10208-2 2009-07	DIN EN 10216-1 2014-03	z DIN EN 10216-2 2004-07	DIN EN 10216-2 2014-03	DIN EN 10216-3 2014-03	DIN EN 10216-4 2014-03	DIN EN 10216-5 2014-03	DIN EN 10294-2 2012-04	DIN EN 10297-1 2003-06	DIN EN 10297-2 2006-02	DIN EN 10305-1 2016-08	DIN EN 10305-4 2016-08	DIN EN ISO 3183 2013-03
1.0405	–							x																			
1.0408	E255			x																					x		
1.0408	S255GT			x																							
1.0421	–	x																									
1.0425	P265GH																x	x									
1.0451	P215NL																			x							
1.0452	P255QL																			x							
1.0453	P265NL																			x							
1.0456	E275K2																						x				
1.0461	–					x				x																	
1.0462	–									x																	
1.0463	–					x				x																	

3.3.3 Nahtlose Stahlrohre

Auflistung nach steigenden Werkstoff-Nummern

Seamless steel tubes

Listing according to material numbers in numerical order

Stahlsorte/Steel grade		Werkstoffnormen Material standards																									
Werk-stoff-Nr. Material number	EN-Werkstoff-Kurzname (neu) EN steel name (new)	z DIN 1629 1984-10	z DIN 1630 1984-10	z DIN 2391-2 1994-09	z DIN 17121 1984-06	z DIN 17124 1986-05	z DIN 17173 1985-02	z DIN 17175 1979-05	z DIN 17176 1990-11	z DIN 17179 1986-05	z DIN 17204 1990-11	z DIN 17458 1985-07	z DIN 17459 1992-09	z DIN 17456 1999-02	z DIN EN 10208-2 2009-07	DIN EN 10216-1 2014-03	z DIN EN 10216-2 2004-07	DIN EN 10216-2 2014-03	DIN EN 10216-3 2014-03	DIN EN 10216-4 2014-03	DIN EN 10216-5 2014-03	DIN EN 10294-2 2012-04	DIN EN 10297-1 2003-06	DIN EN 10297-2 2006-02	DIN EN 10305-1 2016-08	DIN EN 10305-4 2016-08	DIN EN ISO 3183 2013-03
1.0471	20MnNb6																x	x									
1.0481	–							x																			
1.0482	–							x																			
1.0486	–					x				x																	
1.0487	–									x																	
1.0488	–					x																					
1.0488	P275NL1									x									x								
1.0501	–										x																
1.0503	–										x																
1.0509	E410																								x		
1.0535	–										x																
1.0536	E470																						x				

3.3.3 Nahtlose Stahlrohre

Auflistung nach steigenden Werkstoff-Nummern

Seamless steel tubes

Listing according to material numbers in numerical order

Stahlsorte/Steel grade		Werkstoffnormen Material standards																									
Werkstoff-Nr. Material number	EN-Werkstoff-Kurzname (neu) EN steel name (new)	z DIN 1629 1984-10	z DIN 1630 1984-10	z DIN 2391-2 1994-09	z DIN 17121 1984-06	z DIN 17124 1986-05	z DIN 17173 1985-02	z DIN 17175 1979-05	z DIN 17176 1990-11	z DIN 17179 1986-05	z DIN 17204 1990-11	z DIN 17458 1985-07	z DIN 17459 1992-09	z DIN 17456 1999-02	z DIN EN 10208-2 2009-07	DIN EN 10216-1 2014-03	z DIN EN 10216-2 2004-07	DIN EN 10216-2 2014-03	DIN EN 10216-3 2014-03	DIN EN 10216-4 2014-03	DIN EN 10216-5 2014-03	DIN EN 10294-2 2012-04	DIN EN 10297-1 2003-06	DIN EN 10297-2 2006-02	DIN EN 10305-1 2016-08	DIN EN 10305-4 2016-08	DIN EN ISO 3183 2013-03
1.0561	–										x																
1.0562	–					x																					
1.0562	P355N									x									x								
1.0565	P355NH									x									x								
1.0566	P355NL1					x				x									x								
1.0580	E355			x																			x		x	x	
1.0580	S355GT			x																							
1.0581	–		x																								
1.0599	E420J2																						x				
1.0601	–										x																
1.0644	E590K2																						x				
1.0710	15S10																								x		

3.3.3 Nahtlose Stahlrohre

Auflistung nach steigenden Werkstoff-Nummern

Seamless steel tubes

Listing according to material numbers in numerical order

Stahlsorte/Steel grade		Werkstoffnormen Material standards																									
Werk-stoff-Nr. Material number	EN-Werkstoff-Kurzname (neu) EN steel name (new)	z DIN 1629 1984-10	z DIN 1630 1984-10	z DIN 2391-2 1994-09	z DIN 17121 1984-06	z DIN 17124 1986-05	z DIN 17173 1985-02	z DIN 17175 1979-05	z DIN 17176 1990-11	z DIN 17179 1986-05	z DIN 17204 1990-11	z DIN 17458 1985-07	z DIN 17459 1992-09	z DIN 17456 1999-02	z DIN EN 10208-2 2009-07	DIN EN 10216-1 2014-03	z DIN EN 10216-2 2004-07	DIN EN 10216-2 2014-03	DIN EN 10216-3 2014-03	DIN EN 10216-4 2014-03	DIN EN 10216-5 2014-03	DIN EN 10294-2 2012-04	DIN EN 10297-1 2003-06	DIN EN 10297-2 2006-02	DIN EN 10305-1 2016-08	DIN EN 10305-4 2016-08	DIN EN ISO 3183 2013-03
1.0711	10S10																								x		
1.0712	18S10																								x		
1.0713	37S10																								x		
1.0920	E355K2																						x				
1.1103	–					x				x																	
1.1104	–					x																					
1.1104	P275NL2									x									x								
1.1106	–					x																					
1.1106	P355NL2									x									x								
1.1127	38Mn6																						x				
1.1149	–										x																
1.1151	C22E										x												x				

3.3.3 Nahtlose Stahlrohre

Auflistung nach steigenden Werkstoff-Nummern

Seamless steel tubes

Listing according to material numbers in numerical order

Stahlsorte/Steel grade		Werkstoffnormen / Material standards																									
Werk-stoff-Nr. / Material number	EN-Werkstoff-Kurzname (neu) / EN steel name (new)	z DIN 1629 1984-10	z DIN 1630 1984-10	z DIN 2391-2 1994-09	z DIN 17121 1984-06	z DIN 17124 1986-05	z DIN 17173 1985-02	z DIN 17175 1979-05	z DIN 17176 1990-11	z DIN 17179 1986-05	z DIN 17204 1990-11	z DIN 17458 1985-07	z DIN 17459 1992-09	z DIN 17456 1999-02	z DIN EN 10208-2 2009-07	DIN EN 10216-1 2014-03	z DIN EN 10216-2 2004-07	DIN EN 10216-2 2014-03	DIN EN 10216-3 2014-03	DIN EN 10216-4 2014-03	DIN EN 10216-5 2014-03	DIN EN 10294-2 2012-04	DIN EN 10297-1 2003-06	DIN EN 10297-2 2006-02	DIN EN 10305-1 2016-08	DIN EN 10305-4 2016-08	DIN EN ISO 3183 2013-03
1.1161	26Mn5																								x		
1.1167	–										x																
1.1170	–										x																
1.1180	–										x																
1.1181	C35E										x												x		x		
1.1191	C45E										x												x		x		
1.1201	–										x																
1.1203	–										x																
1.1209	–										x																
1.1221	C60E										x												x				
1.1223	–										x																
1.4002	X6CrAl13													x										x			

3.3.3 Nahtlose Stahlrohre

Auflistung nach steigenden Werkstoff-Nummern

Seamless steel tubes

Listing according to material numbers in numerical order

Werkstoffnormen / Material standards		1.4006 X12Cr13	1.4016 X6Cr17	1.4301 X5CrNi18-10	1.4305 X8CrNiS18-9	1.4306 X2CrNi19-11	1.4307 X2CrNi18-9	1.4311 X2CrNiN18-10	1.4335 X1CrNi25-21	1.4362 X2CrNiN23-4	1.4401 X5CrNiMo17-12-2	1.4404 X2CrNiMo17-12-2	1.4410 X2CrNiMoN25-7-4
DIN EN ISO 3183	2013-03												
DIN EN 10305-4	2016-08												
DIN EN 10305-1	2016-08												
DIN EN 10297-2	2006-02	x	x	x	x	x	x	x	x	x	x	x	x
DIN EN 10297-1	2003-06												
DIN EN 10294-2	2012-04			x	x	x	x				x	x	
DIN EN 10216-5	2014-03			x		x	x	x	x	x	x	x	x
DIN EN 10216-4	2014-03												
DIN EN 10216-3	2014-03												
DIN EN 10216-2	2014-03												
z DIN EN 10216-2	2004-07												
DIN EN 10216-1	2014-03												
z DIN EN 10208-2	2009-07												
z DIN 17456	1999-02	x	x	x		x		x			x	x	
z DIN 17459	1992-09												
z DIN 17458	1985-07			x		x		x			x	x	
z DIN 17204	1990-11												
z DIN 17179	1986-05												
z DIN 17176	1990-11												
z DIN 17175	1979-05												
z DIN 17173	1985-02												
z DIN 17124	1986-05												
z DIN 17121	1984-06												
z DIN 2391-2	1994-09												
z DIN 1630	1984-10												
z DIN 1629	1984-10												

Table header: Stahlsorte/Steel grade — Werkstoff-Nr. / Material number; EN-Werkstoff-Kurzname (neu) / EN steel name (new)

3.3.3 Nahtlose Stahlrohre

Auflistung nach steigenden Werkstoff-Nummern

Seamless steel tubes

Listing according to material numbers in numerical order

Stahlsorte/Steel grade		Werkstoffnormen Material standards																									
Werk-stoff-Nr. Material number	EN-Werkstoff-Kurzname (neu) EN steel name (new)	z DIN 1629 1984-10	z DIN 1630 1984-10	z DIN 2391-2 1994-09	z DIN 17121 1984-06	z DIN 17124 1986-05	z DIN 17173 1985-02	z DIN 17175 1979-05	z DIN 17176 1990-11	z DIN 17179 1986-05	z DIN 17204 1990-11	z DIN 17458 1985-07	z DIN 17459 1992-09	z DIN 17456 1999-02	z DIN EN 10208-2 2009-07	DIN EN 10216-1 2014-03	z DIN EN 10216-2 2004-07	DIN EN 10216-2 2014-03	DIN EN 10216-3 2014-03	DIN EN 10216-4 2014-03	DIN EN 10216-5 2014-03	DIN EN 10294-2 2012-04	DIN EN 10297-1 2003-06	DIN EN 10297-2 2006-02	DIN EN 10305-1 2016-08	DIN EN 10305-4 2016-08	DIN EN ISO 3183 2013-03
1.4424	X2CrNiMoSi18-5-3																				x			x			
1.4429	X2CrNiMoN17-13-3											x		x							x			x			
1.4435	X2CrNiMo18-14-3											x		x							x	x		x			
1.4436	X3CrNiMo17-13-3											x		x							x			x			
1.4439	X2CrNiMoN17-13-5											x		x							x			x			
1.4460	X3CrNiMoN27-5-2																					x		x			
1.4462	X2CrNiMoN22-5-3																				x	x		x			
1.4466	X1CrNiMoN25-22-2																				x			x			
1.4477	X2CrNiMoN29-7-2																							x			
1.4501	X2CrNiMoCuWN25-7-4																				x			x			
1.4507	X2CrNiMoCuN25-6-3																				x			x			
1.4510	X3CrTi17													x										x			

3.3.3 Nahtlose Stahlrohre

Auflistung nach steigenden Werkstoff-Nummern

Seamless steel tubes

Listing according to material numbers in numerical order

Stahlsorte/Steel grade		Werkstoffnormen Material standards																									
Werk-stoff-Nr. Material number	EN-Werkstoff-Kurzname (neu) EN steel name (new)	z DIN 1629 1984-10	z DIN 1630 1984-10	z DIN 2391-2 1994-09	z DIN 17121 1984-06	z DIN 17124 1986-05	z DIN 17173 1985-02	z DIN 17175 1979-05	z DIN 17176 1990-11	z DIN 17179 1986-05	z DIN 17204 1990-11	z DIN 17458 1985-07	z DIN 17459 1992-09	z DIN 17456 1999-02	z DIN EN 10208-2 2009-07	DIN EN 10216-1 2014-03	z DIN EN 10216-2 2004-07	DIN EN 10216-2 2014-03	DIN EN 10216-3 2014-03	DIN EN 10216-4 2014-03	DIN EN 10216-5 2014-03	DIN EN 10294-2 2012-04	DIN EN 10297-1 2003-06	DIN EN 10297-2 2006-02	DIN EN 10305-1 2016-08	DIN EN 10305-4 2016-08	DIN EN ISO 3183 2013-03
1.4512	X2CrTi12													x										x			
1.4529	X1NiCrMoCuN25-20-7																				x			x			
1.4539	X1NiCrMoCu25-20-5																				x			x			
1.4541	X6CrNiTi18-10											x		x							x			x			
1.4547	X1CrNiMoCuN20-18-7																				x			x			
1.4550	X6CrNiNb18-10											x		x							x			x			
1.4558	X2NiCrAlTi32-20																				x			x			
1.4563	X1NiCrMoCu31-27-4																				x			x			
1.4571	X6CrNiMoTi17-12-2											x		x							x	x		x			
1.4580	X6CrNiMoNb17-12-2											x									x			x			
1.4749	X18CrN28																							x			
1.4833	X12CrNi23-13																							x			

3.3.3 Nahtlose Stahlrohre

Auflistung nach steigenden Werkstoff-Nummern

Seamless steel tubes

Listing according to material numbers in numerical order

Stahlsorte/Steel grade		Werkstoffnormen/Material standards																									
Werkstoff-Nr. / Material number	EN-Werkstoff-Kurzname (neu) / EN steel name (new)	z DIN 1629 1984-10	z DIN 1630 1984-10	z DIN 2391-2 1994-09	z DIN 17121 1984-06	z DIN 17124 1986-05	z DIN 17173 1985-02	z DIN 17175 1979-05	z DIN 17176 1990-11	z DIN 17179 1986-05	z DIN 17204 1990-11	z DIN 17458 1985-07	z DIN 17459 1992-09	z DIN 17456 1999-02	z DIN EN 10208-2 2009-07	DIN EN 10216-1 2014-03	z DIN EN 10216-2 2004-07	DIN EN 10216-2 2014-03	DIN EN 10216-3 2014-03	DIN EN 10216-4 2014-03	DIN EN 10216-5 2014-03	DIN EN 10294-2 2012-04	DIN EN 10297-1 2003-06	DIN EN 10297-2 2006-02	DIN EN 10305-1 2016-08	DIN EN 10305-4 2016-08	DIN EN ISO 3183 2013-03
1.4835	X9CrNiSiNCe21-11-2																							x			
1.4845	X8CrNi25-21																							x			
1.4854	X6NiCrSiNCe35-25																							x			
1.4876	X10NiCrAlTi32-21																							x			
1.4878	X8CrNiTi18-10																							x			
1.4901	X10CrWMoVNb9-2																	x									
1.4903	X10CrMoVNb9-1																x	x									
1.4905	X11CrMoWVNb9-1-1																	x									
1.4910	X3CrNiMoBN17-13-3												x								x						
1.4912	X7CrNiNb18-10																				x						
1.4918	X6CrNiMo17-13-2																				x						
1.4919	–												x														

3.3.3 Nahtlose Stahlrohre

Auflistung nach steigenden Werkstoff-Nummern

Seamless steel tubes

Listing according to material numbers in numerical order

Stahlsorte/Steel grade – Werkstoffnormen / Material standards

Werk-stoff-Nr. / Material number	EN-Werkstoff-Kurzname (neu) / EN steel name (new)	z DIN 1629 1984-10	z DIN 1630 1984-10	z DIN 2391-2 1994-09	z DIN 17121 1984-06	z DIN 17124 1986-05	z DIN 17173 1985-02	z DIN 17175 1979-05	z DIN 17176 1990-11	z DIN 17179 1986-05	z DIN 17204 1990-11	z DIN 17458 1985-07	z DIN 17459 1992-09	z DIN 17456 1999-02
1.4922	X20CrMoV11-1							x	x					
1.4940	X7CrNiTi18-10													
1.4941	X6CrNiTiB18-10												x	
1.4948	X6CrNi18-10												x	
1.4949	–												x	
1.4958	X5NiCrAlTi31-20												x	
1.4959	X8NiCrAlTi32-21												x	
1.4961	X8CrNiNb16-13												x	
1.4981	X8CrNiMoNb16-16												x	
1.4982	X10CrNiMoMnNbVB15-10-1													
1.4988	X8CrNiMoVNb16-13												x	
1.5415	16Mo3							x						

Werk-stoff-Nr. / Material number	EN-Werkstoff-Kurzname (neu) / EN steel name (new)	z DIN EN 10208-2 2009-07	DIN EN 10216-1 2014-03	z DIN EN 10216-2 2004-07	DIN EN 10216-2 2014-03	DIN EN 10216-3 2014-03	DIN EN 10216-4 2014-03	DIN EN 10216-5 2014-03	DIN EN 10294-2 2012-04	DIN EN 10297-1 2003-06	DIN EN 10297-2 2006-02	DIN EN 10305-1 2016-08	DIN EN 10305-4 2016-08	DIN EN ISO 3183 2013-03
1.4922	X20CrMoV11-1			x	x									
1.4940	X7CrNiTi18-10							x						
1.4941	X6CrNiTiB18-10							x						
1.4948	X6CrNi18-10							x						
1.4949	–													
1.4958	X5NiCrAlTi31-20							x						
1.4959	X8NiCrAlTi32-21							x						
1.4961	X8CrNiNb16-13							x						
1.4981	X8CrNiMoNb16-16							x						
1.4982	X10CrNiMoMnNbVB15-10-1							x						
1.4988	X8CrNiMoVNb16-13							x						
1.5415	16Mo3			x	x									

3.3.3 Nahtlose Stahlrohre

Auflistung nach steigenden Werkstoff-Nummern

Seamless steel tubes

Listing according to material numbers in numerical order

Stahlsorte/Steel grade: Werkstoff-Nr. / Material number	EN-Werkstoff-Kurzname (neu) / EN steel name (new)	Werkstoffnormen / Material standards: z DIN 1629 1984-10	z DIN 1630 1984-10	z DIN 2391-2 1994-09	z DIN 17121 1984-06	z DIN 17124 1986-05	z DIN 17173 1985-02	z DIN 17175 1979-05	z DIN 17176 1990-11	z DIN 17179 1986-05	z DIN 17204 1990-11	z DIN 17458 1985-07	z DIN 17459 1992-09	z DIN 17456 1999-02	z DIN EN 10208-2 2009-07	DIN EN 10216-1 2014-03	z DIN EN 10216-2 2004-07	DIN EN 10216-2 2014-03	DIN EN 10216-3 2014-03	DIN EN 10216-4 2014-03	DIN EN 10216-5 2014-03	DIN EN 10294-2 2012-04	DIN EN 10297-1 2003-06	DIN EN 10297-2 2006-02	DIN EN 10305-1 2016-08	DIN EN 10305-4 2016-08	DIN EN ISO 3183 2013-03
1.5417	26Mo2																								x		
1.5450	8MoB5-4																x	x									
1.5637	12Ni14						x													x							
1.5662	–						x																				
1.5680	X12Ni5						x													x							
1.5682	X10Ni9																			x							
1.6212	11MnNi5-3						x													x							
1.6217	13MnNi6-3						x													x							
1.6368	15NiCuMoNb5-6-4																x	x									
1.6511	36CrNiMo4										x												x				
1.6563	41NiCrMo7-3-2																						x				
1.6580	30CrNiMo8										x												x				

3.3.3 Nahtlose Stahlrohre

Auflistung nach steigenden Werkstoff-Nummern

Seamless steel tubes

Listing according to material numbers in numerical order

Stahlsorte/Steel grade		Werkstoffnormen/Material standards																									
Werk-stoff-Nr. / Material number	EN-Werkstoff-Kurzname (neu) / EN steel name (new)	z DIN 1629 1984-10	z DIN 1630 1984-10	z DIN 2391-2 1994-09	z DIN 17121 1984-06	z DIN 17124 1986-05	z DIN 17173 1985-02	z DIN 17175 1979-05	z DIN 17176 1990-11	z DIN 17179 1986-05	z DIN 17204 1990-11	z DIN 17458 1985-07	z DIN 17459 1992-09	z DIN 17456 1999-02	z DIN EN 10208-2 2009-07	DIN EN 10216-1 2014-03	z DIN EN 10216-2 2004-07	DIN EN 10216-2 2014-03	DIN EN 10216-3 2014-03	DIN EN 10216-4 2014-03	DIN EN 10216-5 2014-03	DIN EN 10294-2 2012-04	DIN EN 10297-1 2003-06	DIN EN 10297-2 2006-02	DIN EN 10305-1 2016-08	DIN EN 10305-4 2016-08	DIN EN ISO 3183 2013-03
1.6582	–										x																
1.7035	41Cr4										x												x				
1.7216	30CrMo4																						x				
1.7218	25CrMo4								x		x						x	x					x		x		
1.7219	26CrMo4-2						x													x							
1.7220	34CrMo4										x												x				
1.7225	42CrMo4										x												x		x		
1.7335	13CrMo4-5							x	x								x	x									
1.7338	10CrMo5-5																x	x									
1.7362	–																x	x									
1.7362	X11CrMo5								x								x	x									
1.7375	–								x																		

3.3.3 Nahtlose Stahlrohre

Auflistung nach steigenden Werkstoff-Nummern

Seamless steel tubes

Listing according to material numbers in numerical order

Stahlsorte/Steel grade		Werkstoffnormen Material standards																									
Werk-stoff-Nr. Material number	EN-Werkstoff-Kurzname (neu) EN steel name (new)	z DIN 1629 1984-10	z DIN 1630 1984-10	z DIN 2391-2 1994-09	z DIN 17121 1984-06	z DIN 17124 1986-05	z DIN 17173 1985-02	z DIN 17175 1979-05	z DIN 17176 1990-11	z DIN 17179 1986-05	z DIN 17204 1990-11	z DIN 17458 1985-07	z DIN 17459 1992-09	z DIN 17456 1999-02	z DIN EN 10208-2 2009-07	DIN EN 10216-1 2014-03	z DIN EN 10216-2 2004-07	DIN EN 10216-2 2014-03	DIN EN 10216-3 2014-03	DIN EN 10216-4 2014-03	DIN EN 10216-5 2014-03	DIN EN 10294-2 2012-04	DIN EN 10297-1 2003-06	DIN EN 10297-2 2006-02	DIN EN 10305-1 2016-08	DIN EN 10305-4 2016-08	DIN EN ISO 3183 2013-03
1.7378	7CrMoVTiB10-10																	x									
1.7380	10CrMo9-10							x	x								x	x									
1.7381	–								x																		
1.7383	11CrMo9-10																x	x									
1.7386	X11CrMo9-1								x								x	x									
1.7707	–										x																
1.7715	14MoV6-3							x									x	x									
1.7779	20CrMoV13-5-5								x								x	x									
1.8201	7CrWVMoNb9-6																	x									
1.8876	P620Q																		x								
1.8877	P620QH																		x								
1.8879	P690Q																		x								

3.3.3 Nahtlose Stahlrohre

Auflistung nach steigenden Werkstoff-Nummern

Seamless steel tubes

Listing according to material numbers in numerical order

Stahlsorte/Steel grade		Werkstoffnormen Material standards																									
Werk-stoff-Nr. Material number	EN-Werkstoff-Kurzname (neu) EN steel name (new)	z DIN 1629 1984-10	z DIN 1630 1984-10	z DIN 2391-2 1994-09	z DIN 17121 1984-06	z DIN 17124 1986-05	z DIN 17173 1985-02	z DIN 17175 1979-05	z DIN 17176 1990-11	z DIN 17179 1986-05	z DIN 17204 1990-11	z DIN 17458 1985-07	z DIN 17459 1992-09	z DIN 17456 1999-02	z DIN EN 10208-2 2009-07	DIN EN 10216-1 2014-03	z DIN EN 10216-2 2004-07	DIN EN 10216-2 2014-03	DIN EN 10216-3 2014-03	DIN EN 10216-4 2014-03	DIN EN 10216-5 2014-03	DIN EN 10294-2 2012-04	DIN EN 10297-1 2003-06	DIN EN 10297-2 2006-02	DIN EN 10305-1 2016-08	DIN EN 10305-4 2016-08	DIN EN ISO 3183 2013-03
1.8880	P690QH																		x								
1.8881	P690QL1																		x								
1.8888	P690QL2																		x								
1.8890	P620QL																		x								
1.8891	E460K2																						x				
1.8893	E730K2																						x				
1.8902	–					x				x																	
1.8905	–					x																					
1.8905	P460N									x									x								
1.8912	–					x				x																	
1.8913	–					x				x																	
1.8915	–					x																					

3.3.3 Nahtlose Stahlrohre

Auflistung nach steigenden Werkstoff-Nummern

Seamless steel tubes

Listing according to material numbers in numerical order

Stahlsorte/Steel grade		Werkstoffnormen / Material standards																									
Werk-stoff-Nr. / Material number	EN-Werkstoff-Kurzname (neu) / EN steel name (new)	z DIN 1629 1984-10	z DIN 1630 1984-10	z DIN 2391-2 1994-09	z DIN 17121 1984-06	z DIN 17124 1986-05	z DIN 17173 1985-02	z DIN 17175 1979-05	z DIN 17176 1990-11	z DIN 17179 1986-05	z DIN 17204 1990-11	z DIN 17458 1985-07	z DIN 17459 1992-09	z DIN 17456 1999-02	z DIN EN 10208-2 2009-07	DIN EN 10216-1 2014-03	z DIN EN 10216-2 2004-07	DIN EN 10216-3 2014-03	DIN EN 10216-4 2014-03	DIN EN 10216-5 2014-03	DIN EN 10294-2 2012-04	DIN EN 10297-1 2003-06	DIN EN 10297-2 2006-02	DIN EN 10305-1 2016-08	DIN EN 10305-4 2016-08	DIN EN ISO 3183 2013-03
1.8915	P460NL1									x								x								
1.8918	–					x																				
1.8918	P460NL2									x								x								
1.8932	–									x																
1.8935	P460NH									x								x								
1.8947	L415QB														x											
1.8947	L415QE																									x
1.8948	L360QB														x											
1.8948	L360QE																									x
1.8952	L450QB														x											
1.8952	L450QE																									x
1.8955	L485QB														x											

3.3.3 Nahtlose Stahlrohre

Auflistung nach steigenden Werkstoff-Nummern

Seamless steel tubes

Listing according to material numbers in numerical order

Werkstoffnormen / Material standards			Werkstoff-Nr. / Material number: 1.8955 EN-Werkstoff-Kurzname (neu) / EN steel name (new): L485QE	1.8957 L555QB	1.8957 L555QE
z	DIN 1629	1984-10			
z	DIN 1630	1984-10			
z	DIN 2391-2	1994-09			
z	DIN 17121	1984-06			
z	DIN 17124	1986-05			
z	DIN 17173	1985-02			
z	DIN 17175	1979-05			
z	DIN 17176	1990-11			
z	DIN 17179	1986-05			
z	DIN 17204	1990-11			
z	DIN 17458	1985-07			
z	DIN 17459	1992-09			
z	DIN 17456	1999-02			
z	DIN EN 10208-2	2009-07		x	
	DIN EN 10216-1	2014-03			
z	DIN EN 10216-2	2004-07			
	DIN EN 10216-2	2014-03			
	DIN EN 10216-3	2014-03			
	DIN EN 10216-4	2014-03			
	DIN EN 10216-5	2014-03			
	DIN EN 10294-2	2012-04			
	DIN EN 10297-1	2003-06			
	DIN EN 10297-2	2006-02			
	DIN EN 10305-1	2016-08			
	DIN EN 10305-4	2016-08			
	DIN EN ISO 3183	2013-03	x		x

z = zurückgezogene Norm

E = Norm-Entwurf

Grau hinterlegte Felder markieren die Normen, in denen die alten DIN-Werkstoff-Kurznamen aufgeführt sind. Diese sind über die Werkstoff-Nummern in Tabelle 2.1 zu finden.

z = withdrawn standard

E = draft standard

Grey shaded fields mark those standards in which the old DIN steel names are listed. These can be found via the material numbers in table 2.1.

3.3.4 Geschweißte Stahlrohre

Auflistung nach steigenden Werkstoff-Nummern

Welded steel tubes

Listing according to material numbers in numerical order

Stahlsorte/Steel grade: Werkstoff-Nr. / Material number	Stahlsorte/Steel grade: EN-Werkstoff-Kurzname (neu) / EN steel name (new)	Werkstoffnormen / Material standards: z DIN 1626 1984-10	z DIN 1628 1984-10	z DIN 2393-2 1994-09	z DIN 2394-2 1994-09	z DIN 17120 1984-06	z DIN 17123 1986-05	z DIN 17174 1985-02	z DIN 17177 1979-05	z DIN 17178 1986-05	z DIN 17457 1985-07	z DIN 17455 1999-02	z DIN EN 10208-2 2009-07	DIN EN 10217-1 2005-04	DIN EN 10217-2 2005-04	DIN EN 10217-3 2005-04	DIN EN 10217-4 2005-04	DIN EN 10217-5 2005-04	DIN EN 10217-6 2005-04	DIN EN 10217-7 2015-01	DIN EN 10296-1 2004-02	DIN EN 10296-2 2006-02	DIN EN 10305-2 2016-08	z DIN EN 10305-3 2003-02	DIN EN 10305-3 2016-08	DIN EN 10305-6 2016-08	DIN EN 10312 2005-12	DIN EN ISO 3183 2013-03
1.0031	E190																				x			x	x			
1.0033	E155																				x		x	x	x	x		
1.0034	E195			x	x																x		x	x	x	x		
1.0034	S205G2T			x	x																							
1.0036	–					x																						
1.0038	–			x	x	x																						
1.0044	–			x	x	x																						
1.0107	P195TR1													x														
1.0108	P195TR2													x														
1.0116	–					x																						
1.0144	–					x																						
1.0215	E220																				x			x	x			

3.3.4 Geschweißte Stahlrohre

Auflistung nach steigenden Werkstoff-Nummern

Welded steel tubes

Listing according to material numbers in numerical order

Stahlsorte/Steel grade		Werkstoffnormen/Material standards																										
Werk-stoff-Nr. / Material number	EN-Werkstoff-Kurzname (neu) / EN steel name (new)	z DIN 1626 1984-10	z DIN 1628 1984-10	z DIN 2393-2 1994-09	z DIN 2394-2 1994-09	z DIN 17120 1984-06	z DIN 17123 1986-05	z DIN 17174 1985-02	z DIN 17177 1979-05	z DIN 17178 1986-05	z DIN 17457 1985-07	z DIN 17455 1999-02	z DIN EN 10208-2 2009-07	DIN EN 10217-1 2005-04	DIN EN 10217-2 2005-04	DIN EN 10217-3 2005-04	DIN EN 10217-4 2005-04	DIN EN 10217-5 2005-04	DIN EN 10217-6 2005-04	DIN EN 10217-7 2015-01	DIN EN 10296-1 2004-02	DIN EN 10296-2 2006-02	DIN EN 10305-2 2016-08	z DIN EN 10305-3 2003-02	DIN EN 10305-3 2016-08	DIN EN 10305-6 2016-08	DIN EN 10312 2005-12	DIN EN ISO 3183 2013-03
1.0220	E260																				x			x	x			
1.0225	E275																				x		x	x	x	x		
1.0237	E320																				x			x	x			
1.0253	–	x																										
1.0254	P235TR1	x												x														
1.0255	P235TR2		x											x														
1.0256	–	x																										
1.0257	–		x																									
1.0258	P265TR1													x														
1.0259	P265TR2													x														
1.0261	E370																				x			x	x			
1.0308	E235																				x		x	x	x	x		

3.3.4 Geschweißte Stahlrohre

Auflistung nach steigenden Werkstoff-Nummern

Welded steel tubes

Listing according to material numbers in numerical order

Stahlsorte/Steel grade		Werkstoffnormen Material standards																										
Werk-stoff-Nr. Material number	EN-Werkstoff-Kurzname (neu) EN steel name (new)	z DIN 1626 1984-10	z DIN 1628 1984-10	z DIN 2393-2 1994-09	z DIN 2394-2 1994-09	z DIN 17120 1984-06	z DIN 17123 1986-05	z DIN 17174 1985-02	z DIN 17177 1979-05	z DIN 17178 1986-05	z DIN 17457 1985-07	z DIN 17455 1999-02	z DIN EN 10208-2 2009-07	DIN EN 10217-1 2005-04	DIN EN 10217-2 2005-04	DIN EN 10217-3 2005-04	DIN EN 10217-4 2005-04	DIN EN 10217-5 2005-04	DIN EN 10217-6 2005-04	DIN EN 10217-7 2015-01	DIN EN 10296-1 2004-02	DIN EN 10296-2 2006-02	DIN EN 10305-2 2016-08	z DIN EN 10305-3 2003-02	DIN EN 10305-3 2016-08	DIN EN 10305-6 2016-08	DIN EN 10312 2005-12	DIN EN ISO 3183 2013-03
1.0315	–								x																			
1.0345	P235GH														x			x										
1.0348	P195GH														x													
1.0356	–							x																				
1.0418	L245MB												x															
1.0418	L245ME																											x
1.0421	–	x																										
1.0425	P265GH														x			x										
1.0429	L290MB												x															
1.0429	L290ME																											x
1.0435	E460																								x			
1.0451	P215NL																x		x									

3.3.4 Geschweißte Stahlrohre

Auflistung nach steigenden Werkstoff-Nummern

Welded steel tubes

Listing according to material numbers in numerical order

Stahlsorte/Steel grade		Werkstoffnormen Material standards																										
Werk-stoff-Nr. Material number	EN-Werkstoff-Kurzname (neu) EN steel name (new)	z DIN 1626 1984-10	z DIN 1628 1984-10	z DIN 2393-2 1994-09	z DIN 2394-2 1994-09	z DIN 17120 1984-06	z DIN 17123 1986-05	z DIN 17174 1985-02	z DIN 17177 1979-05	z DIN 17178 1986-05	z DIN 17457 1985-07	z DIN 17455 1999-02	z DIN EN 10208-2 2009-07	DIN EN 10217-1 2005-04	DIN EN 10217-2 2005-04	DIN EN 10217-3 2005-04	DIN EN 10217-4 2005-04	DIN EN 10217-5 2005-04	DIN EN 10217-6 2005-04	DIN EN 10217-7 2015-01	DIN EN 10296-1 2004-02	DIN EN 10296-2 2006-02	DIN EN 10305-2 2016-08	z DIN EN 10305-3 2003-02	DIN EN 10305-3 2016-08	DIN EN 10305-6 2016-08	DIN EN 10312 2005-12	DIN EN ISO 3183 2013-03
1.0453	P265NL																x		x									
1.0456	E275K2																				x							
1.0461	–						x			x																		
1.0462	–									x																		
1.0463	–						x			x																		
1.0486	–						x			x																		
1.0487	–									x																		
1.0488	–						x																					
1.0488	P275NL1									x						x												
1.0498	–								x																			
1.0519	E500																								x			
1.0562	–						x																					

3.3.4 Geschweißte Stahlrohre

Auflistung nach steigenden Werkstoff-Nummern

Welded steel tubes

Listing according to material numbers in numerical order

Stahlsorte/Steel grade		Werkstoffnormen Material standards																										
Werk-stoff-Nr. Material number	EN-Werkstoff-Kurzname (neu) EN steel name (new)	z DIN 1626 1984-10	z DIN 1628 1984-10	z DIN 2393-2 1994-09	z DIN 2394-2 1994-09	z DIN 17120 1984-06	z DIN 17123 1986-05	z DIN 17174 1985-02	z DIN 17177 1979-05	z DIN 17178 1986-05	z DIN 17457 1985-07	z DIN 17455 1999-02	z DIN EN 10208-2 2009-07	DIN EN 10217-1 2005-04	DIN EN 10217-2 2005-04	DIN EN 10217-3 2005-04	DIN EN 10217-4 2005-04	DIN EN 10217-5 2005-04	DIN EN 10217-6 2005-04	DIN EN 10217-7 2015-01	DIN EN 10296-1 2004-02	DIN EN 10296-2 2006-02	DIN EN 10305-2 2016-08	z DIN EN 10305-3 2003-02	DIN EN 10305-3 2016-08	DIN EN 10305-6 2016-08	DIN EN 10312 2005-12	DIN EN ISO 3183 2013-03
1.0562	P355N									x						x												
1.0565	P355NH									x						x												
1.0566	–						x																					
1.0566	P355NL1									x						x												
1.0570	–			x	x	x																						
1.0575	E420																							x	x			
1.0578	L360MB												x															
1.0578	L360ME																											x
1.0580	E355																				x		x	x	x	x		
1.0581	–		x																									
1.0593	E550																								x			
1.0595	E600																								x			

3.3.4 Geschweißte Stahlrohre

Auflistung nach steigenden Werkstoff-Nummern

Welded steel tubes

Listing according to material numbers in numerical order

Stahlsorte/Steel grade		Werkstoffnormen / Material standards																										
Werk-stoff-Nr. / Material number	EN-Werkstoff-Kurzname (neu) / EN steel name (new)	z DIN 1626 1984-10	z DIN 1628 1984-10	z DIN 2393-2 1994-09	z DIN 2394-2 1994-09	z DIN 17120 1984-06	z DIN 17123 1986-05	z DIN 17174 1985-02	z DIN 17177 1979-05	z DIN 17178 1986-05	z DIN 17457 1985-07	z DIN 17455 1999-02	z DIN EN 10208-2 2009-07	DIN EN 10217-1 2005-04	DIN EN 10217-2 2005-04	DIN EN 10217-3 2005-04	DIN EN 10217-4 2005-04	DIN EN 10217-5 2005-04	DIN EN 10217-6 2005-04	DIN EN 10217-7 2015-01	DIN EN 10296-1 2004-02	DIN EN 10296-2 2006-02	DIN EN 10305-2 2016-08	z DIN EN 10305-3 2003-02	DIN EN 10305-3 2016-08	DIN EN 10305-6 2016-08	DIN EN 10312 2005-12	DIN EN ISO 3183 2013-03
1.0920	E355K2																				x							
1.0987	E700																								x			
1.1030	L245MS																											x
1.1031	L290MS																											x
1.1032	L320MS																											x
1.1033	L360MS																											x
1.1034	L390MS																											x
1.1050	L245MO																											x
1.1051	L290MO																											x
1.1052	L320MO																											x
1.1103	–						x			x																		
1.1104	P275NL2						x			x						x												

3.3.4 Geschweißte Stahlrohre

Auflistung nach steigenden Werkstoff-Nummern

Welded steel tubes

Listing according to material numbers in numerical order

Stahlsorte/Steel grade		Werkstoffnormen Material standards																										
Werk-stoff-Nr. Material number	EN-Werkstoff-Kurzname (neu) EN steel name (new)	z DIN 1626 1984-10	z DIN 1628 1984-10	z DIN 2393-2 1994-09	z DIN 2394-2 1994-09	z DIN 17120 1984-06	z DIN 17123 1986-05	z DIN 17174 1985-02	z DIN 17177 1979-05	z DIN 17178 1986-05	z DIN 17457 1985-07	z DIN 17455 1999-02	z DIN EN 10208-2 2009-07	DIN EN 10217-1 2005-04	DIN EN 10217-2 2005-04	DIN EN 10217-3 2005-04	DIN EN 10217-4 2005-04	DIN EN 10217-5 2005-04	DIN EN 10217-6 2005-04	DIN EN 10217-7 2015-01	DIN EN 10296-1 2004-02	DIN EN 10296-2 2006-02	DIN EN 10305-2 2016-08	z DIN EN 10305-3 2003-02	DIN EN 10305-3 2016-08	DIN EN 10305-6 2016-08	DIN EN 10312 2005-12	DIN EN ISO 3183 2013-03
1.1106	–						x																					
1.1106	P355NL2									x						x												
1.4003	X2CrNi12																					x						
1.4016	X6Cr17											x										x						
1.4301	X5CrNi18-10										x	x								x		x					x	
1.4306	X2CrNi19-11										x	x								x		x					x	
1.4307	X2CrNi18-9																			x		x					x	
1.4311	X2CrNiN18-10										x	x								x		x						
1.4318	X2CrNiN18-7																					x						
1.4362	X2CrNiN23-4																			x		x					x	
1.4401	X5CrNiMo17-12-2										x	x								x		x					x	
1.4404	X2CrNiMo17-12-2										x	x								x		x					x	

3.3.4 Geschweißte Stahlrohre

Auflistung nach steigenden Werkstoff-Nummern

Welded steel tubes

Listing according to material numbers in numerical order

Stahlsorte/Steel grade: Werkstoff-Nr. / Material number	Stahlsorte/Steel grade: EN-Werkstoff-Kurzname (neu) / EN steel name (new)	Werkstoffnormen/Material standards: z DIN 1626 1984-10	z DIN 1628 1984-10	z DIN 2393-2 1994-09	z DIN 2394-2 1994-09	z DIN 17120 1984-06	z DIN 17123 1986-05	z DIN 17174 1985-02	z DIN 17177 1979-05	z DIN 17178 1986-05	z DIN 17457 1985-07	z DIN 17455 1999-02	z DIN EN 10208-2 2009-07	DIN EN 10217-1 2005-04	DIN EN 10217-2 2005-04	DIN EN 10217-3 2005-04	DIN EN 10217-4 2005-04	DIN EN 10217-5 2005-04	DIN EN 10217-6 2005-04	DIN EN 10217-7 2015-01	DIN EN 10296-1 2004-02	DIN EN 10296-2 2006-02	DIN EN 10305-2 2016-08	z DIN EN 10305-3 2003-02	DIN EN 10305-3 2016-08	DIN EN 10305-6 2016-08	DIN EN 10312 2005-12	DIN EN ISO 3183 2013-03
1.4410	X2CrNiMoN25-7-4																			x		x						
1.4429	X2CrNiMoN17-13-3										x	x								x		x						
1.4432	X2CrNiMo17-12-3																			x		x					x	
1.4435	X2CrNiMo18-14-3										x	x								x		x					x	
1.4436	X3CrNiMo17-13-3										x	x								x		x					x	
1.4438	X2CrNiMo18-15-4																			x								
1.4439	X2CrNiMoN17-13-5										x	x								x		x					x	
1.4462	X2CrNiMoN22-5-3																			x		x					x	
1.4501	X2CrNiMoCuWN25-7-4																			x								
1.4509	X2CrTiNb18																					x						
1.4510	X3CrTi17											x										x					x	
1.4511	X3CrNb17																										x	

3.3.4 Geschweißte Stahlrohre

Auflistung nach steigenden Werkstoff-Nummern

Welded steel tubes

Listing according to material numbers in numerical order

Stahlsorte/Steel grade		Werkstoffnormen Material standards																										
Werk-stoff-Nr. Material number	EN-Werkstoff-Kurzname (neu) EN steel name (new)	z DIN 1626 1984-10	z DIN 1628 1984-10	z DIN 2393-2 1994-09	z DIN 2394-2 1994-09	z DIN 17120 1984-06	z DIN 17123 1986-05	z DIN 17174 1985-02	z DIN 17177 1979-05	z DIN 17178 1986-05	z DIN 17457 1985-07	z DIN 17455 1999-02	z DIN EN 10208-2 2009-07	DIN EN 10217-1 2005-04	DIN EN 10217-2 2005-04	DIN EN 10217-3 2005-04	DIN EN 10217-4 2005-04	DIN EN 10217-5 2005-04	DIN EN 10217-6 2005-04	DIN EN 10217-7 2015-01	DIN EN 10296-1 2004-02	DIN EN 10296-2 2006-02	DIN EN 10305-2 2016-08	z DIN EN 10305-3 2003-02	DIN EN 10305-3 2016-08	DIN EN 10305-6 2016-08	DIN EN 10312 2005-12	DIN EN ISO 3183 2013-03
1.4512	X2CrTi12											x										x						
1.4521	X2CrMoTi18-2																					x					x	
1.4526	X6CrMoNb17-1																					x						
1.4529	X1NiCrMoCuN25-20-7																			x							x	
1.4539	X1NiCrMoCu25-20-5																			x		x					x	
1.4541	X6CrNiTi18-10										x	x								x		x					x	
1.4547	X1CrNiMoCuN20-18-7																			x		x					x	
1.4550	X6CrNiNb18-10										x	x								x		x						
1.4563	X1NiCrMoCu31-27-4																			x								
1.4571	X6CrNiMoTi17-12-2										x	x								x		x					x	
1.4818	X6CrNiSiNCe19-10																					x						
1.4828	X15CrNiSi20-12																					x						

3.3.4 Geschweißte Stahlrohre

Auflistung nach steigenden Werkstoff-Nummern

Welded steel tubes

Listing according to material numbers in numerical order

Stahlsorte/Steel grade		Werkstoffnormen Material standards																										
Werk-stoff-Nr. Material number	EN-Werkstoff-Kurzname (neu) EN steel name (new)	z DIN 1626 1984-10	z DIN 1628 1984-10	z DIN 2393-2 1994-09	z DIN 2394-2 1994-09	z DIN 17120 1984-06	z DIN 17123 1986-05	z DIN 17174 1985-02	z DIN 17177 1979-05	z DIN 17178 1986-05	z DIN 17457 1985-07	z DIN 17455 1999-02	z DIN EN 10208-2 2009-07	DIN EN 10217-1 2005-04	DIN EN 10217-2 2005-04	DIN EN 10217-3 2005-04	DIN EN 10217-4 2005-04	DIN EN 10217-5 2005-04	DIN EN 10217-6 2005-04	DIN EN 10217-7 2015-01	DIN EN 10296-1 2004-02	DIN EN 10296-2 2006-02	DIN EN 10305-2 2016-08	z DIN EN 10305-3 2003-02	DIN EN 10305-3 2016-08	DIN EN 10305-6 2016-08	DIN EN 10312 2005-12	DIN EN ISO 3183 2013-03
1.4833	X12CrNi23-13																					x						
1.4835	X9CrNiSiNCe21-11-2																					x						
1.4845	X8CrNi25-21																					x						
1.4854	X6NiCrSiNCe35-25																					x						
1.5415	16Mo3								x						x			x										
1.5637	–							x																				
1.5662	–							x																				
1.5680	–							x																				
1.6212	–							x																				
1.6217	–							x																				
1.8746	L245M																											x
1.8747	L290M																											x

3.3.4 Geschweißte Stahlrohre

Auflistung nach steigenden Werkstoff-Nummern

Welded steel tubes

Listing according to material numbers in numerical order

Stahlsorte/Steel grade: Werk-stoff-Nr. / Material number	Stahlsorte/Steel grade: EN-Werkstoff-Kurzname (neu) / EN steel name (new)	z DIN 1626 1984-10	z DIN 1628 1984-10	z DIN 2393-2 1994-09	z DIN 2394-2 1994-09	z DIN 17120 1984-06	z DIN 17123 1986-05	z DIN 17174 1985-02	z DIN 17177 1979-05	z DIN 17178 1986-05	z DIN 17457 1985-07	z DIN 17455 1999-02	z DIN EN 10208-2 2009-07	DIN EN 10217-1 2005-04	DIN EN 10217-2 2005-04	DIN EN 10217-3 2005-04	DIN EN 10217-4 2005-04	DIN EN 10217-5 2005-04	DIN EN 10217-6 2005-04	DIN EN 10217-7 2015-01	DIN EN 10296-1 2004-02	DIN EN 10296-2 2006-02	DIN EN 10305-2 2016-08	z DIN EN 10305-3 2003-02	DIN EN 10305-3 2016-08	DIN EN 10305-6 2016-08	DIN EN 10312 2005-12	DIN EN ISO 3183 2013-03
1.8748	L320M																											x
1.8749	L360M																											x
1.8752	L415M																											x
1.8753	L625M																											x
1.8754	L450M																											x
1.8755	L830M																											x
1.8756	L485M																											x
1.8758	L555M																											x
1.8766	L415MS																											x
1.8767	L450MS																											x
1.8768	L485MS																											x
1.8771	L390M																											x

Werkstoffnormen / Material standards

3.3.4 Geschweißte Stahlrohre

Auflistung nach steigenden Werkstoff-Nummern

Welded steel tubes

Listing according to material numbers in numerical order

Stahlsorte/Steel grade		Werkstoffnormen / Material standards																								
Werk-stoff-Nr. / Material number	EN-Werkstoff-Kurzname (neu) / EN steel name (new)	z DIN 1626 1984-10	z DIN 1628 1984-10	z DIN 2393-2 1994-09	z DIN 2394-2 1994-09	z DIN 17120 1984-06	z DIN 17123 1986-05	z DIN 17174 1985-02	z DIN 17177 1979-05	z DIN 17178 1986-05	z DIN 17457 1985-07	z DIN 17455 1999-02	z DIN EN 10208-2 2009-07	DIN EN 10217-1 2005-04	DIN EN 10217-2 2005-04	DIN EN 10217-3 2005-04	DIN EN 10217-4 2005-04	DIN EN 10217-5 2005-04	DIN EN 10217-6 2005-04	DIN EN 10217-7 2015-01	DIN EN 10296-1 2004-02	DIN EN 10296-2 2006-02	DIN EN 10305-2 2016-08	z DIN EN 10305-3 2003-02	DIN EN 10305-3 2016-08	DIN EN 10305-6 2016-08	DIN EN 10312 2005-12	DIN EN ISO 3183 2013-03
1.8779	L690M																										x
1.8781	L360MO																										x
1.8782	L390MO																										x
1.8783	L415MO																										x
1.8784	L450MO																										x
1.8785	L485MO																										x
1.8786	L555MO																										x
1.8891	E460K2																				x							
1.8895	E275M																				x							
1.8896	E355M																				x							
1.8897	E420M																				x							
1.8898	E460M																				x							

3.3.4 Geschweißte Stahlrohre

Auflistung nach steigenden Werkstoff-Nummern

Welded steel tubes

Listing according to material numbers in numerical order

Stahlsorte/Steel grade		Werkstoffnormen Material standards																										
Werk-stoff-Nr. Material number	EN-Werkstoff-Kurzname (neu) EN steel name (new)	z DIN 1626 1984-10	z DIN 1628 1984-10	z DIN 2393-2 1994-09	z DIN 2394-2 1994-09	z DIN 17120 1984-06	z DIN 17123 1986-05	z DIN 17174 1985-02	z DIN 17177 1979-05	z DIN 17178 1986-05	z DIN 17457 1985-07	z DIN 17455 1999-02	z DIN EN 10208-2 2009-07	DIN EN 10217-1 2005-04	DIN EN 10217-2 2005-04	DIN EN 10217-3 2005-04	DIN EN 10217-4 2005-04	DIN EN 10217-5 2005-04	DIN EN 10217-6 2005-04	DIN EN 10217-7 2015-01	DIN EN 10296-1 2004-02	DIN EN 10296-2 2006-02	DIN EN 10305-2 2016-08	z DIN EN 10305-3 2003-02	DIN EN 10305-3 2016-08	DIN EN 10305-6 2016-08	DIN EN 10312 2005-12	DIN EN ISO 3183 2013-03
1.8902	–						x			x																		
1.8905	–						x																					
1.8905	P460N									x						x												
1.8912	–						x			x																		
1.8913	–						x			x																		
1.8915	–						x																					
1.8915	P460NL1									x						x												
1.8918	–						x																					
1.8918	P460NL2									x						x												
1.8932	–									x																		
1.8935	P460NH									x						x												
1.8973	L415MB												x															

3.3.4 Geschweißte Stahlrohre

Auflistung nach steigenden Werkstoff-Nummern

Welded steel tubes

Listing according to material numbers in numerical order

Stahlsorte/Steel grade		Werkstoffnormen Material standards																										
		z DIN 1626	z DIN 1628	z DIN 2393-2	z DIN 2394-2	z DIN 17120	z DIN 17123	z DIN 17174	z DIN 17177	z DIN 17178	z DIN 17457	z DIN 17455	z DIN EN 10208-2	DIN EN 10217-1	DIN EN 10217-2	DIN EN 10217-3	DIN EN 10217-4	DIN EN 10217-5	DIN EN 10217-6	DIN EN 10217-7	DIN EN 10296-1	DIN EN 10296-2	DIN EN 10305-2	z DIN EN 10305-3	DIN EN 10305-3	DIN EN 10305-6	DIN EN 10312	DIN EN ISO 3183
		1984-10	1984-10	1994-09	1994-09	1984-06	1986-05	1985-02	1979-05	1986-05	1985-07	1999-02	2009-07	2005-04	2005-04	2005-04	2005-04	2005-04	2005-04	2015-01	2004-02	2006-02	2016-08	2003-02	2016-08	2016-08	2005-12	2013-03
Werk-stoff-Nr. Material number	EN-Werkstoff-Kurzname (neu) EN steel name (new)																											
1.8973	L415ME																											x
1.8975	L450MB												x															
1.8975	L450ME																											x
1.8977	L485MB												x															
1.8977	L485ME																											x
1.8978	L555MB												x															
1.8978	L555ME																											x

z = zurückgezogene Norm

E = Norm-Entwurf

Grau hinterlegte Felder markieren die Normen, in denen die alten DIN-Werkstoff-Kurznamen aufgeführt sind. Diese sind über die Werkstoff-Nummern in Tabelle 2.1 zu finden.

z = withdrawn standard

E = draft standard

Gray shaded fields mark those standards in which the old DIN steel names are listed. These can be found via the material numbers in table 2.1.

3.3.5 Formstücke zum Einschweißen

Auflistung nach steigenden Werkstoff-Nummern

Butt-welding pipe fittings

Listing according to material numbers in numerical order

Stahlsorte/Steel grade		Werkstoffnormen Material standards					
Werkstoff-Nr. Material number	EN-Werkstoff-Kurzname (neu) EN steel name (new)	DIN 2609 1991-02	DIN EN 10253-2 2008-09	DIN EN 10253-3 2009-02	DIN EN 10253-4 2008-06		
1.0038	–	x					
1.0044	–	x					
1.0254	–	x					
1.0255	P235TR2		x				
1.0256	–	x					
1.0259	P265TR2		x				
1.0305	–	x					
1.0315	–	x					
1.0345	P235GH	x	x				
1.0421	–	x					
1.0425	P265GH	x	x				
1.0451	P215NL		x				
1.0453	P265NL		x				
1.0460	–	x					
1.0484	L290NB	x	x				
1.0488	–	x					
1.0562	P355N		x		x		
1.0565	P355NL	x	x				
1.0566	P355NL1	x	x				
1.0570	–	x					
1.0582	L360NB	x	x				
1.4301	X5CrNi18-10	x		x	x		
1.4306	X2CrNi19-11	x		x	x		
1.4307	X2CrNi18-9			x	x		
1.4311	X2CrNiN18-10			x	x		
1.4335	X1CrNi25-21			x	x		
1.4362	X2CrNiN23-4			x	x		
1.4401	X5CrNiMo17-12-2	x		x	x		
1.4404	X2CrNiMo17-12-2	x		x	x		
1.4410	X2CrNiMoN25-7-4			x	x		
1.4429	X2CrNiMoN17-13-3			x	x		
1.4432	X2CrNiMo17-12-3			x	x		
1.4435	X2CrNiMo18-14-3			x	x		
1.4436	X3CrNiMo17-13-3			x	x		

3.3.5 Formstücke zum Einschweißen

Auflistung nach steigenden Werkstoff-Nummern

Butt-welding pipe fittings

Listing according to material numbers in numerical order

Stahlsorte/Steel grade		Werkstoffnormen Material standards					
Werk-stoff-Nr. Material number	EN-Werkstoff-Kurzname (neu) EN steel name (new)	z DIN 2609 1991-02	DIN EN 10253-2 2008-09	DIN EN 10253-3 2009-02	DIN EN 10253-4 2008-06		
1.4438	X2CrNiMo18-15-4			x	x		
1.4439	X2CrNiMoN17-13-5			x	x		
1.4462	X2CrNiMoN22-5-3			x	x		
1.4501	X2CrNiMoCuWN25-7-4			x	x		
1.4507	X2CrNiMoCuN25-6-3			x	x		
1.4529	X1NiCrMoCuN25-20-7			x	x		
1,4539	X1NiCrMoCuN25-20-5			x	x		
1.4541	X6CrNiTi18-10	x		x	x		
1.4547	X1CrNiMoCuN20-18-7			x	x		
1.4550	X6CrNiNb18-10			x	x		
1.4563	X1NiCrMoCu31-27-4			x	x		
1.4571	X6CrNiMoTi17-12-2	x		x	x		
1.4903	X10CrMoVNb9-1		x				
1.5415	16Mo3	x	x				
1.5637	12Ni14	x	x				
1.5682	X10Ni9		x				
1.7335	13CrMo4-5	x	x				
1.7338	10CrMo5-5		x				
1.7362	X11CrMo5		x				
1.7380	10CrMo9-10	x	x				
1.7386	X11CrMo9-1		x				
1.8947	L415QB		x				
1.8948	L360QB		x				
1.8952	L450QB		x				
1.8972	L415NB		x				

z = zurückgezogene Norm

E = Norm-Entwurf

Grau hinterlegte Felder markieren die Normen, in denen die alten DIN-Werkstoff-Kurznamen aufgeführt sind. Diese sind über die Werkstoff-Nummern in Tabelle 2.1 zu finden.

z = withdrawn standard

E = draft standard

Grey shaded fields mark those standards in which the old DIN steel names are listed. These can be found via the material numbers in table 2.1.

3.4 Stähle zum Kaltumformen

Auflistung nach steigenden Werkstoff-Nummern

Steels for cold forming

Listing according to material numbers in numerical order

Stahlsorte/Steel grade: Werk-stoff-Nr. / Material number	EN-Werkstoff-Kurzname (neu) / EN steel name (new)	z DIN 1614-2 1986-03	z DIN 1623-1 1983-02	z DIN 1623-3 1987-01	z DIN 1624 1987-06	z SEW 092 1990-01	z SEW 093 1987-03	z SEW 094 1987-07	z SEW 095 1987-07	DIN EN 10111 2008-06	z DIN EN 10130 1999-02	DIN EN 10130 2007-02	z DIN EN 10139 1997-12	DIN EN 10139 2016-06	z DIN EN 10149-2 1995-11	DIN EN 10149-2 2013-12	DIN EN 10149-3 2013-12	z DIN EN 10209 1996-05	DIN EN 10209 2013-09	z DIN EN 10268 1999-02	DIN EN 10268 2013-12	SEW 097-1 2000-01	SEW 097-2 2000-01
1.0311	–								x														
1.0312	DC05										x	x	x	x									
1.0330	DC01		x		x						x	x	x	x									
1.0332	DD11	x								x													
1.0333	–		x		x																		
1.0334	–	x																					
1.0335	DD13	x								x													
1.0338	DC04		x		x						x	x	x	x									
1.0342	HC180P																				x[a]		
1.0346	HC220I																				x		
1.0347	DC03		x		x						x	x	x	x									
1.0349	HC260I																				x		

Werkstoffnormen / Material standards

3.4 Stähle zum Kaltumformen

Auflistung nach steigenden Werkstoff-Nummern

Steels for cold forming

Listing according to material numbers in numerical order

Stahlsorte/Steel grade		Werkstoffnormen Material standards																					
Werk-stoff-Nr. Material number	EN-Werkstoff-Kurzname (neu) EN steel name (new)	z DIN 1614-2 1986-03	z DIN 1623-1 1983-02	z DIN 1623-3 1987-01	z DIN 1624 1987-06	z SEW 092 1990-01	z SEW 093 1987-03	z SEW 094 1987-07	z SEW 095 1987-07	DIN EN 10111 2008-06	z DIN EN 10130 1999-02	DIN EN 10130 2007-02	z DIN EN 10139 1997-12	DIN EN 10139 2016-06	z DIN EN 10149-2 1995-11	DIN EN 10149-2 2013-12	DIN EN 10149-3 2013-12	z DIN EN 10209 1996-05	DIN EN 10209 2013-09	z DIN EN 10268 1999-02	DIN EN 10268 2013-12	SEW 097-1 2000-01	SEW 097-2 2000-01
1.0386	DC05EK																		x				
1.0389	DD14									x													
1.0390	DC01EK																	x	x				
1.0391	–			x																			
1.0392	DC04EK			x														x	x				
1.0393	–			x																			
1.0394	DC04ED			x														x	x				
1.0395	HC180B							x													x		
1.0396	HC220B							x													x		
1.0397	HC220P							x													x[a]		
1.0398	DD12	x								x													
1.0399	DC03ED																	x	x				

3.4 Stähle zum Kaltumformen

Auflistung nach steigenden Werkstoff-Nummern

Steels for cold forming

Listing according to material numbers in numerical order

Stahlsorte/Steel grade		Werkstoffnormen / Material standards																					
Werk-stoff-Nr. / Material number	EN-Werkstoff-Kurzname (neu) / EN steel name (new)	z DIN 1614-2 1986-03	z DIN 1623-1 1983-02	z DIN 1623-3 1987-01	z DIN 1624 1987-06	z SEW 092 1990-01	z SEW 093 1987-03	z SEW 094 1987-07	z SEW 095 1987-07	DIN EN 10111 2008-06	z DIN EN 10130 1999-02	DIN EN 10130 2007-02	z DIN EN 10139 1997-12	DIN EN 10139 2016-06	z DIN EN 10149-2 1995-11	DIN EN 10149-2 2013-12	DIN EN 10149-3 2013-12	z DIN EN 10209 1996-05	DIN EN 10209 2013-09	z DIN EN 10268 1999-02	DIN EN 10268 2013-12	SEW 097-1 2000-01	SEW 097-2 2000-01
1.0400	HC260B							x													x		
1.0417	HC260P							x													x[a]		
1.0444	HC300B							x													x		
1.0447	HC300I																				x		
1.0448	HC300P							x													x[a]		
1.0480	H240LA						x													x	x		
1.0489	H280LA						x													x	x		
1.0489	HC300LA																				x[a]		
1.0548	H320LA						x													x			
1.0548	HC340LA																				x		
1.0550	H360LA						x													x			
1.0550	HC380LA																				x[a]		

3.4 Stähle zum Kaltumformen

Auflistung nach steigenden Werkstoff-Nummern

Steels for cold forming

Listing according to material numbers in numerical order

Stahlsorte/Steel grade: Werkstoff-Nr. / Material number	Stahlsorte/Steel grade: EN-Werkstoff-Kurzname (neu) / EN steel name (new)	Werkstoffnormen / Material standards: z DIN 1614-2 1986-03	z DIN 1623-1 1983-02	z DIN 1623-3 1987-01	z DIN 1624 1987-06	z SEW 092 1990-01	z SEW 093 1987-03	z SEW 094 1987-07	z SEW 095 1987-07	DIN EN 10111 2008-06	z DIN EN 10130 1999-02	DIN EN 10130 2007-02	z DIN EN 10139 1997-12	DIN EN 10139 2016-06	z DIN EN 10149-2 1995-11	DIN EN 10149-2 2013-12	DIN EN 10149-3 2013-12	z DIN EN 10209 1996-05	DIN EN 10209 2013-09	z DIN EN 10268 1999-02	DIN EN 10268 2013-12	SEW 097-1 2000-01	SEW 097-2 2000-01
1.0556	H400LA						x													x			
1.0556	HC420LA																				x		
1.0573	HC500LA																				x		
1.0574	HC460LA																				x		
1.0869	DC06EK																	x	x				
1.0872	DC06ED																	x	x				
1.0873	DC06										x	x	x	x									
1.0898	DC07											x		x									
1.0922	HC180Y																				x		
1.0925	HC220Y																				x		
1.0928	HC260Y																				x		
1.0936	DD33X																					x	

3.4 Stähle zum Kaltumformen

Auflistung nach steigenden Werkstoff-Nummern

Steels for cold forming

Listing according to material numbers in numerical order

Stahlsorte/Steel grade		Werkstoffnormen / Material standards																					
Werkstoff-Nr. / Material number	EN-Werkstoff-Kurzname (neu) / EN steel name (new)	z DIN 1614-2 1986-03	z DIN 1623-1 1983-02	z DIN 1623-3 1987-01	z DIN 1624 1987-06	z SEW 092 1990-01	z SEW 093 1987-03	z SEW 094 1987-07	z SEW 095 1987-07	DIN EN 10111 2008-06	z DIN EN 10130 1999-02	DIN EN 10130 2007-02	z DIN EN 10139 1997-12	DIN EN 10139 2016-06	z DIN EN 10149-2 1995-11	DIN EN 10149-2 2013-12	DIN EN 10149-3 2013-12	z DIN EN 10209 1996-05	DIN EN 10209 2013-09	z DIN EN 10268 1999-02	DIN EN 10268 2013-12	SEW 097-1 2000-01	SEW 097-2 2000-01
1.0937	H260X																						x
1.0938	H270X																						x
1.0939	H300X																						x
1.0940	H310X																						x
1.0941	H340X																						x
1.0942	H380X																						x
1.0971	S260NC					x											x						
1.0972	S315MC														x	x							
1.0973	S315NC																x						
1.0974	–					x																	
1.0975	–					x																	
1.0976	S355MC														x	x							

3.4 Stähle zum Kaltumformen

Auflistung nach steigenden Werkstoff-Nummern

Steels for cold forming

Listing according to material numbers in numerical order

Stahlsorte/Steel grade		Werkstoffnormen / Material standards																					
Werk-stoff-Nr. / Material number	EN-Werkstoff-Kurzname (neu) / EN steel name (new)	z DIN 1614-2 1986-03	z DIN 1623-1 1983-02	z DIN 1623-3 1987-01	z DIN 1624 1987-06	z SEW 092 1990-01	z SEW 093 1987-03	z SEW 094 1987-07	z SEW 095 1987-07	DIN EN 10111 2008-06	z DIN EN 10130 1999-02	DIN EN 10130 2007-02	z DIN EN 10139 1997-12	DIN EN 10139 2016-06	z DIN EN 10149-2 1995-11	DIN EN 10149-2 2013-12	DIN EN 10149-3 2013-12	z DIN EN 10209 1996-05	DIN EN 10209 2013-09	z DIN EN 10268 1999-02	DIN EN 10268 2013-12	SEW 097-1 2000-01	SEW 097-2 2000-01
1.0977	S355NC																x						
1.0978	–					x																	
1.0979	–					x																	
1.0980	S420MC					x									x	x							
1.0981	S420NC					x											x						
1.0982	S460MC					x									x	x							
1.0983	–					x																	
1.0984	S500MC					x									x	x							
1.0985	–					x																	
1.0986	S550MC					x									x	x							
1.8798	S900MC															x							
1.8799	S960MC															x							

3.4 Stähle zum Kaltumformen

Auflistung nach steigenden Werkstoff-Nummern

Steels for cold forming

Listing according to material numbers in numerical order

Werkstoffnormen / Material standards		Stahlsorte/Steel grade: Werkstoff-Nr. / Material number 1.8969, EN-Werkstoff-Kurzname (neu) / EN steel name (new) S600MC	1.8974 S700MC	1.8976 S650MC
z DIN 1614-2	1986-03			
z DIN 1623-1	1983-02			
z DIN 1623-3	1987-01			
z DIN 1624	1987-06			
z SEW 092	1990-01			
z SEW 093	1987-03			
z SEW 094	1987-07			
z SEW 095	1987-07			
DIN EN 10111	2008-06			
z DIN EN 10130	1999-02			
DIN EN 10130	2007-02			
z DIN EN 10139	1997-12			
DIN EN 10139	2016-06			
z DIN EN 10149-2	1995-11	x	x	x
DIN EN 10149-2	2013-12	x	x	x
DIN EN 10149-3	2013-12			
z DIN EN 10209	1996-05			
DIN EN 10209	2013-09			
z DIN EN 10268	1999-02			
DIN EN 10268	2013-12			
SEW 097-1	2000-01			
SEW 097-2	2000-01			

z = zurückgezogene Norm
E = Norm-Entwurf
Grau hinterlegte Felder markieren die Normen, in denen die alten DIN-Werkstoff-Kurznamen aufgeführt sind. Diese sind über die Werkstoff-Nummern in Tabelle 2.1 zu finden.

z = withdrawn standard
E = draft standard
Grey shaded fields mark those standards in which the old DIN steel names are listed. These can be found via the material numbers in table 2.1.

[a] Dieser Werkstoff ist nur in der Vorgängerausgabe von 2006-10 enthalten. This material is only included in z DIN EN 10268:2006-10.

3.5 Stähle für oberflächenveredelte Bänder und Bleche

Auflistung nach steigenden Werkstoff-Nummern

Steels for coated strips and sheets

Listing according to material numbers in numerical order

Stahlsorte/Steel grade		Werkstoffnormen Material standards																					
Werk-stoff-Nr. Material number	EN-Werkstoff-Kurzname (neu) EN steel name (new)	z DIN 17162-1	z DIN 17162-2	z DIN 17163	SEW 021	z DIN EN 10142	z DIN EN 10142	z DIN EN 10147	z DIN EN 10147	z DIN EN 10152	DIN EN 10152	z DIN EN 10154	z DIN EN 10154	z DIN EN 10214	z DIN EN 10215	DIN EN 10271	z DIN EN 10292	z DIN EN 10292	z DIN EN 10326	z DIN EN 10327	z DIN EN 10336	z DIN EN 10346	DIN EN 10346
		1977-09	1980-09	1988-03	1996-01	1995-08	2000-07	1995-08	2000-07	2003-08	2009-07	1996-05	2002-08	1995-04	1995-04	1998-12	2005-03	2007-06	2004-09	2004-09	2007-07	2009-07	2015-10
Schmelztauchüberzug/ Elektrolytischer Überzug [a] Hot-dip coating/ electrolytic coating [a]		Z	Z	ZE	Z,ZF	Z,ZF	Z,ZF	Z,ZF	Z,ZF	ZE	ZE	AS	AS	ZA	AZ	ZN	Z,ZF,ZA,AZ,AS	Z,ZF,ZA,AZ,AS	Z,ZF,ZA,AZ,AS	Z,ZF,ZA,AZ,AS	Z, ZF, ZE, ZN	Z,ZF,ZA,AZ,AS	Z,ZF,ZA,ZM,AZ,AS
1.0022	–	x																					
1.0226	DX51D	x				x	x					x	x	x	x					x		x	
1.0233	S450GD																						x
1.0238	S390GD																						x
1.0239	S420GD																						x
1.0241	S220GD							x	x					x					x			x	x
1.0242	S250GD		x					x	x			x	x	x	x				x			x	x

3.5 Stähle für oberflächenveredelte Bänder und Bleche

Auflistung nach steigenden Werkstoff-Nummern

Steels for coated strips and sheets

Listing according to material numbers in numerical order

Stahlsorte/Steel grade		Werkstoffnormen Material standards																					
		1977-09	1980-09	1988-03	1996-01	1995-08	2000-07	1995-08	2000-07	2003-08	2009-07	1996-05	2002-08	1995-04	1995-04	1998-12	2005-03	2007-06	2004-09	2004-09	2007-07	2009-07	2015-10
Werk-stoff-Nr. Material number	EN-Werkstoff-Kurzname (neu) EN steel name (new)	z DIN 17162-1	z DIN 17162-2	z DIN 17163	SEW 021	z DIN EN 10142	z DIN EN 10142	z DIN EN 10147	z DIN EN 10147	z DIN EN 10152	DIN EN 10152	z DIN EN 10154	z DIN EN 10154	z DIN EN 10214	z DIN EN 10215	DIN EN 10271	z DIN EN 10292	z DIN EN 10292	z DIN EN 10326	z DIN EN 10327	z DIN EN 10336	z DIN EN 10346	DIN EN 10346
Schmelztauchüberzug/ Elektrolytischer Überzug [a] Hot-dip coating/ electrolytic coating [a]		Z	Z	ZE	Z,ZF	Z,ZF	Z,ZF	Z,ZF	Z,ZF	ZE	ZE	AS	AS	ZA	AZ	ZN	Z,ZF,ZA,AZ,AS	Z,ZF,ZA,AZ,AS	Z,ZF,ZA,AZ,AS	Z,ZF,ZA,AZ,AS	Z, ZF, ZE, ZN	Z,ZF,ZA,AZ,AS	Z,ZF,ZA,ZM,AZ,AS
1.0244	S280GD		x					x	x			x	x	x	x				x			x	x
1.0246	–		x																				
1.0250	S320GD		x					x	x			x	x	x	x				x			x	x
1.0306	DX54D					x	x					x	x	x	x					x		x	
1.0309	DX55D											x	x							x		x	
1.0312	DC05									x	x					x							
1.0322	DX56D				x		x						x							x		x	

3.5 Stähle für oberflächenveredelte Bänder und Bleche

Auflistung nach steigenden Werkstoff-Nummern

Steels for coated strips and sheets

Listing according to material numbers in numerical order

Stahlsorte/Steel grade		Werkstoffnormen / Material standards																					
Werk-stoff-Nr. / Material number	EN-Werkstoff-Kurzname (neu) / EN steel name (new)	z DIN 17162-1	z DIN 17162-2	z DIN 17163	SEW 021	z DIN EN 10142	z DIN EN 10142	z DIN EN 10147	z DIN EN 10147	z DIN EN 10152	DIN EN 10152	z DIN EN 10154	z DIN EN 10154	z DIN EN 10214	z DIN EN 10215	DIN EN 10271	z DIN EN 10292	z DIN EN 10292	z DIN EN 10326	z DIN EN 10327	z DIN EN 10336	z DIN EN 10346	DIN EN 10346
		1977-09	1980-09	1988-03	1996-01	1995-08	2000-07	1995-08	2000-07	2003-08	2009-07	1996-05	2002-08	1995-04	1995-04	1998-12	2005-03	2007-06	2004-09	2004-09	2007-07	2009-07	2015-10
Schmelztauchüberzug/ Elektrolytischer Überzug [a] Hot-dip coating/ electrolytic coating [a]		Z	Z	ZE	Z,ZF	Z,ZF	Z,ZF	Z,ZF	Z,ZF	ZE	ZE	AS	AS	ZA	AZ	ZN	Z,ZF,ZA,AZ,AS	Z,ZF,ZA,AZ,AS	Z,ZF,ZA,AZ,AS	Z,ZF,ZA,AZ,AS	Z, ZF, ZE, ZN	Z,ZF,ZA,AZ,AS	Z,ZF,ZA,ZM,AZ,AS
1.0330	DC01			x						x	x					x							
1.0338	DC04			x						x	x					x							
1.0347	DC03			x						x	x					x							
1.0350	DX52D	x				x	x					x	x	x	x					x		x	
1.0353	HX220BD																x						
1.0354	HX180BD																x						
1.0355	DX53D	x				x	x					x	x	x	x					x		x	

3.5 Stähle für oberflächenveredelte Bänder und Bleche

Auflistung nach steigenden Werkstoff-Nummern

Steels for coated strips and sheets

Listing according to material numbers in numerical order

Stahlsorte/Steel grade		Werkstoffnormen Material standards																				
Werk-stoff-Nr. Material number	EN-Werkstoff-Kurzname (neu) EN steel name (new)	z DIN 17162-1 1977-09	z DIN 17162-2 1980-09	z DIN 17163 1988-03	SEW 021 1996-01	z DIN EN 10142 1995-08	z DIN EN 10142 2000-07	z DIN EN 10147 1995-08	z DIN EN 10147 2000-07	z DIN EN 10152 2003-08	DIN EN 10152 2009-07	z DIN EN 10154 1996-05	z DIN EN 10154 2002-08	z DIN EN 10214 1995-04	z DIN EN 10215 1995-04	DIN EN 10271 1998-12	z DIN EN 10292 2005-03	z DIN EN 10292 2007-06	z DIN EN 10326 2004-09	z DIN EN 10327 2004-09	z DIN EN 10336 2007-07	z DIN EN 10346 2009-07	DIN EN 10346 2015-10
Schmelztauchüberzug/ Elektrolytischer Überzug [a] Hot-dip coating/ electrolytic coating [a]		Z	Z	ZE	Z,ZF	Z,ZF	Z,ZF	Z,ZF	Z,ZF	ZE	ZE	AS	AS	ZA	AZ	ZN	Z,ZF,ZA,AZ,AS	Z,ZF,ZA,AZ,AS	Z,ZF,ZA,AZ,AS	Z,ZF,ZA,AZ,AS	Z, ZF, ZE, ZN	Z,ZF,ZA,AZ,AS	Z,ZF,ZA,ZM,AZ,AS
1.0358	–	x																					
1.0358	HX220PD																x						
1.0431	HX260PD																x						
1.0433	HX260BD																x						
1.0443	HX300PD																x						
1.0445	HX300BD																x						
1.0480	–			x																			

3.5 Stähle für oberflächenveredelte Bänder und Bleche

Auflistung nach steigenden Werkstoff-Nummern

Steels for coated strips and sheets

Listing according to material numbers in numerical order

Stahlsorte/Steel grade		Werkstoffnormen Material standards																					
Werk-stoff-Nr. Material number	EN-Werkstoff-Kurzname (neu) EN steel name (new)	z DIN 17162-1 1977-09	z DIN 17162-2 1980-09	z DIN 17163 1988-03	SEW 021 1996-01	z DIN EN 10142 1995-08	z DIN EN 10142 2000-07	z DIN EN 10147 1995-08	z DIN EN 10147 2000-07	z DIN EN 10152 2003-08	DIN EN 10152 2009-07	z DIN EN 10154 1996-05	z DIN EN 10154 2002-08	z DIN EN 10214 1995-04	z DIN EN 10215 1995-04	DIN EN 10271 1998-12	z DIN EN 10292 2005-03	z DIN EN 10292 2007-06	z DIN EN 10326 2004-09	z DIN EN 10327 2004-09	z DIN EN 10336 2007-07	z DIN EN 10346 2009-07	DIN EN 10346 2015-10
Schmelztauchüberzug/ Elektrolytischer Überzug [a] Hot-dip coating/ electrolytic coating [a]		Z	Z	ZE	Z,ZF	Z,ZF	Z,ZF	Z,ZF	Z,ZF	ZE	ZE	AS	AS	ZA	AZ	ZN	Z,ZF,ZA,AZ,AS	Z,ZF,ZA,AZ,AS	Z,ZF,ZA,AZ,AS	Z,ZF,ZA,AZ,AS	Z, ZF, ZE, ZN	Z,ZF,ZA,AZ,AS	Z,ZF,ZA,ZM,AZ,AS
1.0489	–			x																			
1.0529	S350GD		x					x	x			x	x	x	x				x			x	x
1.0531	S550GD							x	x					x	x				x			x	x
1.0548	–			x																			
1.0853	DX57D																			x		x	x
1.0873	DC06									x	x					x							
1.0898	DC07										x												

3.5 Stähle für oberflächenveredelte Bänder und Bleche

Auflistung nach steigenden Werkstoff-Nummern

Steels for coated strips and sheets

Listing according to material numbers in numerical order

Stahlsorte/Steel grade		Werkstoffnormen Material standards																					
Werk-stoff-Nr. / Material number	EN-Werkstoff-Kurzname (neu) / EN steel name (new)	z DIN 17162-1	z DIN 17162-2	z DIN 17163	SEW 021	z DIN EN 10142	z DIN EN 10142	z DIN EN 10147	z DIN EN 10147	z DIN EN 10152	DIN EN 10152	z DIN EN 10154	z DIN EN 10154	z DIN EN 10214	z DIN EN 10215	DIN EN 10271	z DIN EN 10292	z DIN EN 10292	z DIN EN 10326	z DIN EN 10327	z DIN EN 10336	z DIN EN 10346	DIN EN 10346
		1977-09	1980-09	1988-03	1996-01	1995-08	2000-07	1995-08	2000-07	2003-08	2009-07	1996-05	2002-08	1995-04	1995-04	1998-12	2005-03	2007-06	2004-09	2004-09	2007-07	2009-07	2015-10
Schmelztauchüberzug/ Elektrolytischer Überzug [a] Hot-dip coating/ electrolytic coating [a]		Z	Z	ZE	Z,ZF	Z,ZF	Z,ZF	Z,ZF	Z,ZF	ZE	ZE	AS	AS	ZA	AZ	ZN	Z,ZF,ZA,AZ,AS	Z,ZF,ZA,AZ,AS	Z,ZF,ZA,AZ,AS	Z,ZF,ZA,AZ,AS	Z, ZF, ZE, ZN	Z,ZF,ZA,AZ,AS	Z,ZF,ZA,ZM,AZ,AS
1.0910	HX160YD																					x	x
1.0914	HX180BD																	x				x	x
1.0917	DX51D																						x
1.0918	DX52D																						x
1.0919	HX220BD																	x				x	x
1.0921	HX180YD																x	x				x	x
1.0923	HX220YD																x	x				x	x

3.5 Stähle für oberflächenveredelte Bänder und Bleche

Auflistung nach steigenden Werkstoff-Nummern

Steels for coated strips and sheets

Listing according to material numbers in numerical order

Stahlsorte/Steel grade		Werkstoffnormen Material standards																					
Werk-stoff-Nr. Material number	EN-Werkstoff-Kurzname (neu) EN steel name (new)	z DIN 17162-1 1977-09	z DIN 17162-2 1980-09	z DIN 17163 1988-03	SEW 021 1996-01	z DIN EN 10142 1995-08	z DIN EN 10142 2000-07	z DIN EN 10147 1995-08	z DIN EN 10147 2000-07	z DIN EN 10152 2003-08	DIN EN 10152 2009-07	z DIN EN 10154 1996-05	z DIN EN 10154 2002-08	z DIN EN 10214 1995-04	z DIN EN 10215 1995-04	DIN EN 10271 1998-12	z DIN EN 10292 2005-03	z DIN EN 10292 2007-06	z DIN EN 10326 2004-09	z DIN EN 10327 2004-09	z DIN EN 10336 2007-07	z DIN EN 10346 2009-07	DIN EN 10346 2015-10
Schmelztauchüberzug/ Elektrolytischer Überzug [a] Hot-dip coating/ electrolytic coating [a]		Z	Z	ZE	Z,ZF	Z,ZF	Z,ZF	Z,ZF	Z,ZF	ZE	ZE	AS	AS	ZA	AZ	ZN	Z,ZF,ZA,AZ,AS	Z,ZF,ZA,AZ,AS	Z,ZF,ZA,AZ,AS	Z,ZF,ZA,AZ,AS	Z, ZF, ZE, ZN	Z,ZF,ZA,AZ,AS	Z,ZF,ZA,ZM,AZ,AS
1.0924	HX260BD																	x				x	x
1.0926	HX260YD																x	x				x	x
1.0927	HX300YD																	x				x	x
1.0929	HX260LAD																x	x				x	x
1.0930	HX300BD																	x				x	x
1.0932	HX300LAD																x	x				x	x
1.0933	HX340LAD																x	x				x	x

3.5 Stähle für oberflächenveredelte Bänder und Bleche

Auflistung nach steigenden Werkstoff-Nummern

Steels for coated strips and sheets

Listing according to material numbers in numerical order

Stahlsorte/Steel grade		Werkstoffnormen Material standards																					
		1977-09	1980-09	1988-03	1996-01	1995-08	2000-07	1995-08	2000-07	2003-08	2009-07	1996-05	2002-08	1995-04	1995-04	1998-12	2005-03	2007-06	2004-09	2004-09	2007-07	2009-07	2015-10
Werk-stoff-Nr. Material number	EN-Werkstoff-Kurzname (neu) EN steel name (new)	z DIN 17162-1	z DIN 17162-2	z DIN 17163	SEW 021	z DIN EN 10142	z DIN EN 10142	z DIN EN 10147	z DIN EN 10147	z DIN EN 10152	DIN EN 10152	z DIN EN 10154	z DIN EN 10154	z DIN EN 10214	z DIN EN 10215	DIN EN 10271	z DIN EN 10292	z DIN EN 10292	z DIN EN 10326	z DIN EN 10327	z DIN EN 10336	z DIN EN 10346	DIN EN 10346
Schmelztauchüberzug/ Elektrolytischer Überzug [a] Hot-dip coating/ electrolytic coating [a]		Z	Z	ZE	Z,ZF	Z,ZF	Z,ZF	Z,ZF	Z,ZF	ZE	ZE	AS	AS	ZA	AZ	ZN	Z,ZF,ZA,AZ,AS	Z,ZF,ZA,AZ,AS	Z,ZF,ZA,AZ,AS	Z,ZF,ZA,AZ,AS	Z, ZF, ZE, ZN	Z,ZF,ZA,AZ,AS	Z,ZF,ZA,ZM,AZ,AS
1.0934	HX380LAD																x	x				x	x
1.0935	HX420LAD																x	x				x	x
1.0936	HDT580X																				x	x	x
1.0937	HCT450X																					x	x
1.0939	HCT500X																					x	
1.0941	HCT600X																					x	
1.0943	HCT780X																				x	x	x

3.5 Stähle für oberflächenveredelte Bänder und Bleche

Auflistung nach steigenden Werkstoff-Nummern

Steels for coated strips and sheets

Listing according to material numbers in numerical order

Stahlsorte/Steel grade		Werkstoffnormen / Material standards																				
Werk-stoff-Nr. / Material number	EN-Werkstoff-Kurzname (neu) / EN steel name (new)	z DIN 17162-1	z DIN 17162-2	z DIN 17163	SEW 021	z DIN EN 10142	z DIN EN 10142	z DIN EN 10147	z DIN EN 10147	z DIN EN 10152	DIN EN 10152	z DIN EN 10154	z DIN EN 10154	z DIN EN 10214	z DIN EN 10215	DIN EN 10271	z DIN EN 10292	z DIN EN 10292	z DIN EN 10326	z DIN EN 10327	z DIN EN 10336	z DIN EN 10346	DIN EN 10346
		1977-09	1980-09	1988-03	1996-01	1995-08	2000-07	1995-08	2000-07	2003-08	2009-07	1996-05	2002-08	1995-04	1995-04	1998-12	2005-03	2007-06	2004-09	2004-09	2007-07	2009-07	2015-10
Schmelztauchüberzug/ Elektrolytischer Überzug [a] Hot-dip coating/ electrolytic coating [a]		Z	Z	ZE	Z,ZF	Z,ZF	Z,ZF	Z,ZF	Z,ZF	ZE	ZE	AS	AS	ZA	AZ	ZN	Z,ZF,ZA,AZ,AS	Z,ZF,ZA,AZ,AS	Z,ZF,ZA,AZ,AS	Z,ZF,ZA,AZ,AS	Z, ZF, ZE, ZN	Z,ZF,ZA,AZ,AS	Z,ZF,ZA,ZM,AZ,AS
1.0944	HCT980X																				x	x	x
1.0945	HCT450X																				x		
1.0945	HX340BD																					x	x
1.0946	HCT500X																				x		
1.0947	HCT690T																				x	x	x
1.0948	HCT780T																				x	x	x
1.0949	HCT600X																				x		

3.5 Stähle für oberflächenveredelte Bänder und Bleche

Auflistung nach steigenden Werkstoff-Nummern

Steels for coated strips and sheets

Listing according to material numbers in numerical order

Stahlsorte/Steel grade		Werkstoffnormen Material standards																					
Werk-stoff-Nr. / Material number	EN-Werkstoff-Kurzname (neu) / EN steel name (new)	z DIN 17162-1	z DIN 17162-2	z DIN 17163	SEW 021	z DIN EN 10142	z DIN EN 10142	z DIN EN 10147	z DIN EN 10147	z DIN EN 10152	DIN EN 10152	z DIN EN 10154	z DIN EN 10154	z DIN EN 10214	z DIN EN 10215	DIN EN 10271	z DIN EN 10292	z DIN EN 10292	z DIN EN 10326	z DIN EN 10327	z DIN EN 10336	z DIN EN 10346	DIN EN 10346
		1977-09	1980-09	1988-03	1996-01	1995-08	2000-07	1995-08	2000-07	2003-08	2009-07	1996-05	2002-08	1995-04	1995-04	1998-12	2005-03	2007-06	2004-09	2004-09	2007-07	2009-07	2015-10
Schmelztauchüberzug/ Elektrolytischer Überzug [a] Hot-dip coating/ electrolytic coating [a]		Z	Z	ZE	Z,ZF	Z,ZF	Z,ZF	Z,ZF	Z,ZF	ZE	ZE	AS	AS	ZA	AZ	ZN	Z,ZF,ZA,AZ,AS	Z,ZF,ZA,AZ,AS	Z,ZF,ZA,AZ,AS	Z,ZF,ZA,AZ,AS	Z, ZF, ZE, ZN	Z,ZF,ZA,AZ,AS	Z,ZF,ZA,ZM,AZ,AS
1.0951	DX53D																						x
1.0952	DX54D																						x
1.0953	HCT600C																				x	x	x
1.0954	HCT780C																				x	x	x
1.0955	HCT980C																				x	x	x
1.0956	HDT750C																				x	x	x
1.0957	HDT780C																				x	x	

3.5 Stähle für oberflächenveredelte Bänder und Bleche

Auflistung nach steigenden Werkstoff-Nummern

Steels for coated strips and sheets

Listing according to material numbers in numerical order

Stahlsorte/Steel grade		Werkstoffnormen Material standards																				
Werk-stoff-Nr. Material number	EN-Werkstoff-Kurzname (neu) EN steel name (new)	z DIN 17162-1 1977-09	z DIN 17162-2 1980-09	z DIN 17163 1988-03	SEW 021 1996-01	z DIN EN 10142 1995-08	z DIN EN 10142 2000-07	z DIN EN 10147 1995-08	z DIN EN 10147 2000-07	z DIN EN 10152 2003-08	DIN EN 10152 2009-07	z DIN EN 10154 1996-05	z DIN EN 10154 2002-08	z DIN EN 10214 1995-04	z DIN EN 10215 1995-04	DIN EN 10271 1998-12	z DIN EN 10292 2005-03	z DIN EN 10292 2007-06	z DIN EN 10326 2004-09	z DIN EN 10327 2004-09	z DIN EN 10336 2007-07	z DIN EN 10346 2009-07	DIN EN 10346 2015-10
Schmelztauchüberzug/ Elektrolytischer Überzug [a] Hot-dip coating/ electrolytic coating [a]		Z	Z	ZE	Z,ZF	Z,ZF	Z,ZF	Z,ZF	Z,ZF	ZE	ZE	AS	AS	ZA	AZ	ZN	Z,ZF,ZA,AZ,AS	Z,ZF,ZA,AZ,AS	Z,ZF,ZA,AZ,AS	Z,ZF,ZA,AZ,AS	Z, ZF, ZE, ZN	Z,ZF,ZA,AZ,AS	Z,ZF,ZA,ZM,AZ,AS
1.0958	HDT950C																				x	x	x
1.0959	HDT560F																				x	x	
1.0961	HDT450F																				x	x	x
1.0962	DX55D																						x
1.0963	DX56D																						x
1.0965	HDT1200M																				x	x	
1.0990	HX460LAD																					x	x

3.5 Stähle für oberflächenveredelte Bänder und Bleche

Auflistung nach steigenden Werkstoff-Nummern

Steels for coated strips and sheets

Listing according to material numbers in numerical order

Stahlsorte/Steel grade		Werkstoffnormen / Material standards																					
Werk-stoff-Nr.	EN-Werkstoff-Kurzname (neu)	1977-09	1980-09	1988-03	1996-01	1995-08	2000-07	1995-08	2000-07	2003-08	2009-07	1996-05	2002-08	1995-04	1995-04	1998-12	2005-03	2007-06	2004-09	2004-09	2007-07	2009-07	2015-10
Material number	EN steel name (new)	z DIN 17162-1	z DIN 17162-2	z DIN 17163	SEW 021	z DIN EN 10142	z DIN EN 10142	z DIN EN 10147	z DIN EN 10147	z DIN EN 10152	DIN EN 10152	z DIN EN 10154	z DIN EN 10154	z DIN EN 10214	z DIN EN 10215	DIN EN 10271	z DIN EN 10292	z DIN EN 10292	z DIN EN 10326	z DIN EN 10327	z DIN EN 10336	z DIN EN 10346	DIN EN 10346
Schmelztauchüberzug/ Elektrolytischer Überzug [a] Hot-dip coating/ electrolytic coating [a]		Z	Z	ZE	Z,ZF	Z,ZF	Z,ZF	Z,ZF	Z,ZF	ZE	ZE	AS	AS	ZA	AZ	ZN	Z,ZF,ZA,AZ,AS	Z,ZF,ZA,AZ,AS	Z,ZF,ZA,AZ,AS	Z,ZF,ZA,AZ,AS	Z, ZF, ZE, ZN	Z,ZF,ZA,AZ,AS	Z,ZF,ZA,ZM,AZ,AS
1.0991	HX500LAD																					x	x
1.0994	HDT580F																						x
1.0995	HCT490X																						x
1.0996	HCT590X																						x
1.0997	HCT980XG																						x
1.0998	HDT760C																						x

z = zurückgezogene Norm

E = Norm-Entwurf

Grau hinterlegte Felder markieren die Normen, in denen die alten DIN-Werkstoff-Kurznamen aufgeführt sind. Diese sind über die Werkstoff-Nummern in Tabelle 2.1 zu finden.

z = withdrawn standard

E = draft standard

Grey shaded fields mark those standards in which the old DIN steel names are listed. These can be found via the material numbers in table 2.1.

[a] **Z** = Feuerverzinkt/hot-dip galvanized
ZF = Feuerverzinkt Galvannealed/hot-dip galvannealed
ZE = Elektrolytisch verzinkt/electrolytically galvanized
AS = Aluminium-Silizium-schmelztauchveredelt/ hot-dip aluminium-silicon coated
ZA = Zink-Aluminium-schmelztauchveredelt/hot-dip zinc-aluminium coated
AZ = Aluminium-Zink-schmelztauchveredelt/hot-dip aluminium-zinc coated
ZN = Elektrolytisch Zink-Nickel-beschichtet/ electrolytically zinc-nickel coated
ZM = Zink-Magnesium-schmelztauchveredelt/ hot-dip zinc-magnesium coated

Die Art der Oberflächenveredelung wird dem Werkstoff-Kurznamen angehängt.
The type of coating is added to the steel name.

Beispiel/
example: **DX51D +** **ZF**

DX51D: **Werkstoff-Kurzname steel name**
ZF: **Oberflächen-veredelung coating**

3.6 Stähle mit festgelegten Eigenschaften bei erhöhten Temperaturen (früher: „warmfeste“ Stähle) sowie Stähle für einfache Druckbehälter

Auflistung nach steigenden Werkstoff-Nummern

Steels with specified elevated temperature properties and steels for simple pressure vessels

Listing according to material numbers in numerical order

Stahlsorte/Steel grade		Werkstoffnormen Material standards														
Werk-stoff-Nr. Material number	EN-Werkstoff-Kurzname (neu) EN steel name (new)	z DIN 17155 1983-10	z DIN 17240 1976-07	z DIN 17243 1987-01	SEW 550 1976-08	z SEW 555 1984-08	z DIN EN 10028-2 1993-04	DIN EN 10028-2 2009-09	DIN EN 10207 2005-06	DIN EN 10222-2 2000-04	DIN EN 10250-2 1999-12	DIN EN 10250-3 1999-12	DIN EN 10269 2014-02	DIN EN 10273 2016-10	SEW 028 1993-05	SEW 555 2001-01
1.0112	P235S								x							
1.0130	P265S								x							
1.0345	P235GH	x					x	x						x		
1.0348	P195GH	x														
1.0352	P245GH									x						
1.0424	P265														x	
1.0425	P265GH	x					x	x						x		
1.0426	P280GH									x						
1.0436	P305GH									x						
1.0460	P250GH			x						x[a]				x		
1.0473	P355GH	x					x	x						x		
1.0481	P295GH	x		x			x	x						x		
1.0487	P275NH													x		
1.0501	–		x													
1.0565	P355NH													x		
1.1100	P275SL								x							
1.1133	20Mn5			x	x						x		x			
1.1151	–				x											
1.1170	–				x											
1.1172	–		x													
1.1181	C35E		x		x						x		x			
1.1191	C45E				x						x		x			
1.1206	–				x											
1.1221	–				x											
1.4902	X14CrMoVNbN10-1															x
1.4903	X10CrMoVNb9-1							x		x						
1.4906	X12CrMoWVNbN10-1-1															x
1.4913	X19CrMoNbVN11-1		x										x			
1.4922	X20CrMoV11-1			x						x						
1.4923	X22CrMoV12-1		x										x			
1.4926	X21CrMoV12-1					x										x

3.6 Stähle mit festgelegten Eigenschaften bei erhöhten Temperaturen (früher: „warmfeste“ Stähle) sowie Stähle für einfache Druckbehälter

Auflistung nach steigenden Werkstoff-Nummern

Steels with specified elevated temperature properties and steels for simple pressure vessels

Listing according to material numbers in numerical order

Stahlsorte/Steel grade		Werkstoffnormen Material standards														
Werk-stoff-Nr. Material number	EN-Werkstoff-Kurzname (neu) EN steel name (new)	z DIN 17155 1983-10	z DIN 17240 1976-07	z DIN 17243 1987-01	SEW 550 1976-08	z SEW 555 1984-08	z DIN EN 10028-2 1993-04	DIN EN 10028-2 2009-09	DIN EN 10207 2005-06	DIN EN 10222-2 2000-04	DIN EN 10250-2 1999-12	DIN EN 10250-3 1999-12	DIN EN 10269 2014-02	DIN EN 10273 2016-10	SEW 028 1993-05	SEW 555 2001-01
1.4986	X7CrNiMoBNb16-16		x										x			
1.5402	15MnMoV4-5									x						
1.5414	18MnMo4-5							x								
1.5415	16Mo3	x		x			x	x		x				x		
1.6210	15MnNi6-3														x	
1.6211	16MnNi6-3														x	
1.6308	18MnMoNi5-5									x						
1.6310	20MnMoNi5-5														x	
1.6311	20MnMoNi4-5				x			x				x			x	
1.6341	11NiMoV5-3														x	
1.6368	15NiCuMoNb5-6-4							x								
1.6368	15NiCuMoNb5														x	
1.6580	30CrNiMo8				x								x			
1.6582	34CrNiMo6				x								x			
1.6732	–					x										
1.6749	23CrNiMo7-4-7					x										x
1.6755	–				x											
1.6920	15MnCrMoNiV5-3									x						
1.6931	–					x										
1.6932	–				x											
1.6945	22CrMoNiWV8-8															x
1.6946	30CrMoNiV5-11					x										x
1.6948	27NiCrMoV11-6					x										x
1.6956	–				x											
1.6957	27NiCrMoV15-6					x							x			x
1.6961	24NiCrMoV10-10															x
1.6962	25NiCrMoV12-7															x
1.6963	27NiCrMoV16-7															x
1.6979	–					x										
1.6985	28CrMoNiV4-9					x										x
1.7218	25CrMo4											x	x			

3.6 Stähle mit festgelegten Eigenschaften bei erhöhten Temperaturen (früher: „warmfeste“ Stähle) sowie Stähle für einfache Druckbehälter

Auflistung nach steigenden Werkstoff-Nummern

Steels with specified elevated temperature properties and steels for simple pressure vessels

Listing according to material numbers in numerical order

Stahlsorte/Steel grade		Werkstoffnormen Material standards														
		1983-10	1976-07	1987-01	1976-08	1984-08	1993-04	2009-09	2005-06	2000-04	1999-12	1999-12	2014-02	2016-10	1993-05	2001-01
Werk-stoff-Nr. Material number	EN-Werkstoff-Kurzname (neu) EN steel name (new)	z DIN 17155	z DIN 17240	z DIN 17243	SEW 550	z SEW 555	z DIN EN 10028-2	DIN EN 10028-2	DIN EN 10207	DIN EN 10222-2	DIN EN 10250-2	DIN EN 10250-3	DIN EN 10269	DIN EN 10273	SEW 028	SEW 555
1.7220	–				x											
1.7255	–					x										
1.7258	24CrMo5		x		x											
1.7335	13CrMo4-5	x		x			x	x		x				x		
1.7336	13CrMoSi5-5							x								
1.7361	–				x											
1.7362	X12CrMo5							x								
1.7362	12CrMo19-5														x	
1.7366	X16CrMo5-1									x						
1.7375	12CrMo9-10							x								
1.7380	10CrMo9-10	x		x			x	x						x		
1.7383	11CrMo9-10						x			x				x		
1.7703	13CrMoV9-10							x								
1.7709	21CrMoV5-7		x										x			
1.7711	40CrMoV4-6		x										x			
1.7715	14MoV6-3			x						x						
1.7767	12CrMoV12-10							x								
1.8807	13MnNiMo5-4														x	
1.8812	18MnMoV5-2														x	
1.8815	18MnMoV6-3														x	
1.8867	P355QH													x		
1.8871	P460QH													x		
1.8874	P500QH													x		
1.8880	P690QH													x		
1.8882	10MnTi3														x	
1.8935	P460NH													x		
2.4952	NiCr20TiAl		x													

z = zurückgezogene Norm
E = Norm-Entwurf
Grau hinterlegte Felder markieren die Normen, in denen die alten DIN-Werkstoff-Kurznamen aufgeführt sind. Diese sind über die Werkstoff-Nummern in Tabelle 2.1 zu finden.

z = withdrawn standard
E = draft standard
Grey shaded fields mark those standards in which the old DIN steel names are listed. These can be found via the material numbers in table 2.1.

[a] im nationalen Anhang
in national annex

3.7 Automatenstähle

Auflistung nach steigenden Werkstoff-Nummern

Free-cutting steels

Listing according to material numbers in numerical order

Stahlsorte/Steel grade		Werkstoffnormen Material standards					
		1988-04	1999-01	2008-06			
Werk-stoff-Nr. Material number	EN-Werkstoff-Kurzname (neu) EN steel name (new)	z DIN 1651	DIN EN 10087	DIN EN 10277-3			
1.0710	–	x					
1.0715	11SMn30	x	x	x			
1.0718	11SMnPb30	x	x	x			
1.0721	10S20	x	x	x			
1.0722	10SPb20	x	x	x			
1.0725	15SMn13		x	x			
1.0726	35S20	x	x	x			
1.0727	46S20	x	x	x			
1.0728	–	x					
1.0736	11SMn37	x	x	x			
1.0737	11SMnPb37	x	x	x			
1.0756	35SPb20	x	x	x			
1.0757	46SPb20	x	x	x			
1.0758	–	x					
1.0760	38SMn28		x	x			
1.0761	38SMnPb28		x	x			
1.0762	44SMn28		x	x			
1.0763	44SMnPb28		x	x			
1.0764	36SMn14		x	x			
1.0765	36SMnPb14		x	x			

z = zurückgezogene Norm
E = Norm-Entwurf
Grau hinterlegte Felder markieren die Normen, in denen die alten DIN-Werkstoff-Kurznamen aufgeführt sind. Diese sind über die Werkstoff-Nummern in Tabelle 2.1 zu finden.

z = withdrawn standard
E = draft standard
Grey shaded fields mark those standards in which the old DIN steel names are listed. These can be found via the material numbers in table 2.1.

3.8 Einsatzstähle

Auflistung nach steigenden Werkstoff-Nummern

Case hardening steels

Listing according to material numbers in numerical order

Stahlsorte/Steel grade		Werkstoffnormen Material standards													
		1988-04	1990-11	1989-10	1986-09	1980-09	1998-06	2008-06	1999-01	2000-05	2002-02	2008-06	2008-06	2008-06	2015-02
Werk-stoff-Nr. Material number	EN-Werkstoff-Kurzname (neu) EN steel name (new)	z DIN 1651	z DIN 1652-3	z DIN 1654-3	z DIN 17210	z DIN 17230	z DIN EN 10084	DIN EN 10084	DIN EN 10087	DIN EN 10132-2	DIN EN 10263-3	DIN EN 10277-2	DIN EN 10277-3	DIN EN 10277-4	DIN EN ISO 683-17
1.0301	C10		x		x							x			
1.0302	–				x										
1.0401	C15		x		x							x			
1.0403	–				x										
1.0710	–	x													
1.0721	10S20	x							x				x		
1.0722	10SPb20	x							x				x		
1.0725	15SMn13								x				x		
1.1121	C10E		x		x		x	x		x					
1.1122	C10E2C										x				
1.1132	C15E2C			x							x				
1.1140	C15R		x		x		x	x						x	
1.1141	C15E		x		x		x	x		x					
1.1147	C17E2C										x				
1.1148	C16E						x	x							
1.1152	C20E2C										x				
1.1207	C10R						x	x						x	
1.1208	C16R						x	x						x	
1.3515	20MnCr4-2														x
1.3521	17MnCr5					x									x
1.3523	19MnCr5					x									x
1.3531	–					x									
1.3532	16NiCrMo16-5														x
1.3533	–					x									x
1.3559	20Cr3														x
1.3566	15CrMo4														x
1.3567	20CrMo4														x
1.3570	20MnCrMo4-2														x
1.3576	20NiCrMo7														x
1.5501	15B2										x				
1.5503	18B2										x				
1.5521	18MnB4										x				
1.5522	22MnB4										x				

3.8 Einsatzstähle

Auflistung nach steigenden Werkstoff-Nummern

Case hardening steels

Listing according to material numbers in numerical order

Stahlsorte/Steel grade		Werkstoffnormen Material standards													
		1988-04	1990-11	1989-10	1986-09	1980-09	1998-06	2008-06	1999-01	2000-05	2002-02	2008-06	2008-06	2008-06	2015-02
Werk-stoff-Nr. Material number	EN-Werkstoff-Kurzname (neu) EN steel name (new)	z DIN 1651	z DIN 1652-3	z DIN 1654-3	z DIN 17210	z DIN 17230	z DIN EN 10084	DIN EN 10084	DIN EN 10087	DIN EN 10132-2	DIN EN 10263-3	DIN EN 10277-2	DIN EN 10277-3	DIN EN 10277-4	DIN EN ISO 683-17
1.5701	12NiCr3-2										x				
1.5714	16NiCr4						x	x							
1.5715	16NiCrS4						x	x						x	
1.5752	15NiCr13						x	x						x	
1.5805	10NiCr5-4						x	x			x				
1.5810	18NiCr5-4						x	x							
1.5918	17CrNi6-6						x	x			x				
1.5919	–		x	x	x										
1.6522	20MnNiCrMo3-2														x
1.6523	20NiCrMo2-2		x	x	x		x	x			x				
1.6526	20NiCrMoS2-2		x		x		x	x			x			x	
1.6566	17NiCrMo6-4						x	x							
1.6569	17NiCrMoS6-4						x	x						x	
1.6571	20NiCrMoS6-4						x	x			x				
1.6587	18CrNiMo7-6		x		x		x	x							x
1.6657	14NiCrMo13-4						x	x							
1.6660	20NiCrMo13-4							x							
1.7014	17CrS3						x	x			x				
1.7016	17Cr3		x	x	x		x	x		x	x				
1.7027	20Cr4		x		x										x
1.7028	–		x		x										
1.7030	28Cr4						x	x							
1.7036	28CrS4						x	x							
1.7131	16MnCr5		x	x	x		x	x		x	x				
1.7139	16MnCrS5		x		x		x	x			x			x	
1.7147	20MnCr5		x		x		x	x							
1.7149	20MnCrS5		x		x		x	x			x			x	
1.7160	16MnCrB5						x	x			x			x	
1.7201	12CrMo4										x				
1.7243	18CrMo4						x	x			x				
1.7244	18CrMoS4						x	x			x				
1.7319	20MoCrS3						x	x							
1.7320	20MoCr3						x	x							

3.8 Einsatzstähle

Auflistung nach steigenden Werkstoff-Nummern

Case hardening steels

Listing according to material numbers in numerical order

Stahlsorte/Steel grade		Werkstoffnormen Material standards													
Werkstoff-Nr. Material number	EN-Werkstoff-Kurzname (neu) EN steel name (new)	z DIN 1651 1988-04	z DIN 1652-3 1990-11	z DIN 1654-3 1989-10	z DIN 17210 1986-09	z DIN 17230 1980-09	z DIN EN 10084 1998-06	DIN EN 10084 2008-06	DIN EN 10087 1999-01	DIN EN 10132-2 2000-05	DIN EN 10263-3 2002-02	DIN EN 10277-2 2008-06	DIN EN 10277-3 2008-06	DIN EN 10277-4 2008-06	DIN EN ISO 683-17 2015-02
1.7321	20MoCr4		x	x	x		x	x			x				
1.7323	20MoCrS4		x		x		x	x			x				
1.7333	22CrMoS3-5		x		x		x	x							

z = zurückgezogene Norm

E = Norm-Entwurf

Grau hinterlegte Felder markieren die Normen, in denen die alten DIN-Werkstoff-Kurznamen aufgeführt sind. Diese sind über die Werkstoff-Nummern in Tabelle 2.1 zu finden.

z = withdrawn standard

E = draft standard

Grey shaded fields mark those standards in which the old DIN steel names are listed. These can be found via the material numbers in table 2.1.

3.9 Vergütungsstähle

Auflistung nach steigenden Werkstoff-Nummern

Quenched and tempered steels

Listing according to material numbers in numerical order

Stahlsorte/Steel grade		Werkstoffnormen / Material standards																														
Werk-stoff-Nr. / Material number	EN-Werkstoff-Kurzname (neu) / EN steel name (new)	z DIN 1651 1988-04	z DIN 1652-4 1990-11	z DIN 1654-4 1989-10	z DIN 17176 1990-11	z DIN 17200 1987-03	z DIN 17204 1990-11	z DIN 17222 1979-08	z DIN 17230 1980-09	z DIN 17240 1976-07	SEW 550 1976-08	z DIN EN 10083-1 1996-10	z DIN EN 10083-2 1996-10	z DIN EN 10083-3 1996-02	DIN EN 10083-2 2006-10	DIN EN 10083-3 2007-01	DIN EN 10084 2008-06	DIN EN 10087 1999-01	DIN EN 10132-3 2000-05	DIN EN 10216-2 2014-03	DIN EN 10250-2 1999-12	DIN EN 10250-3 1999-12	DIN EN 10263-4 2002-02	z DIN EN 10269 2006-07	DIN EN 10269 2014-02	z DIN EN 10277-2 1999-10	DIN EN 10277-2 2008-06	DIN EN 10277-3 2008-06	z DIN EN 10277-5 1999-10	DIN EN 10277-5 2008-06	DIN EN 10297-1 2003-06	DIN EN 10343 2009-07
1.0402	C22		x			x	x						x								x											
1.0406	C25					x							x								x											
1.0501	C35		x			x	x			x			x		x						x					x	x					x
1.0503	C45		x			x	x						x		x						x					x	x					x
1.0511	C40					x							x		x						x					x	x					
1.0528	C30					x							x								x											
1.0535	C55					x	x	x					x		x						x						x					
1.0540	C50					x							x								x					x						
1.0561	–						x																									
1.0601	C60		x			x	x	x					x		x						x					x	x					
1.0726	35S20	x																x										x				
1.0727	46S20	x																x										x				
1.0756	35SPb20	x																x										x				

3.9 Vergütungsstähle

Auflistung nach steigenden Werkstoff-Nummern

Quenched and tempered steels

Listing according to material numbers in numerical order

Stahlsorte/Steel grade		Werkstoffnormen Material standards																														
Werk-stoff-Nr. Material number	EN-Werkstoff-Kurzname (neu) EN steel name (new)	z DIN 1651 1988-04	z DIN 1652-4 1990-11	z DIN 1654-4 1989-10	z DIN 17176 1990-11	z DIN 17200 1987-03	z DIN 17204 1990-11	z DIN 17222 1979-08	z DIN 17230 1980-09	z DIN 17240 1976-07	SEW 550 1976-08	z DIN EN 10083-1 1996-10	z DIN EN 10083-2 1996-10	z DIN EN 10083-3 1996-02	DIN EN 10083-2 2006-10	DIN EN 10083-3 2007-01	DIN EN 10084 2008-06	DIN EN 10087 1999-01	DIN EN 10132-3 2000-05	DIN EN 10216-2 2014-03	DIN EN 10250-2 1999-12	DIN EN 10250-3 1999-12	DIN EN 10263-4 2002-02	z DIN EN 10269 2006-07	DIN EN 10269 2014-02	z DIN EN 10277-2 1999-10	DIN EN 10277-2 2008-06	DIN EN 10277-3 2008-06	z DIN EN 10277-5 1999-10	DIN EN 10277-5 2008-06	DIN EN 10297-1 2003-06	DIN EN 10343 2009-07
1.0757	46SPb20	x																x										x				
1.0760	38SMn28																	x										x				
1.0761	38SMnPb28																	x										x				
1.0762	44SMn28																	x										x				
1.0763	44SMnPb28																	x														
1.0764	36SMn14																	x										x				
1.0765	36SMnPb14																	x										x				
1.1060	C35RC																						x									
1.1061	C45RC																						x									
1.1133	20Mn5										x										x			x	x							
1.1149	C22R		x			x	x					x			x																	
1.1151	C22E		x			x	x				x	x			x				x												x	
1.1152	–			x																												

3.9 Vergütungsstähle

Auflistung nach steigenden Werkstoff-Nummern

Quenched and tempered steels

Listing according to material numbers in numerical order

Stahlsorte/Steel grade		Werkstoffnormen Material standards																														
Werk-stoff-Nr. Material number	EN-Werkstoff-Kurzname (neu) EN steel name (new)	z DIN 1651 1988-04	z DIN 1652-4 1990-11	z DIN 1654-4 1989-10	z DIN 17176 1990-11	z DIN 17200 1987-03	z DIN 17204 1990-11	z DIN 17222 1979-08	z DIN 17230 1980-09	z DIN 17240 1976-07	SEW 550 1976-08	z DIN EN 10083-1 1996-10	z DIN EN 10083-2 1996-10	z DIN EN 10083-3 1996-02	DIN EN 10083-2 2006-10	DIN EN 10083-3 2007-01	DIN EN 10084 2008-06	DIN EN 10087 1999-01	DIN EN 10132-3 2000-05	DIN EN 10216-2 2014-03	DIN EN 10250-2 1999-12	DIN EN 10250-3 1999-12	DIN EN 10263-4 2002-02	z DIN EN 10269 2006-07	DIN EN 10269 2014-02	z DIN EN 10277-2 1999-10	DIN EN 10277-2 2008-06	DIN EN 10277-3 2008-06	z DIN EN 10277-5 1999-10	DIN EN 10277-5 2008-06	DIN EN 10297-1 2003-06	DIN EN 10343 2009-07
1.1158	C25E					x						x									x											
1.1163	C25R					x						x																				
1.1167	–						x																									
1.1170	28Mn6		x			x	x				x	x			x						x											
1.1172	C35EC			x						x													x									
1.1177	25Mn4																		x													
1.1178	C30E					x						x							x													
1.1179	C30R					x						x																				
1.1180	C35R		x			x	x					x			x														x	x		x
1.1181	C35E		x			x	x			x	x	x			x				x		x			x	x				x	x	x	x
1.1186	C40E					x						x			x				x										x	x		
1.1189	C40R					x						x			x														x	x		
1.1191	C45E		x			x	x				x	x			x				x		x			x	x				x	x	x	x

3.9 Vergütungsstähle

Auflistung nach steigenden Werkstoff-Nummern

Quenched and tempered steels

Listing according to material numbers in numerical order

Stahlsorte/Steel grade		Werkstoffnormen Material standards																														
Werk-stoff-Nr. Material number	EN-Werkstoff-Kurzname (neu) EN steel name (new)	z DIN 1651 1988-04	z DIN 1652-4 1990-11	z DIN 1654-4 1989-10	z DIN 17212 1990-11	z DIN 17200 1987-03	z DIN 17204 1990-11	z DIN 17222 1979-08	z DIN 17230 1980-09	z DIN 17240 1976-07	SEW 550 1976-08	z DIN EN 10083-1 1996-10	z DIN EN 10083-2 1996-10	z DIN EN 10083-3 1996-02	DIN EN 10083-2 2006-10	DIN EN 10083-3 2007-01	DIN EN 10084 2008-06	DIN EN 10087 1999-01	DIN EN 10132-3 2000-05	DIN EN 10216-2 2014-03	DIN EN 10250-2 1999-12	DIN EN 10250-3 1999-12	DIN EN 10263-4 2002-02	z DIN EN 10269 2006-07	DIN EN 10269 2014-02	z DIN EN 10277-2 1999-10	DIN EN 10277-2 2008-06	DIN EN 10277-3 2008-06	z DIN EN 10277-5 1999-10	DIN EN 10277-5 2008-06	DIN EN 10297-1 2003-06	DIN EN 10343 2009-07
1.1192	C45EC			x																			x									
1.1201	C45R		x			x	x					x			x														x	x		x
1.1203	C55E					x	x	x				x			x				x		x											
1.1206	C50E					x					x	x			x				x										x	x		
1.1209	C55R					x	x					x			x																	
1.1219	–								x																							
1.1221	C60E		x			x	x	x			x	x			x				x		x								x	x	x	
1.1223	C60R		x			x	x					x			x														x	x		
1.1241	C50R					x						x			x														x	x		
1.3561	–								x																							
1.3563	–								x																							
1.3565	–								x																							
1.5408	30MoB1																						x									

3.9 Vergütungsstähle

Auflistung nach steigenden Werkstoff-Nummern

Quenched and tempered steels

Listing according to material numbers in numerical order

Werkstoff-Nr. / Material number	EN-Werkstoff-Kurzname (neu) / EN steel name (new)	z DIN 1651 1988-04	z DIN 1652-4 1990-11	z DIN 1654-4 1989-10	z DIN 17176 1990-11	z DIN 17200 1987-03	z DIN 17204 1990-11	z DIN 17222 1979-08	z DIN 17230 1980-09	z DIN 17240 1976-07	SEW 550 1976-08	z DIN EN 10083-1 1996-10	z DIN EN 10083-2 1996-10	z DIN EN 10083-3 1996-02	DIN EN 10083-2 2006-10	DIN EN 10083-3 2007-01
1.5418	37Mo2															
1.5502	17B2															
1.5508	23B2			x												
1.5510	28B2			x												
1.5511	35B2			x												
1.5514	33B2															
1.5515	38B2															
1.5520	17MnB4															
1.5523	19MnB4			x												
1.5525	20MnB4															
1.5526	30MnB4															
1.5530	20MnB5													x		x
1.5531	30MnB5													x		x

Werkstoff-Nr. / Material number	EN-Werkstoff-Kurzname (neu) / EN steel name (new)	DIN EN 10084 2008-06	DIN EN 10087 1999-01	DIN EN 10132-3 2000-05	DIN EN 10216-2 2014-03	DIN EN 10250-2 1999-12	DIN EN 10250-3 1999-12	DIN EN 10263-4 2002-02	z DIN EN 10269 2006-07	DIN EN 10269 2014-02	z DIN EN 10277-2 1999-10	DIN EN 10277-2 2008-06	DIN EN 10277-3 2008-06	z DIN EN 10277-5 1999-10	DIN EN 10277-5 2008-06	DIN EN 10297-1 2003-06	DIN EN 10343 2009-07
1.5418	37Mo2							x									
1.5502	17B2							x									
1.5508	23B2							x									
1.5510	28B2							x									
1.5511	35B2								x	x							
1.5514	33B2							x									
1.5515	38B2							x									
1.5520	17MnB4							x									
1.5523	19MnB4								x								
1.5525	20MnB4							x									
1.5526	30MnB4							x									
1.5530	20MnB5																x
1.5531	30MnB5																

3.9 Vergütungsstähle

Auflistung nach steigenden Werkstoff-Nummern

Quenched and tempered steels

Listing according to material numbers in numerical order

Stahlsorte/Steel grade		Werkstoffnormen Material standards																														
Werk-stoff-Nr. Material number	EN-Werkstoff-Kurzname (neu) EN steel name (new)	z DIN 1651	z DIN 1652-4	z DIN 1654-4	z DIN 17176	z DIN 17200	z DIN 17204	z DIN 17222	z DIN 17230	z DIN 17240	SEW 550	z DIN EN 10083-1	z DIN EN 10083-2	z DIN EN 10083-3	DIN EN 10083-2	DIN EN 10083-3	DIN EN 10084	DIN EN 10087	DIN EN 10132-3	DIN EN 10216-2	DIN EN 10250-2	DIN EN 10250-3	DIN EN 10263-4	z DIN EN 10269	DIN EN 10269	z DIN EN 10277-2	DIN EN 10277-2	DIN EN 10277-3	z DIN EN 10277-5	DIN EN 10277-5	DIN EN 10297-1	DIN EN 10343
		1988-04	1990-11	1989-10	1990-11	1987-03	1990-11	1979-08	1980-09	1976-07	1976-08	1996-10	1996-10	1996-02	2006-10	2007-01	2008-06	1999-01	2000-05	2014-03	1999-12	1999-12	2002-02	2006-07	2014-02	1999-10	2008-06	2008-06	1999-10	2008-06	2003-06	2009-07
1.5532	38MnB5													x		x																
1.5535	23MnB4																						x									
1.5536	27MnB4																						x									
1.5537	36MnB4																						x									
1.5538	37MnB5																						x									
1.5815	35NiCr6															x																
1.6311	20MnMoNi4-5										x											x										
1.6510	39NiCrMo3															x														x		
1.6511	36CrNiMo4		x			x	x					x										x									x	
1.6563	41NiCrMo7-3-2																						x	x							x	
1.6580	30CrNiMo8		x	x		x	x				x	x				x						x		x	x						x	
1.6582	34CrNiMo6		x	x		x	x				x	x				x						x	x	x	x				x	x		x
1.6747	30NiCrMo16-6															x																

3.9 Vergütungsstähle

Auflistung nach steigenden Werkstoff-Nummern

Quenched and tempered steels

Listing according to material numbers in numerical order

Stahlsorte/Steel grade: Werkstoff-Nr. / Material number	EN-Werkstoff-Kurzname (neu) / EN steel name (new)	Werkstoffnormen / Material standards: z DIN 1651 1988-04	z DIN 1652-4 1990-11	z DIN 1654-4 1989-10	z DIN 17176 1990-11	z DIN 17200 1987-03	z DIN 17204 1990-11	z DIN 17222 1979-08	z DIN 17230 1980-09	z DIN 17240 1976-07	SEW 550 1976-08	z DIN EN 10083-1 1996-10	z DIN EN 10083-2 1996-10	z DIN EN 10083-3 1996-02	DIN EN 10083-2 2006-10	DIN EN 10083-3 2007-01	DIN EN 10084 2008-06	DIN EN 10087 1999-01	DIN EN 10132-3 2000-05	DIN EN 10216-2 2014-03	DIN EN 10250-2 1999-12	DIN EN 10250-3 1999-12	DIN EN 10263-4 2002-02	z DIN EN 10269 2006-07	DIN EN 10269 2014-02	z DIN EN 10277-2 1999-10	DIN EN 10277-2 2008-06	DIN EN 10277-3 2008-06	z DIN EN 10277-5 1999-10	DIN EN 10277-5 2008-06	DIN EN 10297-1 2003-06	DIN EN 10343 2009-07
1.6755	22NiMoCr4-7										x																					
1.6773	36NiCrMo16											x				x						x										
1.6932	28NiCrMoV8-5										x											x										
1.6956	33NiCrMo14-5										x											x										
1.7003	38Cr2		x	x		x						x				x						x	x									
1.7006	46Cr2		x	x		x						x				x						x	x									
1.7020	–		x			x																										
1.7021	–		x			x																										
1.7023	38CrS2		x			x						x																				
1.7025	46CrS2		x			x						x																				
1.7030	28Cr4		x			x											x															
1.7033	34Cr4		x	x		x						x				x						x	x									
1.7034	37Cr4		x	x		x						x				x						x	x									

3.9 Vergütungsstähle

Auflistung nach steigenden Werkstoff-Nummern

Quenched and tempered steels

Listing according to material numbers in numerical order

Stahlsorte/Steel grade		Werkstoffnormen Material standards																														
Werk-stoff-Nr. Material number	EN-Werkstoff-Kurzname (neu) EN steel name (new)	z DIN 1651	z DIN 1652-4	z DIN 1654-4	z DIN 17176	z DIN 17200	z DIN 17204	z DIN 17222	z DIN 17230	z DIN 17240	SEW 550	z DIN EN 10083-1	z DIN EN 10083-2	z DIN EN 10083-3	DIN EN 10083-2	DIN EN 10083-3	DIN EN 10084	DIN EN 10087	DIN EN 10132-3	DIN EN 10216-2	DIN EN 10250-2	DIN EN 10250-3	DIN EN 10263-4	z DIN EN 10269	DIN EN 10269	z DIN EN 10277-2	DIN EN 10277-2	DIN EN 10277-3	z DIN EN 10277-5	DIN EN 10277-5	DIN EN 10297-1	DIN EN 10343
		1988-04	1990-11	1989-10	1990-11	1987-03	1990-11	1979-08	1980-09	1976-07	1976-08	1996-10	1996-10	1996-02	2006-10	2007-01	2008-06	1999-01	2000-05	2014-03	1999-12	1999-12	2002-02	2006-07	2014-02	1999-10	2008-06	2008-06	1999-10	2008-06	2003-06	2009-07
1.7035	41Cr4		x	x		x	x					x				x						x	x								x	
1.7036	28CrS4		x			x											x															
1.7037	34CrS4		x			x						x				x													x	x		
1.7038	37CrS4		x			x						x				x																
1.7039	41CrS4		x			x						x				x							x						x	x		
1.7076	32CrB4																						x									
1.7077	36CrB4																						x									
1.7182	27MnCrB5-2													x		x																x
1.7185	33MnCrB5-2													x		x																
1.7189	39MnCrB6-2													x		x																
1.7202	37CrMo4																						x									
1.7213	25CrMoS4		x			x						x				x							x						x	x		
1.7218	25CrMo4		x	x	x	x	x					x				x			x	x		x	x	x	x						x	x

3.9 Vergütungsstähle

Auflistung nach steigenden Werkstoff-Nummern

Quenched and tempered steels

Listing according to material numbers in numerical order

Werkstoffnormen / Material standards		Stahlsorte/Steel grade: Werkstoff-Nr. / Material number →	1.7220	1.7225	1.7226	1.7227	1.7228	1.7258	1.7272	1.7361	1.7707	1.8159
		EN-Werkstoff-Kurzname (neu) / EN steel name (new) →	34CrMo4	42CrMo4	34 CrMoS4	42CrMoS4	50CrMo4	24CrMo5	31CrMoB2-1	32CrMo12	30CrMoV9	51CrV4
z	DIN 1651	1988-04										
z	DIN 1652-4	1990-11	x	x	x	x	x				x	x
z	DIN 1654-4	1989-10	x	x								
z	DIN 17176	1990-11										
z	DIN 17200	1987-03	x	x	x	x	x				x	x
z	DIN 17204	1990-11	x	x								
z	DIN 17222	1979-08										x
z	DIN 17230	1980-09										
z	DIN 17240	1976-07						x				
	SEW 550	1976-08	x	x			x	x		x		
z	DIN EN 10083-1	1996-10	x	x	x	x	x					x
z	DIN EN 10083-2	1996-10										
z	DIN EN 10083-3	1996-02										
	DIN EN 10083-2	2006-10										
	DIN EN 10083-3	2007-01	x	x	x	x	x					x
	DIN EN 10084	2008-06										
	DIN EN 10087	1999-01										
	DIN EN 10132-3	2000-05	x	x								
	DIN EN 10216-2	2014-03										
	DIN EN 10250-2	1999-12										
	DIN EN 10250-3	1999-12	x	x			x			x	x	x
	DIN EN 10263-4	2002-02	x	x		x			x			
z	DIN EN 10269	2006-07		x								
	DIN EN 10269	2014-02		x								
z	DIN EN 10277-2	1999-10										
	DIN EN 10277-2	2008-06										
	DIN EN 10277-3	2008-06										
z	DIN EN 10277-5	1999-10				x						x
	DIN EN 10277-5	2008-06				x						x
	DIN EN 10297-1	2003-06	x	x								
	DIN EN 10343	2009-07		x			x					x

z = zurückgezogene Norm

E = Norm-Entwurf

Grau hinterlegte Felder markieren die Normen, in denen die alten DIN-Werkstoff-Kurznamen aufgeführt sind. Diese sind über die Werkstoff-Nummern in Tabelle 2.1 zu finden.

z = withdrawn standard

E = draft standard

Grey shaded fields mark those standards in which the old DIN steel names are listed. These can be found via the material numbers in table 2.1.

3.10 Nichtrostende Stähle
Stainless steels

3.10.1 Korrosionsbeständige Stähle

Auflistung nach steigenden Werkstoff-Nummern

Corrosion resisting steels

Listing according to material numbers in numerical order

Stahlsorte/Steel grade		Werkstoffnormen Material standards																										
Werk-stoff-Nr. Material number	EN-Werkstoff-Kurzname (neu) EN steel name (new)	z DIN 1654-5 1989-10	z DIN 17 224 1982-02	z DIN 17230 1980-09	z DIN 17440 1985-07	z DIN 17441 1985-07	z SEW 400 1991-02	SEW 400 1997-02	DIN 5512-3 2004-05	z DIN 17 440 2001-03	z DIN 17 441 1997-02	z DIN EN 10028-7 2000-06	DIN EN 10028-7 2016-10	z DIN EN 10088-1 2005-09	DIN EN 10088-1 2014-12	z DIN EN 10088-2 2005-09	DIN EN 10088-2 2014-12	DIN EN 10088-3 2014-12	DIN EN 10088-4 2010-01	DIN EN 10088-5 2009-07	DIN EN 10151 2003-02	DIN EN 10222-5 2000-02	DIN EN 10250-4 2000-02	DIN EN 10263-5 2002-02	DIN EN 10264-4 2012-03	DIN EN 10270-3 2001-08	DIN EN 10272 2016-10	DIN EN ISO 683-17 2015-02
1.3541	X47Cr14			x																								x
1.3542	X65Cr14																											x
1.3543	X108CrMo17			x																								x
1.3549	X89CrMoV18-1			x																								x
1.4000	X6Cr13				x	x				x	x[a]			x	x	x	x	x										
1.4002	X6CrAl13				x	x				x[b]	x[a]			x	x	x	x						x					
1.4003	X2CrNi12						x	x	x			x	x	x	x	x	x	x	x	x							x	
1.4005	X12CrS13													x	x			x										
1.4006	X12Cr13	x			x	x				x[b]	x[a]			x	x	x	x	x	x	x			x	x			x	
1.4016	X6Cr17	x			x	x			x	x	x[a]			x	x	x	x	x	x	x	x		x	x				
1.4017	X6CrNi17-1													x	x	x	x											
1.4020	X13CrMnNiN18-13-2														x			x										

3.10.1 Korrosionsbeständige Stähle

Auflistung nach steigenden Werkstoff-Nummern

Corrosion resisting steels

Listing according to material numbers in numerical order

Werkstoff-Nr. / Material number	EN-Werkstoff-Kurzname (neu) / EN steel name (new)	z DIN 1654-5 1989-10	z DIN 17 224 1982-02	z DIN 17230 1980-09	z DIN 17440 1985-07	z DIN 17441 1985-07	z SEW 400 1991-02	SEW 400 1997-02	DIN 5512-3 2004-05	z DIN 17 440 2001-03	z DIN 17 441 1997-02	z DIN EN 10028-7 2000-06	DIN EN 10028-7 2016-10	z DIN EN 10088-1 2005-09	DIN EN 10088-1 2014-12	z DIN EN 10088-2 2005-09	DIN EN 10088-2 2014-12	DIN EN 10088-3 2014-12	DIN EN 10088-4 2010-01	DIN EN 10088-5 2009-07	DIN EN 10151 2003-02	DIN EN 10222-5 2000-02	DIN EN 10250-4 2000-02	DIN EN 10263-5 2002-02	DIN EN 10264-4 2012-03	DIN EN 10270-3 2001-08	DIN EN 10272 2016-10	DIN EN ISO 683-17 2015-02
1.4021	X20Cr13				x	x				x[b]	x[a]			x	x	x	x	x	x	x	x		x					
1.4024	X15Cr13				x	x				x[c]	x[a]			x	x	x	x	x										
1.4028	X30Cr13				x	x				x[b]	x[a]			x	x	x	x	x			x		x					
1.4029	X29CrS13													x	x			x										
1.4031	X39Cr13				x	x				x[d]	x[a]			x	x	x	x	x			x							
1.4034	X46Cr13				x	x				x[d]	x[a]			x	x	x	x	x										
1.4035	X46CrS13													x	x			x										
1.4037	X65Cr13						x	x																				
1.4057	X17CrNi16-2				x					x[b]				x	x			x[g]		x			x				x	
1.4062	X2CrNiN22-2												x		x		x	x										
1.4104	X14CrMoS17				x					x				x	x			x										
1.4105	X6CrMoS17				x					x[b]				x	x			x										

3.10.1 Korrosionsbeständige Stähle

Auflistung nach steigenden Werkstoff-Nummern

Corrosion resisting steels

Listing according to material numbers in numerical order

Stahlsorte/Steel grade		Werkstoffnormen Material standards																										
Werk-stoff-Nr. Material number	EN-Werkstoff-Kurzname (neu) EN steel name (new)	z DIN 1654-5 1989-10	z DIN 17 224 1982-02	z DIN 17230 1980-09	z DIN 17440 1985-07	z DIN 17441 1985-07	z SEW 400 1991-02	SEW 400 1997-02	DIN 5512-3 2004-05	z DIN 17 440 2001-03	z DIN 17 441 1997-02	z DIN EN 10028-7 2000-06	DIN EN 10028-7 2016-10	z DIN EN 10088-1 2005-09	DIN EN 10088-1 2014-12	z DIN EN 10088-2 2005-09	DIN EN 10088-2 2014-12	DIN EN 10088-3 2014-12	DIN EN 10088-4 2010-01	DIN EN 10088-5 2009-07	DIN EN 10151 2003-02	DIN EN 10222-5 2000-02	DIN EN 10250-4 2000-02	DIN EN 10263-5 2002-02	DIN EN 10264-4 2012-03	DIN EN 10270-3 2001-08	DIN EN 10272 2016-10	DIN EN ISO 683-17 2015-02
1.4109	X70CrMo15													x	x			x										
1.4110	X55CrMo14						x	x						x	x	x	x	x										
1.4112	X90CrMoV18						x							x	x			x										
1.4113	X6CrMo17-1					x					x[a]			x	x	x	x	x						x				
1.4116	X50CrMoV15				x	x				x[d]	x[a]			x	x	x	x	x										
1.4120	X20CrMo13						x	x																				
1.4122	X39CrMo17-1						x							x	x	x	x	x										
1.4123	X40CrMoVN16-2													x	x			x										x
1.4125	X105CrMo17						x							x	x			x										
1.4150	X53CrSiMoVN16-2														x			x										
1.4162	X2CrMnNi21-5-1												x		x		x	x	x	x							x	
1.4301	X5CrNi18-10				x	x			x	x	x	x	x	x	x	x	x	x	x	x	x	x	x	x	x		x	

3.10.1 Korrosionsbeständige Stähle

Auflistung nach steigenden Werkstoff-Nummern

Corrosion resisting steels

Listing according to material numbers in numerical order

Werkstoffnormen / Material standards		Werkstoff-Nr. / Material number: 1.4303	1.4305	1.4306	1.4307	1.4310	1.4311	1.4313	1.4315	1.4318	1.4319	1.4325	1.4335
		EN-Werkstoff-Kurzname (neu) / EN steel name (new): X4CrNi18-12	X8CrNiS18-9	X2CrNi19-11	X2CrNi18-9	X10CrNi18-8	X2CrNiN18-10	X3CrNiMo13-4	X5CrNiN19-9	X2CrNiN18-7	X5CrNi17-7	X9CrNi18-9	X1CrNi25-21
z DIN 1654-5	1989-10	x		x			x						
z DIN 17 224	1982-02					x							
z DIN 17230	1980-09												
z DIN 17440	1985-07	x	x	x			x						
z DIN 17441	1985-07	x		x			x						
z SEW 400	1991-02					x		x		x			x
SEW 400	1997-02								x				
DIN 5512-3	2004-05									x			
z DIN 17 440	2001-03	x	x	x[b]			x[b]						
z DIN 17 441	1997-02	x[a]		x			x						
z DIN EN 10028-7	2000-06			x	x		x	x	x	x			x
DIN EN 10028-7	2016-10			x	x		x	x	x	x			x
z DIN EN 10088-1	2005-09	x	x	x	x	x	x	x	x	x	x	x	x
DIN EN 10088-1	2014-12	x	x	x	x	x	x	x	x	x	x	x	x
z DIN EN 10088-2	2005-09	x	x	x	x	x	x	x	x	x	x		x
DIN EN 10088-2	2014-12	x	x	x	x	x	x	x	x	x	x		x
DIN EN 10088-3	2014-12	x	x	x	x	x	x	x	x		x	x	
DIN EN 10088-4	2010-01			x	x		x			x			x
DIN EN 10088-5	2009-07		x	x	x		x						
DIN EN 10151	2003-02					x							
DIN EN 10222-5	2000-02				x		x	x					
DIN EN 10250-4	2000-02			x	x		x	x					
DIN EN 10263-5	2002-02	x		x	x	x							
DIN EN 10264-4	2012-03	x				x							
DIN EN 10270-3	2001-08					x							
DIN EN 10272	2016-10			x	x		x	x					
DIN EN ISO 683-17	2015-02												

3.10.1 Korrosionsbeständige Stähle

Auflistung nach steigenden Werkstoff-Nummern

Corrosion resisting steels

Listing according to material numbers in numerical order

Stahlsorte/Steel grade		Werkstoffnormen / Material standards																										
Werk-stoff-Nr. / Material number	EN-Werkstoff-Kurzname (neu) / EN steel name (new)	z DIN 1654-5 1989-10	z DIN 17 224 1982-02	z DIN 17230 1980-09	z DIN 17440 1985-07	z DIN 17441 1985-07	z SEW 400 1991-02	SEW 400 1997-02	DIN 5512-3 2004-05	z DIN 17 440 2001-03	z DIN 17 441 1997-02	z DIN EN 10028-7 2000-06	DIN EN 10028-7 2016-10	z DIN EN 10088-1 2005-09	DIN EN 10088-1 2014-12	z DIN EN 10088-2 2005-09	DIN EN 10088-2 2014-12	DIN EN 10088-3 2014-12	DIN EN 10088-4 2010-01	DIN EN 10088-5 2009-07	DIN EN 10151 2003-02	DIN EN 10222-5 2000-02	DIN EN 10250-4 2000-02	DIN EN 10263-5 2002-02	DIN EN 10264-4 2012-03	DIN EN 10270-3 2001-08	DIN EN 10272 2016-10	DIN EN ISO 683-17 2015-02
1.4361	X1CrNiSi18-15-4												x	x	x	x	x	x									x	
1.4362	X2CrNiN23-4						x					x	x	x	x	x	x	x	x	x			x				x	
1.4369	X11CrNiMnN19-8-6													x	x	x	x	x			x							
1.4371	X2CrMnNiN17-7-5												x	x	x	x	x											
1.4372	X12CrMnNiN17-7-5												x	x	x	x	x	x	x	x	x							
1.4373	X12CrMnNiN18-9-5													x	x	x	x											
1.4374	X8CrMnNiN18-9-5													x	x			x										
1.4376	X8CrMnNi19-6-3														x		x											
1.4378	X6CrMnNiN18-13-3														x			x										
1.4401	X5CrNiMo17-12-2	x	x		x	x			x	x	x	x	x	x	x	x	x	x	x	x	x	x	x	x	x	x	x	
1.4404	X2CrNiMo17-12-2				x	x				x[b]	x	x	x	x	x	x	x	x	x	x		x	x	x			x	
1.4406	X2CrNiMoN17-11-2				x	x				x[b]	x	x	x	x	x	x	x	x	x	x		x	x				x	

3.10.1 Korrosionsbeständige Stähle

Auflistung nach steigenden Werkstoff-Nummern

Corrosion resisting steels

Listing according to material numbers in numerical order

Stahlsorte/Steel grade		Werkstoffnormen / Material standards																										
Werk-stoff-Nr. / Material number	EN-Werkstoff-Kurzname (neu) / EN steel name (new)	z DIN 1654-5 1989-10	z DIN 17 224 1982-02	z DIN 17230 1980-09	z DIN 17440 1985-07	z DIN 17441 1985-07	z SEW 400 1991-02	SEW 400 1997-02	DIN 5512-3 2004-05	z DIN 17 440 2001-03	z DIN 17 441 1997-02	z DIN EN 10028-7 2000-06	DIN EN 10028-7 2016-10	z DIN EN 10088-1 2005-09	DIN EN 10088-1 2014-12	z DIN EN 10088-2 2005-09	DIN EN 10088-2 2014-12	DIN EN 10088-3 2014-12	DIN EN 10088-4 2010-01	DIN EN 10088-5 2009-07	DIN EN 10151 2003-02	DIN EN 10222-5 2000-02	DIN EN 10250-4 2000-02	DIN EN 10263-5 2002-02	DIN EN 10264-4 2012-03	DIN EN 10270-3 2001-08	DIN EN 10272 2016-10	DIN EN ISO 683-17 2015-02
1.4410	X2CrNiMoN25-7-4											x	x	x	x	x	x	x	x	x		x	x				x	
1.4415	X2CrNiMoV13-5-2													x	x			x										
1.4418	X4CrNiMo16-5-1						x					x	x	x	x	x	x	x	x	x			x				x	
1.4419	X38CrMo14													x	x	x	x	x										
1.4420	X2CrNiMoN21-9-1												x															
1.4422	X1CrNiMoCu12-5-2													x	x	x	x											
1.4423	X1CrNiMoCu12-7-3													x	x	x	x											
1.4424	X2CrNiMoSi18-5-3													x	x	x	x	x	x	x								
1.4429	X2CrNiMoN17-13-3	x			x	x				x[b]	x	x	x	x	x	x	x	x	x	x		x	x	x			x	
1.4432	X2CrNiMo17-12-3											x	x	x	x	x	x	x	x	x		x		x			x	
1.4434	X2CrNiMoN18-12-4											x	x	x	x	x	x											
1.4435	X2CrNiMo18-14-3				x	x				x[b]	x	x	x	x	x	x	x	x	x	x		x	x				x	

3.10.1 Korrosionsbeständige Stähle

Auflistung nach steigenden Werkstoff-Nummern

Corrosion resisting steels

Listing according to material numbers in numerical order

Stahlsorte/Steel grade		Werkstoffnormen Material standards																										
Werk-stoff-Nr. Material number	EN-Werkstoff-Kurzname (neu) EN steel name (new)	z DIN 1654-5 1989-10	z DIN 17 224 1982-02	z DIN 17230 1980-09	z DIN 17440 1985-07	z DIN 17441 1985-07	z SEW 400 1991-02	SEW 400 1997-02	DIN 5512-3 2004-05	z DIN 17 440 2001-03	z DIN 17 441 1997-02	z DIN EN 10028-7 2000-06	DIN EN 10028-7 2016-10	z DIN EN 10088-1 2005-09	DIN EN 10088-1 2014-12	z DIN EN 10088-2 2005-09	DIN EN 10088-2 2014-12	DIN EN 10088-3 2014-12	DIN EN 10088-4 2010-01	DIN EN 10088-5 2009-07	DIN EN 10151 2003-02	DIN EN 10222-5 2000-02	DIN EN 10250-4 2000-02	DIN EN 10263-5 2002-02	DIN EN 10264-4 2012-03	DIN EN 10270-3 2001-08	DIN EN 10272 2016-10	DIN EN ISO 683-17 2015-02
1.4436	X3CrNiMo17-13-3				x	x				x[b]	x	x	x	x	x	x	x	x	x	x		x	x	x			x	
1.4438	X2CrNiMo18-15-4				x	x				x[b]	x	x	x	x	x	x	x	x	x	x								
1.4439	X2CrNiMoN17-13-5				x	x				x[b]	x	x	x	x	x	x	x	x	x	x		x					x	
1.4449	X3CrNiMo18-12-3													x	x							x						
1.4460	X3CrNiMoN27-5-2						x							x	x			x		x			x					
1.4462	X2CrNiMoN22-5-3						x		x			x	x	x	x	x	x	x	x	x		x	x	x			x	
1.4465	X1CrNiMoN25-25-2						x	x																				
1.4466	X1CrNiMoN25-22-2											x	x	x	x	x	x	x	x	x								
1.4477	X2CrNiMoN29-7-2													x	x	x	x	x	x	x								
1.4482	X2CrMnNiMoN21-5-3												x		x		x	x									x	
1.4501	X2CrNiMoCuWN25-7-4											x	x	x	x	x	x	x					x				x	
1.4505	X4NiCrMoCuNb20-18-2						x	x																				

3.10.1 Korrosionsbeständige Stähle

Auflistung nach steigenden Werkstoff-Nummern

Corrosion resisting steels

Listing according to material numbers in numerical order

Werkstoff-Nr. / Material number	EN-Werkstoff-Kurzname (neu) / EN steel name (new)	Z DIN 1654-5 1989-10	Z DIN 17 224 1982-02	Z DIN 17230 1980-09	Z DIN 17440 1985-07	Z DIN 17441 1985-07	Z SEW 400 1991-02	SEW 400 1997-02	DIN 5512-3 2004-05	Z DIN 17 440 2001-03	Z DIN 17 441 1997-02	Z DIN EN 10028-7 2000-06	DIN EN 10028-7 2016-10	Z DIN EN 10088-1 2005-09	DIN EN 10088-1 2014-12	Z DIN EN 10088-2 2005-09	DIN EN 10088-2 2014-12	DIN EN 10088-3 2014-12	DIN EN 10088-4 2010-01	DIN EN 10088-5 2009-07	DIN EN 10151 2003-02	DIN EN 10222-5 2000-02	DIN EN 10250-4 2000-02	DIN EN 10263-5 2002-02	DIN EN 10264-4 2012-03	DIN EN 10270-3 2001-08	DIN EN 10272 2016-10	DIN EN ISO 683-17 2015-02
1.4507	X2CrNiMoCuN25-6-3											x	x	x	x	x	x	x					x				x	
1.4509	X2CrTiNb18											x	x	x	x	x	x	x	x									
1.4510	X3CrTi17				x	x				x	x	x	x	x	x	x	x		x									
1.4511	X3CrNb17					x					x[a]			x	x	x	x	x										
1.4512	X2CrTi12					x	x		x		x[a]			x	x	x	x		x									
1.4513	X2CrMoTi17-1												x	x	x	x	x		x									
1.4516	X6CrNiTi12											x	x	x	x	x	x											
1.4520	X2CrTi17						x					x	x	x	x	x	x	x										
1.4521	X2CrMoTi18-2						x					x	x	x	x	x	x		x									
1.4522	X2CrMoNb18-2						x																					
1.4523	X2CrMoTiS18-2													x	x			x		x								
1.4526	X6CrMoNb17-1												x	x	x	x	x	x	x									

3.10.1 Korrosionsbeständige Stähle

Auflistung nach steigenden Werkstoff-Nummern

Corrosion resisting steels

Listing according to material numbers in numerical order

Stahlsorte/Steel grade		Werkstoffnormen / Material standards																										
Werk-stoff-Nr. / Material number	EN-Werkstoff-Kurzname (neu) / EN steel name (new)	z DIN 1654-5 1989-10	z DIN 17 224 1982-02	z DIN 17230 1980-09	z DIN 17440 1985-07	z DIN 17441 1985-07	z SEW 400 1991-02	SEW 400 1997-02	DIN 5512-3 2004-05	z DIN 17 440 2001-03	z DIN 17 441 1997-02	z DIN EN 10028-7 2000-06	DIN EN 10028-7 2016-10	z DIN EN 10088-1 2005-09	DIN EN 10088-1 2014-12	z DIN EN 10088-2 2005-09	DIN EN 10088-2 2014-12	DIN EN 10088-3 2014-12	DIN EN 10088-4 2010-01	DIN EN 10088-5 2009-07	DIN EN 10151 2003-02	DIN EN 10222-5 2000-02	DIN EN 10250-4 2000-02	DIN EN 10263-5 2002-02	DIN EN 10264-4 2012-03	DIN EN 10270-3 2001-08	DIN EN 10272 2016-10	DIN EN ISO 683-17 2015-02
1.4529	X1NiCrMoCuN25-20-7						x					x	x	x	x	x	x	x	x	x		x	x				x	
1.4530	X1CrNiMoAlTi12-9-2													x	x			x										
1.4532	X8CrNiMoAl15-7-2													x[e]		x[e]												
1.4537	X1CrNiMoCuN25-25-5											x	x	x	x	x	x	x										
1.4539	X1NiCrMoCu25-20-5						x					x	x	x	x	x	x	x	x	x		x	x				x	
1.4541	X6CrNiTi18-10	x			x	x			x	x	x	x	x	x	x	x	x	x	x	x		x	x	x			x	
1.4542	X5CrNiCuNb16-4													x	x	x	x	x	x	x			x					
1.4547	X1CrNiMoCuN20-18-7											x	x	x	x	x	x	x	x	x		x	x				x	
1.4550	X6CrNiNb18-10				x	x				x[b]	x	x	x	x	x	x	x	x		x		x	x				x	
1.4558	X2NiCrAlTi32-20						x	x						x	x													
1.4560	X3CrNiCu19-9-2													x	x			x						x				
1.4561	X1CrNiMoTi18-13-2						x	x																				

3.10.1 Korrosionsbeständige Stähle

Auflistung nach steigenden Werkstoff-Nummern

Corrosion resisting steels

Listing according to material numbers in numerical order

Stahlsorte/Steel grade		Werkstoffnormen Material standards																										
Werkstoff-Nr. Material number	EN-Werkstoff-Kurzname (neu) EN steel name (new)	z DIN 1654-5 1989-10	z DIN 17 224 1982-02	z DIN 17230 1980-09	z DIN 17440 1985-07	z DIN 17441 1985-07	z SEW 400 1991-02	SEW 400 1997-02	DIN 5512-3 2004-05	z DIN 17 440 2001-03	z DIN 17 441 1997-02	z DIN EN 10028-7 2000-06	DIN EN 10028-7 2016-10	z DIN EN 10088-1 2005-09	DIN EN 10088-1 2014-12	z DIN EN 10088-2 2005-09	DIN EN 10088-2 2014-12	DIN EN 10088-3 2014-12	DIN EN 10088-4 2010-01	DIN EN 10088-5 2009-07	DIN EN 10151 2003-02	DIN EN 10222-5 2000-02	DIN EN 10250-4 2000-02	DIN EN 10263-5 2002-02	DIN EN 10264-4 2012-03	DIN EN 10270-3 2001-08	DIN EN 10272 2016-10	DIN EN ISO 683-17 2015-02
1.4563	X1NiCrMoCu31-27-4						x					x	x	x	x	x	x	x	x	x			x				x	
1.4565	X2CrNiMnMoN25-18-6-5													x	x	x	x	x	x	x								
1.4565	X2CrNiMnMoNbN25-18-5-4						x	x											x									
1.4567	X3CrNiCu18-9-4	x												x	x			x		x				x				
1.4568	X7CrNiAl17-7		x											x	x	x	x	x	x	x	x					x		
1.4570	X6CrNiCuS18-9-2													x	x			x										
1.4571	X6CrNiMoTi17-12-2	x			x	x			x	x	x	x	x	x	x	x	x	x	x	x		x	x	x			x	
1.4577	X3CrNiMoTi25-25						x	x																				
1.4578	X3CrNiCuMo17-11-3-2													x	x			x		x				x				
1.4580	X6CrNiMoNb17-12-2				x					x[b]		x	x	x	x	x	x	x									x	
1.4589	X5CrNiMoTi15-2								x					x	x	x	x											
1.4590	X2CrNbZr17													x	x	x	x											

3.10.1 Korrosionsbeständige Stähle

Auflistung nach steigenden Werkstoff-Nummern

Corrosion resisting steels

Listing according to material numbers in numerical order

Stahlsorte/Steel grade		Werkstoffnormen / Material standards																										
Werkstoff-Nr. / Material number	EN-Werkstoff-Kurzname (neu) / EN steel name (new)	z DIN 1654-5 1989-10	z DIN 17 224 1982-02	z DIN 17230 1980-09	z DIN 17440 1985-07	z DIN 17441 1985-07	z SEW 400 1991-02	SEW 400 1997-02	DIN 5512-3 2004-05	z DIN 17 440 2001-03	z DIN 17 441 1997-02	z DIN EN 10028-7 2000-06	DIN EN 10028-7 2016-10	z DIN EN 10088-1 2005-09	DIN EN 10088-1 2014-12	z DIN EN 10088-2 2005-09	DIN EN 10088-2 2014-12	DIN EN 10088-3 2014-12	DIN EN 10088-4 2010-01	DIN EN 10088-5 2009-07	DIN EN 10151 2003-02	DIN EN 10222-5 2000-02	DIN EN 10250-4 2000-02	DIN EN 10263-5 2002-02	DIN EN 10264-4 2012-03	DIN EN 10270-3 2001-08	DIN EN 10272 2016-10	DIN EN ISO 683-17 2015-02
1.4592	X2CrMoTi29-4													x	x	x	x											
1.4594	X5CrNiMoCuNb14-5													x	x			x										
1.4595	X1CrNb15													x	x	x	x											
1.4596	X1CrNiMoAlTi12-10-2													x	x			x										
1.4597	X8CrMnCuNB17-8-3													x	x	x	x	x										
1.4598	X2CrNiMoCuS17-10-2													x	x			x										
1.4600	X2CrMnTi12														x		x											
1.4605	X2CrAlTi18-2													x[e]		x[e]												
1.4606	X5NiCrTiMoVB25-15-2													x	x			x										
1.4607	X2CrNbTi20														x		x											
1.4611	X2CrTi21												x		x		x	x										
1.4612	X1CrNiMoAlTi12-11-2														x			x										

3.10.1 Korrosionsbeständige Stähle

Auflistung nach steigenden Werkstoff-Nummern

Corrosion resisting steels

Listing according to material numbers in numerical order

Stahlsorte/Steel grade		Werkstoffnormen Material standards																										
Werk-stoff-Nr. Material number	EN-Werkstoff-Kurzname (neu) EN steel name (new)	z DIN 1654-5 1989-10	z DIN 17 224 1982-02	z DIN 17230 1980-09	z DIN 17440 1985-07	z DIN 17441 1985-07	z SEW 400 1991-02	SEW 400 1997-02	DIN 5512-3 2004-05	z DIN 17 440 2001-03	z DIN 17 441 1997-02	z DIN EN 10028-7 2000-06	DIN EN 10028-7 2016-10	z DIN EN 10088-1 2005-09	DIN EN 10088-1 2014-12	z DIN EN 10088-2 2005-09	DIN EN 10088-2 2014-12	DIN EN 10088-3 2014-12	DIN EN 10088-4 2010-01	DIN EN 10088-5 2009-07	DIN EN 10151 2003-02	DIN EN 10222-5 2000-02	DIN EN 10250-4 2000-02	DIN EN 10263-5 2002-02	DIN EN 10264-4 2012-03	DIN EN 10270-3 2001-08	DIN EN 10272 2016-10	DIN EN ISO 683-17 2015-02
1.4613	X2CrTi24												x		x		x	x										
1.4615	X3CrMnNiCu15-8-5-3														x			x										
1.4618	X9CrMnNiCu17-8-5-2												x		x		x											
1.4621	X2CrNbCu21														x		x	x										
1.4622	X2CrCuNbTiV22-1												x															
1.4630	X2CrSiTi15														x		x											
1.4634	X2CrAlSiNb18														x		x											
1.4640	X5CrNiCu19-6-2														x		x											
1.4646	X6CrMnNiCuN18-12-4-2												x		x		x	x										
1.4650	X2CrNiCu19-10													x								x						
1.4652	X1CrNiMoCuN24-22-8													x	x	x	x	x										
1.4655	X2CrNiCuN23-4													x	x	x	x											

3.10.1 Korrosionsbeständige Stähle

Auflistung nach steigenden Werkstoff-Nummern

Corrosion resisting steels

Listing according to material numbers in numerical order

Werkstoffnormen / Material standards		1.4658 X2CrNiMoCoN28-8-5-1	1.4659 X1CrNiMoCuNW24-22-6	1.4662 X2CrNiMnMoCuN24-4-3-2	1.4669 X2CrCuNiN23-2-2
z DIN 1654-5	1989-10				
z DIN 17 224	1982-02				
z DIN 17230	1980-09				
z DIN 17440	1985-07				
z DIN 17441	1985-07				
z SEW 400	1991-02				
SEW 400	1997-02				
DIN 5512-3	2004-05				
z DIN 17 440	2001-03				
z DIN 17 441	1997-02				
z DIN EN 10028-7	2000-06				
DIN EN 10028-7	2016-10			x	
z DIN EN 10088-1	2005-09		x		
DIN EN 10088-1	2014-12	x	x	x	x
z DIN EN 10088-2	2005-09		x		
DIN EN 10088-2	2014-12		x	x	
DIN EN 10088-3	2014-12	x	x	x	x
DIN EN 10088-4	2010-01				
DIN EN 10088-5	2009-07				
DIN EN 10151	2003-02				
DIN EN 10222-5	2000-02				
DIN EN 10250-4	2000-02				
DIN EN 10263-5	2002-02				
DIN EN 10264-4	2012-03				
DIN EN 10270-3	2001-08				
DIN EN 10272	2016-10			x	
DIN EN ISO 683-17	2015-02				

Stahlsorte/Steel grade: Werk-stoff-Nr. / Material number; EN-Werkstoff-Kurzname (neu) / EN steel name (new)

Fußnoten siehe nächste Seite.

z = zurückgezogene Norm
E = Norm-Entwurf
Grau hinterlegte Felder markieren die Normen, in denen die alten DIN-Werkstoff-Kurznamen aufgeführt sind. Diese sind über die Werkstoff-Nummern in Tabelle 2.1 zu finden.

z = withdrawn standard
E = draft standard
Grey shaded fields mark those standards in which the old DIN steel names are listed. These can be found via the material numbers in table 2.1.

[a] In DIN 17441 Ausgabe 1985-07 enthalten. In der Ausgabe 1997-02 wegen des geänderten Anwendungsbereiches entfallen.
Included in DIN 17441, 1985-07 edition. Not applicable in the 1997-02 edition because of the changed range of application.

[b] In DIN 17440 Ausgabe 1996-09 enthalten. In der Ausgabe 2001-03 wegen des geänderten Anwendungsbereiches entfallen.
Included in DIN 17440, 1996-09 edition. Not applicable in the 2001-03 edition because of the changed range of application.

[c] In DIN 17440 Ausgabe 1985-07 enthalten. In der Ausgabe 1996-09 wurden die Sorten X10Cr13 (1.4006) und X15Cr13 (1.4024) unter der Bezeichnung X12Cr13 (1.4006) zusammengefasst.
Included in DIN 17440, 1985-07 edition. In the 1996-09 edition the grades X10Cr13 (1.4006) and X15Cr13 (1.4024) were summarized under the description X12Cr13 (1.4006).

[d] In DIN 17440 Ausgabe 1985-07 enthalten. In der Ausgabe 1996-09 wegen des geänderten Anwendungsbereiches entfallen.
Included in DIN 17440, 1985-07 edition. Not applicable in the 1996-09 edition because of the changed range of application.

[e] In DIN EN 10088-1 und -2 Ausgaben 1995-08 enthalten.
Included in DIN EN 10088-1 und -2, 1995-08 editions.

[f] Der alte Werkstoff-Kurzname ist nicht aus Normen, sondern aus anderer Fachliteratur entnommen.
The old version of material description is not taken from standards, but from the corresponding literature.

[g] Dieser Werkstoff ist nur in der Vorgängerausgabe von 2005-09 enthalten.
This material is only inclosed in z DIN EN 10088-3:2005-09.

3.10.2 Hitzebeständige Stähle

Auflistung nach steigenden Werkstoff-Nummern

Heat resisting steels

Listing according to material numbers in numerical order

Stahlsorte/Steel grade		Werkstoffnormen Material standards					
Werk-stoff-Nr. Material number	EN-Werkstoff-Kurzname (neu) EN steel name (new)	SEW 470 1976-02	DIN EN 10088-1 2014-12	DIN EN 10095 1999-05	DIN EN 10264-4 2012-03		
1.4713	X10CrAlSi7	x	x	x			
1.4720	–	x					
1.4724	X10CrAlSi13	x	x	x			
1.4736	X3CrAlTi18-2		x	x			
1.4742	X10CrAlSi18	x	x	x			
1.4749	X18CrN28		x	x			
1.4762	X10CrAlSi25	x	x	x			
1.4818	X6CrNiSiNCe19-10		x	x			
1.4821	X15CrNiSi25-4	x	x	x			
1.4828	X15CrNiSi20-12	x	x	x			
1.4833	X12CrNi23-13	x	x	x			
1.4835	X9CrNiSiNCe21-11-2		x	x			
1.4841	X15CrNiSi25-21	x	x	x	x		
1.4845	X8CrNi25-21	x	x	x			
1.4854	X6NiCrSiNCe35-25		x	x			
1.4864	X12NiCrSi35-16	x	x	x			
1.4872	X25CrMnNiN25-9-7		x	x			
1.4876	X10NiCrAlTi32-21	x	x	x			
1.4877	X6NiCrNbCe32-27		x	x			
1.4878	X8CrNiTi18-10	x	x	x			
1.4886	X10NiCrSi35-19		x	x			
1.4887	X10NiCrSiNb35-22		x	x			

z = zurückgezogene Norm

E = Norm-Entwurf

Grau hinterlegte Felder markieren die Normen, in denen die alten DIN-Werkstoff-Kurznamen aufgeführt sind. Diese sind über die Werkstoff-Nummern in Tabelle 2.1 zu finden.

z = withdrawn standard

E = draft standard

Grey shaded fields mark those standards in which the old DIN steel names are listed. These can be found via the material numbers in table 2.1.

3.10.3 Hochwarmfeste Stähle (künftig: „warmfeste“ Stähle)

Auflistung nach steigenden Werkstoff-Nummern

Creep resisting steels

Listing according to material numbers in numerical order

Stahlsorte/Steel grade		Werkstoffnormen Material standards									
Werk-stoff-Nr. Material number	EN-Werkstoff-Kurzname (neu) EN steel name (new)	z DIN 17240 1976-07	z DIN 17460 1992-09	z SEW 670 1969-02	DIN EN 10028-7 2016-10	DIN EN 10088-1 2014-12	DIN EN 10222-5 2000-02	DIN EN 10269 2014-02	DIN EN 10272 2016-10	z DIN EN 10302 2002-09	DIN EN 10302 2008-06
1.4903	X10CrMoVNb9-1					x				x	x
1.4905	X11CrMoWVNb9-1-1					x				x	x
1.4910	X3CrNiMoBN17-13-3		x		x	x	x	x		x	x
1.4911	X8CrCoNiMo10-6					x				x	x
1.4912	X7CrNiNb18-10					x	x				
1.4913	X19CrMoNbVN11-1	x				x		x		x	x
1.4918	X6CrNiMo17-13-2					x					
1.4919	X6CrNiMoB17-12-2		x			x		x		x	x
1.4921	–			x							
1.4922	X20CrMoV11-1			x		x				x	x
1.4923	X22CrMoV12-1	x		x		x		x		x	x
1.4935	X20CrMoWV12-1					x				x	x
1.4938	X12CrNiMoV12-3					x		x		x	x
1.4940	X7CrNiTi18-10					x					
1.4941	X6CrNiTiB18-10		x		x	x	x	x		x	x
1.4945	X6CrNiWNbN16-16			x		x				x	x
1.4948	X6CrNi18-10		x		x	x	x	x			
1.4949	–		x								
1.4950	X6CrNi23-13				x	x					
1.4951	X6CrNi25-20				x	x		x	x		x
1.4958	X5NiCrAlTi31-20		x		x	x				x	x
1.4959	X8NiCrAlTi32-21		x		x	x				x	x
1.4961	X8CrNiNb16-13		x	x	x	x				x	x
1.4962	X12CrNiWTiB16-13					x				x	x
1.4971	X12CrCoNi21-20					x				x	x
1.4980	X6NiCrTiMoVB25-15-2					x		x		x	x
1.4981	X8CrNiMoNb16-16		x	x		x				x	x
1.4982	X10CrNiMoMnNbVB15-10-1					x		x			
1.4983	X6CrNiMoTiB17-13					x				x	x
1.4986	X7CrNiMoBNb16-16	x		x		x		x			
1.4988	X8CrNiMoVNb16-13		x	x		x				x	x

z = zurückgezogene Norm
E = Norm-Entwurf
Grau hinterlegte Felder markieren die Normen, in denen die alten DIN-Werkstoff-Kurznamen aufgeführt sind. Diese sind über die Werkstoff-Nummern in Tabelle 2.1 zu finden.

z = withdrawn standard
E = draft standard
Grey shaded fields mark those standards in which the old DIN steel names are listed.
These can be found via the material numbers in table 2.1.

3.11 Ventilstähle und -legierungen

Auflistung nach steigenden Werkstoff-Nummern

Valve steels and alloys

Listing according to material numbers in numerical order

Stahlsorte/Steel grade		Werkstoffnormen Material standards					
		1992-05	1998-03	2014-02			
Werk-stoff-Nr. Material number	EN-Werkstoff-Kurzname (neu) EN steel name (new)	z DIN 17480	DIN EN 10090	DIN EN 10269			
1.4718	X45CrSi9-3	x	x				
1.4731	X40CrSiMo10-2	x[a]	x				
1.4748	X85CrMoV18-2	x	x				
1.4785	–	x					
1.4866	X33CrNiMnN23-8		x				
1.4870	X53CrMnNiNbN21-9		x				
1.4871	X53CrMnNiN21-9	x	x				
1.4873	–	x					
1.4875	X55CrMnNiN20-8	x	x				
1.4882	X50CrMnNiNbN21-9	x	x				
2.4952	NiCr20TiAl	x	x	x			
2.4955	NiFe25Cr20NbTi	x	x				

z = zurückgezogene Norm
E = Norm-Entwurf
Grau hinterlegte Felder markieren die Normen, in denen die alten DIN-Werkstoff-Kurznamen aufgeführt sind. Diese sind über die Werkstoff-Nummern in Tabelle 2.1 zu finden.

z = withdrawn standard
E = draft standard
Grey shaded fields mark those standards in which the old DIN steel names are listed. These can be found via the material numbers in table 2.1.

[a] Dieser Werkstoff ist nur in der Vorgängerausgabe von 1984-09 enthalten. This material is only inclosed in z DIN 17480:1984-09.

3.12 Nitrierstähle

Auflistung nach steigenden Werkstoff-Nummern

Nitriding steels

Listing according to material numbers in numerical order

Stahlsorte/Steel grade		Werkstoffnormen Material standards					
		1987-04	2001-07	1999-12	2015-02		
Werk-stoff-Nr. Material number	EN-Werkstoff-Kurzname (neu) EN steel name (new)	z DIN 17211	DIN EN 10085	DIN EN 10250-3	DIN EN ISO 683-17		
1.8505	32CrAlMo7-10		x				
1.8507	34CrAlMo5-10	x	x				
1.8509	41CrAlMo7-10		x				
1.8515	31CrMo12	x	x				
1.8516	24CrMo13-6		x				
1.8519	31CrMoV9	x	x				
1.8521	–	x					
1.8522	33CrMoV12-9		x		x		
1.8523	40CrMoV13-9		x	x			
1.8550	34CrAlNi7-10	x	x				

z = zurückgezogene Norm
E = Norm-Entwurf
Grau hinterlegte Felder markieren die Normen, in denen die alten DIN-Werkstoff-Kurznamen aufgeführt sind. Diese sind über die Werkstoff-Nummern in Tabelle 2.1 zu finden.

z = withdrawn standard
E = draft standard
Grey shaded fields mark those standards in which the old DIN steel names are listed. These can be found via the material numbers in table 2.1.

3.13 Nickellegierte kaltzähe Stähle

Auflistung nach steigenden Werkstoff-Nummern

Nickel alloyed steels with specified low temperature properties

Listing according to material numbers in numerical order

Stahlsorte/Steel grade		Werkstoffnormen Material standards					
Werkstoff-Nr. / Material number	EN-Werkstoff-Kurzname (neu) / EN steel name (new)	z DIN 17280 1985-07	z SEW 680 1970-01	z DIN EN 10028-4 1994-11	DINEN 10028-4 2009-09	DIN EN 10222-3 1999-02	DIN EN 10269 2014-02
1.5622	–		x				
1.5637	12Ni14	x	x	x	x	x	
1.5639	–		x				
1.5662	X8Ni9	x	x	x	x	x	x
1.5663	X7Ni9			x	x		
1.5680	12Ni19[a]	x	x	x			x
1.5680	X12Ni5	x			x	x	
1.6212	11MnNi5-3	x		x	x		
1.6217	13MnNi6-3	x		x	x	x	
1.6228	15NiMn6	x		x	x	x	
1.6349	X7NiMo6[b]	x		x[b]			
1.6900	–		x				
1.6903	–		x				
1.6905	–		x				
1.6906	–		x				

z = zurückgezogene Norm
E = Norm-Entwurf
Grau hinterlegte Felder markieren die Normen, in denen die alten DIN-Werkstoff-Kurznamen aufgeführt sind. Diese sind über die Werkstoff-Nummern in Tabelle 2.1 zu finden.

z = withdrawn standard
E = draft standard
Grey shaded fields mark those standards in which the old DIN steel names are listed. These can be found via the material numbers in table 2.1.

[a] In EN 10028-4 (1994.11) wurde noch der alte DIN-Kurzname 12Ni19 verwendet.

Wegen der Erhöhung des mittleren Nickelgehaltes auf 5 % wäre aber eine Änderung beim europäischen Kurznamen in X12Ni5 erforderlich gewesen, was dann in EN 10222-3 (1999-02) und EN 10028-4 (2003-09) vollzogen wurde.

The old DIN steel name 12Ni19 was still used in EN 10028-4 (1994-11).

But, because of the increase of the mean nickel content to 5 % a change, of the European steel name to X12Ni5 would have been required what was then undertaken in EN 10222-3 (1999-02) and EN 10028-4 (2003-09).

[b] Die Stahlsorte ist nur in der Deutschen Fassung von EN 10028-4 (1994-11) im Nationalen Anhang NA enthalten.

This steel grade is only contained in the national appendix NA in the German version of EN 10028-4 (1994-11).

3.14 Wetterfeste Baustähle

Auflistung nach steigenden Werkstoff-Nummern

Structural steels resistant to weathering

Listing according to material numbers in numerical order

Stahlsorte/Steel grade		Werkstoffnormen Material standards					
		1981-06	1997-05	1993-08	2005-02		
Werk-stoff-Nr. Material number	EN-Werkstoff-Kurzname (neu) EN steel name (new)	z SEW 087	DIN 5512-1	z DIN EN 10155	DIN EN 10025-5		
1.8945	S355J0WP			x	x		
1.8946	S355J2WP		x	x	x		
1.8958	S235J0W			x	x		
1.8959	S355J0W			x	x		
1.8960	–	x					
1.8961	S235J2W	x	x	x	x		
1.8962	–	x					
1.8963	S355J2G1W[a]	x	x	x			
1.8965	S355J2W				x		
1.8965	S355J2G2W			x			
1.8966	–			x			
1.8967	S355K2W				x		
1.8967	S355K2G2W			x			

z = zurückgezogene Norm
E = Norm-Entwurf
Grau hinterlegte Felder markieren die Normen, in denen die alten DIN-Werkstoff-Kurznamen aufgeführt sind. Diese sind über die Werkstoff-Nummern in Tabelle 2.1 zu finden.

z = withdrawn standard
E = draft standard
Grey shaded fields mark those standards in which the old DIN steel names are listed. These can be found via the material numbers in table 2.1.

[a] WTSt 52-3 alter Kurzname in SEW 087 (1981-06), S355J2G1W alter Kurzname in DIN EN 10155 (1993-08)
WTSt 52-3 old steel name SEW 087 (1981-06), S355J2G1W old steel name in DIN EN 10155 (1993-08)

3.15 Stahlguss
Steel castings

3.15.1 Stahlguss für allgemeine Verwendungszwecke und Druckbehälter

Auflistung nach steigenden Werkstoff-Nummern

Steel castings for general purposes and pressure vessels

Listing according to material numbers in numerical order

Stahlsorte/Steel grade		Werkstoffnormen Material standards						
Werk-stoff-Nr. Material number	EN-Werkstoff-Kurzname (neu) EN steel name (new)	z DIN 1681 1985-06	z DIN 17182 1992-05	z DIN 17205 1992-04	z SEW 510 1977-10	DIN EN 10213 2016-10	DIN EN 10293 2015-04	DIN EN 10340 2008-01
1.0420	GE200	x					x	
1.0446	GE240	x					x	
1.0449	GS200						x	x
1.0454	GE270						x	
1.0455	GS240						x	x
1.0552	–	x						
1.0558	GE300	x					x	
1.0591	GE320						x	
1.0597	GE360						x	
1.1118	G24Mn6					x	x	x
1.1120	–		x					
1.1131	G17Mn5		x			x	x	x
1.1155	–				x			
1.1165	–			x	x		x	
1.5015	–		x					
1.5410	G10MnMoV6-3						x	x
1.5422	G18Mo5					x		
1.5430	–		x					
1.6220	G20Mn5					x	x	x
1.6515	–			x				
1.6570	G32NiCrMo8-5-4			x			x	
1.6579	G35CrNiMo6-6						x	
1.6582	–			x				
1.6740	–			x				
1.6748	–				x			
1.7218	–			x	x			
1.7220	–			x	x			
1.7225	–			x	x			
1.7230	G34CrMo4						x	
1.7231	G42CrMo4						x	
1.7341	–				x			

3.15.1 Stahlguss für allgemeine Verwendungszwecke und Druckbehälter

Auflistung nach steigenden Werkstoff-Nummern

Steel castings for general purposes and pressure vessels

Listing according to material numbers in numerical order

Stahlsorte/Steel grade		Werkstoffnormen Material standards						
Werk-stoff-Nr. Material number	EN-Werkstoff-Kurzname (neu) EN steel name (new)	z DIN 1681 1985-06	z DIN 17182 1992-05	z DIN 17205 1992-04	z SEW 510 1977-10	DIN EN 10213 2016-10	DIN EN 10293 2015-04	DIN EN 10340 2008-01
1.7710	G15CrMoV6-9						x	
1.7725	G30CrMoV6-4			x	x		x	
1.7755	–			x	x			

z = zurückgezogene Norm

E = Norm-Entwurf

Grau hinterlegte Felder markieren die Normen, in denen die alten DIN-Werkstoff-Kurznamen aufgeführt sind. Diese sind über die Werkstoff-Nummern in Tabelle 2.1 zu finden.

z = withdrawn standard

E = draft standard

Grey shaded fields mark those standards in which the old DIN steel names are listed. These can be found via the material numbers in table 2.1.

3.15.2 Nichtrostender Stahlguss

Auflistung nach steigenden Werkstoff-Nummern

Stainless steel castings

Listing according to material numbers in numerical order

Stahlsorte/Steel grade		Werkstoffnormen Material standards											
Werk-stoff-Nr. Material number	EN-Werkstoff-Kurzname (neu) EN steel name (new)	z DIN 17 445 1984-11	z SEW 410 1988-05	SEW 410 1998-07	SEW 520 1996-09	z DIN EN 10213-1 1996-01	z DIN EN 10213-2 1996-01	z DIN EN 10213-3 1996-01	z DIN EN 10213-4 1996-01	DIN EN 10213 2016-10	z DIN EN 10283 1998-12	DIN EN 10283 2010-06	DIN EN 10293 2015-04
1.4008	GX7CrNiMo12-1	x									x	x	
1.4011	GX12Cr12										x	x	
1.4027	GX20Cr14	x		x									
1.4059	GX22CrNi17	x		x									
1.4085	GX70Cr29		x	x									
1.4086	GX120Cr29		x	x									
1.4107	GX8CrNi12					x	x			x			
1.4138	GX120CrMo29-2		x	x									
1.4306	–		x										
1.4308	GX5CrNi19-10	x				x			x	x	x	x	
1.4309	GX2CrNi19-11					x			x	x	x	x	
1.4313	–	x											
1.4317	GX4CrNi13-4				x	x	x			x	x	x	x
1.4340	GX40CrNi27-4		x	x									
1.4347	GX6CrNiN26-7		x								x	x	
1.4404	–		x										
1.4405	GX4CrNiMo16-5-1		x			x	x			x	x	x	x
1.4408	GX5CrNiMo19-11-2	x				x			x	x	x	x	
1.4409	GX2CrNiMo19-11-2					x			x	x	x	x	
1.4411	GX4CrNiMo16-5-2										x	x	
1.4412	GX5CrNiMo19-11-3										x	x	
1.4416	GX2NiCrMoN25-20-5										x	x	
1.4417	GX2CrNiMoN25-7-3									x	x	x	
1.4421	GX4CrNi16-4												x
1.4439	–	x											
1.4443	GX4CrNiMo19-11-3											x	
1.4446	GX2CrNiMoN17-13-4										x	x	
1.4458	GX2NiCrMo28-20-2					x			x	x	x	x	
1.4464	GX40CrNiMo27-5		x	x									
1.4468	GX2CrNiMoN25-6-3		x								x	x	
1.4469	GX2CrNiMoN26-7-4		x			x			x	x	x	x	
1.4470	GX2CrNiMoN22-5-3					x			x	x	x	x	
1.4471	GX3CrNiMoWCuN27-6-3-1			x									
1.4474	GX4CrNiMoN26-5-2											x	

3.15.2 Nichtrostender Stahlguss

Auflistung nach steigenden Werkstoff-Nummern

Stainless steel castings

Listing according to material numbers in numerical order

Stahlsorte/Steel grade		Werkstoffnormen Material standards											
		1984-11	1988-05	1998-07	1996-09	1996-01	1996-01	1996-01	1996-01	2016-10	1998-12	2010-06	2015-04
Werk-stoff-Nr. Material number	EN-Werkstoff-Kurzname (neu) EN steel name (new)	z DIN 17 445	z SEW 410	SEW 410	SEW 520	z DIN EN 10213-1	z DIN EN 10213-2	z DIN EN 10213-3	z DIN EN 10213-4	DIN EN 10213	z DIN EN 10283	DIN EN 10283	DIN EN 10293
1.4515	GX2CrNiMoCuN26-6-3		x	x									
1.4517	GX2CrNiMoCuN25-6-3-3		x			x			x	x	x	x	
1.4525	GX5CrNiCu16-4										x	x	
1.4527	GX4NiCrCuMo30-20-4										x	x	
1.4536	GX2NiCrMoCuN25-20		x	x									
1.4538	GX1NiCrMoCuN25-20-5			x									
1.4552	GX5CrNiNb19-11	x				x			x	x	x	x	
1.4557	GX2CrNiMoCuN20-18-6										x	x	
1.4569	GX2CrNiMnMoNNb21-15-4-3		x	x									
1.4573	GX3CrNiMoCuN24-6-5			x									
1.4581	GX5CrNiMoNb19-11-2	x				x			x	x	x	x	
1.4584	GX2NiCrMoCu25-20-5										x	x	
1.4587	GX2NiCrMoCuN29-25-5										x	x	
1.4588	GX2NiCrMoCuN25-20-6										x	x	
1.4593	GX3CrNiMoCuN24-6-2-3			x									
1.4859	GX10NiCrSiNb32-20									x			
1.4931	GX23CrMoV12-1					x	x			x			x
1.4955	GX12CrMoVNbN9-1									x			
1.5681	GX9Ni												x
1.6982	GX3CrNi13-4					x		x		x			x

z = zurückgezogene Norm
E = Norm-Entwurf
Grau hinterlegte Felder markieren die Normen, in denen die alten DIN-Werkstoff-Kurznamen aufgeführt sind. Diese sind über die Werkstoff-Nummern in Tabelle 2.1 zu finden.

z = withdrawn standard
E = draft standard
Grey shaded fields mark those standards in which the old DIN steel names are listed. These can be found via the material numbers in table 2.1.

3.15.3 Warmfester Stahlguss

Auflistung nach steigenden Werkstoff-Nummern

High-temperature steel castings

Listing according to material numbers in numerical order

Stahlsorte/Steel grade		Werkstoffnormen Material standards						
Werkstoff-Nr. Material number	EN-Werkstoff-Kurzname (neu) EN steel name (new)	z DIN 17245 1987-12	SEW 520 1996-09	z DIN EN 10213-2 1996-01	DIN EN 10213 2016-10	DIN EN 10283 2010-06	DIN EN 10293 2015-04	DIN EN 10340 2008-01
1.0619	GP240GH	x		x	x			
1.0621	GP240GR			x				
1.0625	GP280GH			x	x			
1.4107	GX8CrNi12	x		x	x			
1.4317	GX4CrNi13-4		x	x	x	x	x	x
1.4405	GX4CrNiMo16-5-1			x	x	x	x	x
1.4931	GX23CrMoV12-1	x		x	x		x	
1.5419	G20Mo5	x		x	x		x	
1.7357	G17CrMo5-5	x		x	x		x	
1.7365	GX15CrMo5			x	x			
1.7379	G17CrMo9-10	x	x	x	x		x	
1.7706	G17CrMoV5-10	x		x	x			
1.7710	G15CrMoV6-9						x	
1.7720	G12MoCrV5-2			x	x			

z = zurückgezogene Norm
E = Norm-Entwurf
Grau hinterlegte Felder markieren die Normen, in denen die alten DIN-Werkstoff-Kurznamen aufgeführt sind. Diese sind über die Werkstoff-Nummern in Tabelle 2.1 zu finden.

z = withdrawn standard
E = draft standard
Grey shaded fields mark those standards in which the old DIN steel names are listed. These can be found via the material numbers in table 2.1.

3.15.4 Hitzebeständiger Stahlguss

Auflistung nach steigenden Werkstoff-Nummern

Heat resistant steel castings

Listing according to material numbers in numerical order

Stahlsorte/Steel grade		Werkstoffnormen Material standards					
Werk-stoff-Nr. Material number	EN-Werkstoff-Kurzname (neu) EN steel name (new)	z DIN 17465 1993-08	z SEW 471 1976-08	z SEW 595 1976-08	DIN EN 10295 2003-01		
1.4710	GX30CrSi7	x			x		
1.4729	GX40CrSi13	x			x		
1.4740	GX40CrSi17	x			x		
1.4743	GX160CrSi18		x		x		
1.4745	GX40CrSi24	x			x		
1.4776	GX40CrSi28	x			x		
1.4777	GX130CrSi29	x	x		x		
1.4805	GX35NiCrSi25-21				x		
1.4806	GX40NiCrSi35-17				x		
1.4807	GX40NiCrSiNb35-18				x		
1.4815	–			x			
1.4823	GX40CrNiSi27-4	x			x		
1.4825	GX25CrNiSi18-9	x			x		
1.4826	GX40CrNiSi22-10	x			x		
1.4827	–			x			
1.4832	GX25CrNiSi20-14	x			x		
1.4837	GX40CrNiSi25-12	x			x		
1.4840	–			x			
1.4848	GX40CrNiSi25-20	x		x	x		
1.4849	GX40NiCrSiNb38-19	x	x		x		
1.4852	GX40NiCrSiNb35-26	x		x	x		
1.4855	GX40CrNiSiNb24-24	x	x	x	x		
1.4857	GX40NiCrSi35-26	x		x	x		
1.4859	GX10NiCrSiNb32-20			x	x		
1.4865	GX40NiCrSi38-19	x	x		x		
1.4868	–			x			
1.4869	GX50NiCrCoW35-25-15-5				x		
1.4874	GX50NiCrCo20-20-20				x		
1.4889	GX40NiCrNb45-35				x		
1.7363	–			x			
1.7380	–			x			
1.7389	–			x			
2.4778	G-CoCr28	x	x		x		
2.4779	–		x				

3.15.4 Hitzebeständiger Stahlguss

Auflistung nach steigenden Werkstoff-Nummern

Heat resistant steel castings

Listing according to material numbers in numerical order

Stahlsorte/Steel grade		Werkstoffnormen Material standards					
		1993-08	1976-08	1976-08	2003-01		
Werk-stoff-Nr. Material number	EN-Werkstoff-Kurzname (neu) EN steel name (new)	z DIN 17465	z SEW 471	z SEW 595	DIN EN 10295		
2.4813	–			x			
2.4879	G-NiCr28W	x	x	x	x		

z = zurückgezogene Norm

E = Norm-Entwurf

Grau hinterlegte Felder markieren die Normen, in denen die alten DIN-Werkstoff-Kurznamen aufgeführt sind. Diese sind über die Werkstoff-Nummern in Tabelle 2.1 zu finden.

z = withdrawn standard

E = draft standard

Grey shaded fields mark those standards in which the old DIN steel names are listed. These can be found via the material numbers in table 2.1.

3.15.5 Hochfester Stahlguss

Auflistung nach steigenden Werkstoff-Nummern

High-strength steel castings

Listing according to material numbers in numerical order

Stahlsorte/Steel grade		Werkstoffnormen Material standards					
Werk-stoff-Nr. Material number	EN-Werkstoff-Kurzname (neu) EN steel name (new)	z DIN 17245 1987-12	SEW 520 1996-09	DIN EN 10213 2016-10	DIN EN 10293 2015-04		
1.1118	G24Mn6		x		x		
1.5431	G12MnMo7-4		x				
1.6309	G20MnMoNi5-5		x				
1.6759	G18NiMoCr3-6		x				
1.6760	G22NiMoCr5-6		x				
1.6779	G14NiCrMo10-6		x				
1.6781	G17NiCrMo13-6		x	x	x		
1.7352	G18CrMnMo5-5		x				
1.7379	G17CrMo9-10	x	x	x	x		

z = zurückgezogene Norm
E = Norm-Entwurf
Grau hinterlegte Felder markieren die Normen, in denen die alten DIN-Werkstoff-Kurznamen aufgeführt sind. Diese sind über die Werkstoff-Nummern in Tabelle 2.1 zu finden.

z = withdrawn standard
E = draft standard
Grey shaded fields mark those standards in which the old DIN steel names are listed. These can be found via the material numbers in table 2.1.

3.15.6 Kaltzäher Stahlguss

Auflistung nach steigenden Werkstoff-Nummern

Cryogenic steel castings

Listing according to material numbers in numerical order

Stahlsorte/Steel grade		Werkstoffnormen Material standards					
Werk-stoff-Nr. Material number	EN-Werkstoff-Kurzname (neu) EN steel name (new)	z SEW 685 1989-06	SEW 685 2000-03	DIN EN 10213 2016-10	DIN EN 10293 2015-04		
1.1138	G21Mn5	x	x				
1.5621	G10Ni6	x	x				
1.5638	G9Ni14	x		x	x		
1.6750	G20NiMoCr3-7	x	x				
1.6750	G20NiMoCr4				x		
1.6779	G14NiCrMo10-6	x	x				
1.6902	GX6CrNi18-10	x	x				
1.6982	GX3CrNi13-4	x		x			
1.6983	GX3CrNiMo16-5	x	x				
1.7219	–	x					
1.7221	G26CrMo4		x				
1.7377	G15CrMo9-10	x	x				

z = zurückgezogene Norm
E = Norm-Entwurf
Grau hinterlegte Felder markieren die Normen, in denen die alten DIN-Werkstoff-Kurznamen aufgeführt sind. Diese sind über die Werkstoff-Nummern in Tabelle 2.1 zu finden.

z = withdrawn standard
E = draft standard
Grey shaded fields mark those standards in which the old DIN steel names are listed. These can be found via the material numbers in table 2.1.

3.15.7 Nichtmagnetisierbarer Stahlguss

Auflistung nach steigenden Werkstoff-Nummern

Non-magnetizable steel castings

Listing according to material numbers in numerical order

Stahlsorte/Steel grade		Werkstoffnormen Material standards					
Werkstoff-Nr. / Material number	EN-Werkstoff-Kurzname (neu) / EN steel name (new)	z SEW 395 1987-08	SEW 395 1998-06				
1.3802	GX120Mn13	x					
1.3940	GX2CrNiN18-13	x					
1.3952	–	x					
1.3955	GX12CrNi18-11	x	x				
1.3960	GX2CrNiMoN18-14		x				
1.3964	–	x					
1.3966	GX25MnCrNi18-8-6	x	x				
1.3967	GX2CrNiMnMoNNb21-16-5-8		x				

z = zurückgezogene Norm
E = Norm-Entwurf
Grau hinterlegte Felder markieren die Normen, in denen die alten DIN-Werkstoff-Kurznamen aufgeführt sind. Diese sind über die Werkstoff-Nummern in Tabelle 2.1 zu finden.

z = withdrawn standard
E = draft standard
Grey shaded fields mark those standards in which the old DIN steel names are listed. These can be found via the material numbers in table 2.1.

3.16 Werkzeugstähle
Tool Steels

3.16.1 Unlegierte Kaltarbeitsstähle

Auflistung nach steigenden Werkstoff-Nummern

Unalloyed cold-work tool steels

Listing according to material numbers in numerical order

Stahlsorte/Steel grade		Werkstoffnormen Material standards					
		1980-10	2001-02				
Werk-stoff-Nr. Material number	EN-Werkstoff-Kurzname (neu) EN steel name (new)	z DIN 17350	DIN EN ISO 4957				
1.1525	C80U	x	x				
1.1535	C90U		x				
1.1545	C105U	x	x				
1.1555	C120U		x				
1.1620	C70U	x	x				
1.1730	C45U	x	x				
1.1740	–	x					
1.1830	–	x					

z = zurückgezogene Norm

E = Norm-Entwurf

Grau hinterlegte Felder markieren die Normen, in denen die alten DIN-Werkstoff-Kurznamen aufgeführt sind. Diese sind über die Werkstoff-Nummern in Tabelle 2.1 zu finden.

z = withdrawn standard

E = draft standard

Grey shaded fields mark those standards in which the old DIN steel names are listed. These can be found via the material numbers in table 2.1.

3.16.2 Legierte Kaltarbeitsstähle

Auflistung nach steigenden Werkstoff-Nummern

Alloyed cold-work tool steels

Listing according to material numbers in numerical order

Stahlsorte/Steel grade		Werkstoffnormen Material standards					
		1980-10	2003-04	2001-02			
Werk-stoff-Nr. Material number	EN-Werkstoff-Kurzname (neu) EN steel name (new)	z DIN 17350	DIN EN 10132-4	DIN EN ISO 4957			
1.2067	102Cr6	x	x	x			
1.2080	X210Cr12	x		x			
1.2083	X40Cr14			x			
1.2162	21MnCr5	x		x			
1.2210	–	x					
1.2302	35CrMo7			x			
1.2312	–	x					
1.2316	X38CrMo16	x		x			
1.2363	X100CrMoV5			x			
1.2379	X153CrMoV12	x		x			
1.2419	–	x					
1.2436	X210CrW12	x		x			
1.2549	50WCrV8			x			
1.2550	60WCrV8	x		x			
1.2601	–	x					
1.2738	40CrMnNiMo8-6-4			x			
1.2764	–	x					
1.2767	45NiCrMo16	x		x			
1.2824	70MnMoCr8			x			
1.2825	95MnWCr5			x			
1.2834	105V			x			
1.2838	–	x					
1.2842	90MnCrV8	x		x			

z = zurückgezogene Norm
E = Norm-Entwurf
Grau hinterlegte Felder markieren die Normen, in denen die alten DIN-Werkstoff-Kurznamen aufgeführt sind. Diese sind über die Werkstoff-Nummern in Tabelle 2.1 zu finden.

z = withdrawn standard
E = draft standard
Grey shaded fields mark those standards in which the old DIN steel names are listed. These can be found via the material numbers in table 2.1.

3.16.3 Warmarbeitsstähle

Auflistung nach steigenden Werkstoff-Nummern

Hot-work tool steels

Listing according to material numbers in numerical order

Stahlsorte/Steel grade		Werkstoffnormen Material standards					
		1980-10	1992-10	1995-08	2001-02		
Werk-stoff-Nr. Material number	EN-Werkstoff-Kurzname (neu) EN steel name (new)	z DIN 17350	SEE 201	SEE 202	DIN EN ISO 4957		
1.2343	X37CrMoV5-1	x	x	x	x		
1.2344	X40CrMoV5-1	x	x	x	x		
1.2355	50CrMoV13-15				x		
1.2365	32CrMoV12-28	x	x		x		
1.2367	X38CrMoV5-3		x	x	x		
1.2581	X30WCrV9-3				x		
1.2605	X35CrWMoV5				x		
1.2661	38CrCoWV18-17-17				x		
1.2713	–	x					
1.2714	55NiCrMoV7	x	x	x	x		

z = zurückgezogene Norm

E = Norm-Entwurf

Grau hinterlegte Felder markieren die Normen, in denen die alten DIN-Werkstoff-Kurznamen aufgeführt sind. Diese sind über die Werkstoff-Nummern in Tabelle 2.1 zu finden.

z = withdrawn standard

E = draft standard

Grey shaded fields mark those standards in which the old DIN steel names are listed. These can be found via the material numbers in table 2.1.

3.16.4 Schnellarbeitsstähle

Auflistung nach steigenden Werkstoff-Nummern

High-speed tool steels

Listing according to material numbers in numerical order

Stahlsorte/Steel grade		Werkstoffnormen Material standards					
Werk-stoff-Nr. Material number	EN-Werkstoff-Kurzname (neu) EN steel name (new)	z DIN 17350 1980-10	DIN EN ISO 4957 2001-02				
1.3202	–	x					
1.3207	HS10-4-3-10	x	x				
1.3243	HS6-5-2-5	x	x				
1.3244	HS6-5-3-8		x				
1.3246	–	x					
1.3247	HS2-9-1-8	x	x				
1.3255	–	x					
1.3325	HS0-4-1		x				
1.3326	HS1-4-2		x				
1.3327	HS1-8-1		x				
1.3333	HS3-3-2		x				
1.3339	HS6-5-2		x				
1.3342	–	x					
1.3343	HS6-5-2C	x	x				
1.3344	HS6-5-3	x	x				
1.3345	HS6-5-3C		x				
1.3348	HS2-9-2		x				
1.3350	HS6-6-2		x				
1.3351	HS6-5-4		x				
1.3355	HS18-0-1		x				

z = zurückgezogene Norm

E = Norm-Entwurf

Grau hinterlegte Felder markieren die Normen, in denen die alten DIN-Werkstoff-Kurznamen aufgeführt sind. Diese sind über die Werkstoff-Nummern in Tabelle 2.1 zu finden.

z = withdrawn standard

E = draft standard

Grey shaded fields mark those standards in which the old DIN steel names are listed. These can be found via the material numbers in table 2.1.

3.16.5 Werkzeugstähle für besondere Verwendung nach DIN 17350 (zurückgezogen)

Auflistung nach steigenden Werkstoff-Nummern

Tool steels for special application according to DIN 17350 (withdrawn)

Listing according to material numbers in numerical order

Stahlsorte/Steel grade		Werkstoffnormen Material standards					
		1980-10	1992-10	1995-08	2001-02		
Werk-stoff-Nr. Material number	EN-Werkstoff-Kurzname (neu) EN steel name (new)	z DIN 17350	SEE 201	SEE 202	DIN EN ISO 4957		
1.2003	–	x					
1.2101	–	x					
1.2208	–	x					
1.2235	–	x					
1.2241	–	x					
1.2323	48CrMoV6-7	x	x	x			
1.2328	–	x					
1.2376	–	x					
1.2519	–	x					
1.2826	–	x					
1.3333	HS3-3-2[a]	x			x		
1.3348	HS2-9-2[a]	x			x		

z = zurückgezogene Norm
E = Norm-Entwurf
Grau hinterlegte Felder markieren die Normen, in denen die alten DIN-Werkstoff-Kurznamen aufgeführt sind. Diese sind über die Werkstoff-Nummern in Tabelle 2.1 zu finden.

z = withdrawn standard
E = draft standard
Grey shaded fields mark those standards in which the old DIN steel names are listed. These can be found via the material numbers in table 2.1.

[a] In EN ISO 4957 aufgeführt unter Schnellarbeitsstahl.
In EN ISO 4957 listed among high-speed work steel.

3.17 Federstähle

Auflistung nach steigenden Werkstoff-Nummern

Spring steels

Listing according to material numbers in numerical order

Stahlsorte/Steel grade		Werkstoffnormen Material standards							
Werkstoff-Nr. Material number	EN-Werkstoff-Kurzname (neu) EN steel name (new)	z DIN 17221 1988-12	z DIN 17222 1979-08	z DIN 17224 1982-02	DIN EN 10089 2003-04	DIN EN 10132-4 2003-04	DIN EN 10151 2003-02	z DIN EN 10270-3 2001-08	DIN EN 10270-3 2012-01
1.0535	–		x						
1.0601	–		x						
1.0603	–		x						
1.0605	–		x						
1.0904	–		x						
1.1203	–		x						
1.1204	C55S					x			
1.1211	C60S					x			
1.1217	C90S					x			
1.1221	–		x						
1.1224	C124S					x			
1.1231	C67S		x			x			
1.1248	C75S		x			x			
1.1269	C85S		x			x			
1.1274	C100S		x			x			
1.2002	125Cr2					x			
1.2067	102Cr6					x			
1.2235	80CrV2					x			
1.4016	X6Cr17						x		
1.4021	X20Cr13						x		
1.4028	X30Cr13						x		
1.4031	X39Cr13						x		
1.4301	X5CrNi18-10						x		x
1.4310	X10CrNi18-8			x			x	x	x
1.4369	X11CrNiMnN19-8-6						x		
1.4372	X12CrMnNiN17-7-5						x		
1.4401	X5CrNiMo17-12-2			x			x	x	x
1.4539	X1NiCrMoCu25-20-5								x
1.4562	X2CrNiMoN22-5-3								x
1.4568	X7CrNiAl17-7			x			x	x	x
1.5021	48Si7					x			
1.5023	38Si7	x			x				
1.5024	46Si7				x				
1.5026	56Si7				x	x			

3.17 Federstähle

Auflistung nach steigenden Werkstoff-Nummern

Spring steels

Listing according to material numbers in numerical order

Stahlsorte/Steel grade		Werkstoffnormen Material standards							
Werk-stoff-Nr. Material number	EN-Werkstoff-Kurzname (neu) EN steel name (new)	z DIN 17221 1988-12	z DIN 17222 1979-08	z DIN 17224 1982-02	DIN EN 10089 2003-04	DIN EN 10132-4 2003-04	DIN EN 10151 2003-02	z DIN EN 10270-3 2001-08	DIN EN 10270-3 2012-01
1.5029	–		x						
1.5634	75Ni8					x			
1.7102	54SiCr6	x			x				
1.7103	–		x						
1.7106	56SiCr7				x				
1.7108	60SiCr7	x			x				
1.7117	52SiCrNi5				x				
1.7176	55Cr3	x			x				
1.7177	60Cr3				x				
1.7239	60CrMo3-1				x				
1.7240	60CrMo3-2				x				
1.7241	60CrMo3-3				x				
1.7701	52CrMoV4	x			x				
1.8062	46SiCrMo6				x				
1.8063	50SiCrMo6				x				
1.8151	45SiCrV6-2				x				
1.8152	54SiCrV6				x				
1.8153	60SiCrV7				x				
1.8159	51CrV4	x	x		x	x			

z = zurückgezogene Norm
E = Norm-Entwurf
Grau hinterlegte Felder markieren die Normen, in denen die alten DIN-Werkstoff-Kurznamen aufgeführt sind. Diese sind über die Werkstoff-Nummern in Tabelle 2.1 zu finden.

z = withdrawn standard
E = draft standard
Grey shaded fields mark those standards in which the old DIN steel names are listed. These can be found via the material numbers in table 2.1.

3.18 Wälzlagerstähle

Auflistung nach steigenden Werkstoff-Nummern

Ball and roller bearing steels

Listing according to material numbers in numerical order

Stahlsorte/Steel grade		Werkstoffnormen Material standards					
Werk-stoff-Nr. Material number	EN-Werkstoff-Kurzname (neu) EN steel name (new)	z DIN 17230 1980-09	DIN EN ISO 683-17 2015-02				
1.1219	C56E2	x	x				
1.1233	56Mn4		x				
1.1244	70Mn4		x				
1.3501	–	x					
1.3505	100Cr6	x	x				
1.3515	20MnCr4-2		x				
1.3518	100CrMnSi4-4		x				
1.3519	100CrMnSi6-6		x				
1.3520	100CrMnSi6-4	x	x				
1.3521	17MnCr5	x	x				
1.3523	19MnCr5	x	x				
1.3531	–	x					
1.3532	16NiCrMo16-5		x				
1.3533	18NiCrMo14-6	x	x				
1.3536	100CrMo7-3	x	x				
1.3537	100CrMo7	x	x				
1.3538	100CrMo7-4		x				
1.3539	100CrMnMoSi8-4-6	x	x				
1.3541	X47Cr14	x	x				
1.3542	X65Cr14		x				
1.3543	X108CrMo17	x	x				
1.3549	X89CrMoV18-1	x	x				
1.3551	80MoCrV42-16	x	x				
1.3553	X82WMoCrV6-5-4	x	x				
1.3555	13MoCrNi42-16-14		x				
1.3558	X75WCrV18-4-1	x	x				
1.3559	20Cr3		x				
1.3561	–	x					
1.3563	43CrMo4	x	x				
1.3565	–	x					
1.3566	15CrMo4		x				
1.3567	20CrMo4		x				
1.3570	20MnCrMo4-2		x				

3.18 Wälzlagerstähle

Auflistung nach steigenden Werkstoff-Nummern

Ball and roller bearing steels

Listing according to material numbers in numerical order

Stahlsorte/Steel grade		Werkstoffnormen Material standards					
Werk-stoff-Nr. Material number	EN-Werkstoff-Kurzname (neu) EN steel name (new)	z DIN 17230 1980-09	DIN EN ISO 683-17 2015-02				
1.3576	20NiCrMo7		x				
1.6522	20NiCrMo2		x				
1.6587	18CrNiMo7-6		x				
1.7027	20Cr4		x				

z = zurückgezogene Norm
E = Norm-Entwurf
Grau hinterlegte Felder markieren die Normen, in denen die alten DIN-Werkstoff-Kurznamen aufgeführt sind. Diese sind über die Werkstoff-Nummern in Tabelle 2.1 zu finden.

z = withdrawn standard
E = draft standard
Grey shaded fields mark those standards in which the old DIN steel names are listed. These can be found via the material numbers in table 2.1.

3.19 Stähle mit besonderen magnetischen Eigenschaften

Auflistung nach steigenden Werkstoff-Nummern

Steels with special magnetic properties

Listing according to material numbers in numerical order

Stahlsorte/Steel grade		Werkstoffnormen Material standards								
Werkstoff-Nr. Material number	EN-Werkstoff-Kurzname (neu) EN steel name (new)	z DIN 46400-1 1983-04	z DIN 46400-2 1987-01	z DIN 46400-3 1989-04	z DIN 46400-4 1987-01	DIN EN 10106 2016-03	DIN EN 10107 2014-07	z DIN EN 10126 1996-02	z DIN EN 10165 1996-02	DIN EN 10341 2006-08
1.0361	M660-50D		x					x		
1.0361	M660-50K									x
1.0362	M890-50D		x					x		
1.0362	M890-50K									x
1.0363	M1050-50D		x					x		
1.0363	M1050-50K									x
1.0364	M800-65D		x					x		
1.0364	M800-65K									x
1.0365	M1000-65D		x					x		
1.0365	M1000-65K									x
1.0366	M1200-65D		x					x		
1.0366	M1200-65K									x
1.0800	M250-35A	x				x				
1.0801	M270-35A	x				x				
1.0802	M210-35A					x				
1.0803	M300-35A	x				x				
1.0804	M330-35A	x				x				
1.0806	M270-50A	x				x				
1.0807	M290-50A	x				x				
1.0808	M310-50A	x				x				
1.0809	M330-50A	x				x				
1.0810	M350-50A	x				x				
1.0811	M400-50A	x				x				
1.0812	M470-50A	x				x				
1.0813	M530-50A	x				x				
1.0814	M600-50A	x				x				
1.0815	M700-50A	x				x				
1.0816	M800-50A	x				x				
1.0817	M940-50A					x				
1.0819	M330-65A	x				x				
1.0820	M350-65A	x				x				
1.0821	M400-65A	x				x				
1.0822	M65-23P						x			

3.19 Stähle mit besonderen magnetischen Eigenschaften

Auflistung nach steigenden Werkstoff-Nummern

Steels with special magnetic properties

Listing according to material numbers in numerical order

Stahlsorte/Steel grade		Werkstoffnormen Material standards								
Werkstoff-Nr. Material number	EN-Werkstoff-Kurzname (neu) EN steel name (new)	z DIN 46400-1 1983-04	z DIN 46400-2 1987-01	z DIN 46400-3 1989-04	z DIN 46400-4 1987-01	DIN EN 10106 2016-03	DIN EN 10107 2014-07	z DIN EN 10126 1996-02	z DIN EN 10165 1996-02	DIN EN 10341 2006-08
1.0823	M470-65A	x				x				
1.0824	M530-65A	x				x				
1.0825	M600-65A	x				x				
1.0826	M700-65A	x				x				
1.0827	M800-65A	x				x				
1.0828	–	x								
1.0829	M1000-65A					x				
1.0835	M90-23P						x			
1.0836	M95-23P						x			
1.0837	M230-50A					x				
1.0838	M90-27P						x			
1.0839	M95-27P						x			
1.0841	M340-50E				x				x	
1.0841	M340-50K									x
1.0842	M390-50E				x				x	
1.0842	M390-50K									x
1.0843	M450-50E				x				x	
1.0843	M450-50K									x
1.0844	M560-50E				x				x	
1.0844	M560-50K									x
1.0846	M390-65E				x				x	
1.0846	M390-65K									x
1.0847	M450-65E				x				x	
1.0847	M450-65K									x
1.0848	M520-65E				x				x	
1.0848	M520-65K									x
1.0849	M630-65E				x				x	
1.0849	M630-65K									x
1.0852	M100-30P						x			
1.0854	M125-35P						x			
1.0855	M115-35P						x			
1.0856	M165-35S			x			x			
1.0857	–			x						

3.19 Stähle mit besonderen magnetischen Eigenschaften

Auflistung nach steigenden Werkstoff-Nummern

Steels with special magnetic properties

Listing according to material numbers in numerical order

Stahlsorte/Steel grade		Werkstoffnormen Material standards								
Werk-stoff-Nr. Material number	EN-Werkstoff-Kurzname (neu) EN steel name (new)	z DIN 46400-1 1983-04	z DIN 46400-2 1987-01	z DIN 46400-3 1989-04	z DIN 46400-4 1987-01	DIN EN 10106 2016-03	DIN EN 10107 2014-07	z DIN EN 10126 1996-02	z DIN EN 10165 1996-02	DIN EN 10341 2006-08
1.0859	M130-30S						x			
1.0860	M127-23S						x			
1.0861	M150-30S			x			x			
1.0862	M140-30S			x			x			
1.0863	M110-23S						x			
1.0864	M120-23S						x			
1.0865	M140-27S			x			x			
1.0866	M130-27S			x			x			
1.0868	M120-27S						x			
1.0879	M100-23P						x			
1.0881	–			x						
1.0882	–			x						
1.0886	M105-30P						x			
1.0890	M235-35A					x				
1.0891	M250-50A					x				
1.0892	M310-65A					x				
1.0893	M600-100A					x				
1.0894	M700-100A					x				
1.0895	M800-100A					x				
1.0896	M1000-100A					x				
1.0897	M1300-100A					x				
1.9840	M100-27P						x			
1.9841	M110-27P						x			
19854	M135-35S						x			
1.9855	M145-35S						x			
1.9856	M155-35S						x			
1.9858	M120-30S						x			
1.9887	M110-30P						x			

z = zurückgezogene Norm

E = Norm-Entwurf

Grau hinterlegte Felder markieren die Normen, in denen die alten DIN-Werkstoff-Kurznamen aufgeführt sind. Diese sind über die Werkstoff-Nummern in Tabelle 2.1 zu finden.

z = withdrawn standard

E = draft standard

Grey shaded fields mark those standards in which the old DIN steel names are listed. These can be found via the material numbers in table 2.1.

3.20 Stähle für Walzdrähte

Auflistung nach steigenden Werkstoff-Nummern

Steels for wire rods

Listing according to material numbers in numerical order

Stahlsorte/Steel grade		Werkstoffnormen Material standards									
Werkstoff-Nr. Material number	EN-Werkstoff-Kurzname (neu) EN steel name (new)	z DIN 1654-2 1989-10	z DIN 17140-1 1983-03	z E DIN 17140-2 1988-04	z DIN EN 10016-2 1995-04	z DIN EN 10016-3 1995-04	z DIN EN 10016-4 1995-04	DIN EN 10263-2 2002-02	DIN EN ISO 16120-2 2011-10	DIN EN ISO 16120-3 2011-10	DIN EN ISO 16120-4 2011-10
1.0213	C8C	x						x			
1.0214	C10C	x						x			
1.0234	C15C	x						x			
1.0288	–		x								
1.0300	C4D				x				x		
1.0303	C4C	x						x			
1.0304	C9D				x				x		
1.0310	C10D		x		x				x		
1.0311	C12D				x				x		
1.0313	C7D		x		x				x		
1.0314	C2C		x					x			
1.0411	C20C							x			
1.0413	C15D		x		x				x		
1.0414	C20D		x		x				x		
1.0415	C26D		x		x				x		
1.0416	C18D				x				x		
1.0434	C17C							x			
1.0516	C38D		x		x				x		
1.0517	C48D		x		x				x		
1.0518	C56D		x		x				x		
1.0530	C32D		x		x				x		
1.0541	C42D		x		x				x		
1.0586	C50D		x		x				x		
1.0588	C52D		x		x				x		
1.0609	C58D		x		x				x		
1.0610	C60D		x		x				x		
1.0611	C62D		x		x				x		
1.0612	C66D		x		x				x		
1.0613	C68D		x		x				x		
1.0614	C76D		x		x				x		
1.0615	C70D		x		x				x		
1.0616	C86D		x		x				x		
1.0617	C72D		x		x				x		

3.20 Stähle für Walzdrähte

Auflistung nach steigenden Werkstoff-Nummern

Steels for wire rods

Listing according to material numbers in numerical order

Stahlsorte/Steel grade		Werkstoffnormen Material standards									
		1989-10	1983-03	1988-04	1995-04	1995-04	1995-04	2002-02	2011-10	2011-10	2011-10
Werk-stoff-Nr. Material number	EN-Werkstoff-Kurzname (neu) EN steel name (new)	z DIN 1654-2	z DIN 17140-1	z E DIN 17140-2	z DIN EN 10016-2	z DIN EN 10016-3	z DIN EN 10016-4	DIN EN 10263-2	DIN EN ISO 16120-2	DIN EN ISO 16120-3	DIN EN ISO 16120-4
1.0618	C92D		x		x				x		
1.0620	C78D		x		x				x		
1.0622	C80D		x		x				x		
1.0626	C82D		x		x				x		
1.0628	C88D		x		x				x		
1.1110	C3D2						x				x
1.1111	C5D2						x				x
1.1113	C8D2						x				x
1.1114	C10D2						x				x
1.1124	C12D2						x				x
1.1126	C15D2						x				x
1.1129	C18D2						x				x
1.1137	C20D2						x				x
1.1139	C26D2						x				x
1.1143	C32D2						x				x
1.1145	C36D2						x				x
1.1150	C38D2						x				x
1.1153	C40D2						x				x
1.1154	C42D2						x				x
1.1162	C46D2						x				x
1.1164	C48D2						x				x
1.1171	C50D2										x
1.1185	C2D1					x				x	
1.1187	C3D1					x				x	
1.1188	C4D1					x				x	
1.1202	C52D2			x			x				x
1.1212	C58D2			x			x				x
1.1220	C56D2			x			x				x
1.1222	C62D2			x			x				x
1.1228	C60D2			x			x				x
1.1232	C68D2			x			x				x
1.1236	C66D2			x			x				x
1.1242	C72D2			x			x				x

3.20 Stähle für Walzdrähte

Auflistung nach steigenden Werkstoff-Nummern

Steels for wire rods

Listing according to material numbers in numerical order

Stahlsorte/Steel grade		Werkstoffnormen Material standards									
Werkstoff-Nr. Material number	EN-Werkstoff-Kurzname (neu) EN steel name (new)	z DIN 1654-2 1989-10	z DIN 17140-1 1983-03	z E DIN 17140-2 1988-04	z DIN EN 10016-2 1995-04	z DIN EN 10016-3 1995-04	z DIN EN 10016-4 1995-04	DIN EN 10263-2 2002-02	DIN EN ISO 16120-2 2011-10	DIN EN ISO 16120-3 2011-10	DIN EN ISO 16120-4 2011-10
1.1251	C70D2			x			x				x
1.1252	C78D2			x			x				x
1.1253	C76D2			x			x				x
1.1255	C80D2			x			x				x
1.1262	C82D2			x			x				x
1.1265	C86D2			x			x				x
1.1272	C88D2			x			x				x
1.1282	C92D2			x			x				x
1.1283	C98D2						x				x
1.5113	8MnSi7							x			

z = zurückgezogene Norm
E = Norm-Entwurf
Grau hinterlegte Felder markieren die Normen, in denen die alten DIN-Werkstoff-Kurznamen aufgeführt sind. Diese sind über die Werkstoff-Nummern in Tabelle 2.1 zu finden.

z = withdrawn standard
E = draft standard
Grey shaded fields mark those standards in which the old DIN steel names are listed. These can be found via the material numbers in table 2.1.

4 Verzeichnis der zitierten Werkstoffnormen
List of referenced material standards

Norm Standard	Datum Date	Status[a]	Titel der Norm Title of Standard
DIN 1614-2	1986-03	Z	Flacherzeugnisse aus Stahl – Warmgewalztes Band und Blech – Technische Lieferbedingungen – Weiche unlegierte Stähle zum unmittelbaren Kaltformgeben Steel flat products – Hot rolled sheet and strip – Technical delivery conditions – Mild unalloyed steels for immediate cold forming
DIN 1623-1	1983-02	Z	Flacherzeugnisse aus Stahl – Kaltgewalztes Band und Blech – Technische Lieferbedingungen – Weiche unlegierte Stähle zum Kaltumformen Steel flat products – Cold rolled sheet and strip – Technical delivery conditions – Mild unalloyed steels for cold forming
DIN 1623-3	1987-01	Z	Flacherzeugnisse aus Stahl – Kaltgewalztes Band und Blech – Technische Lieferbedingungen – Weiche unlegierte Stähle zum Emaillieren Steel flat products – Cold reduced sheet and strip – Technical delivery conditions – Mild unalloyed steels for vitreous enamelling
DIN 1624	1987-06	Z	Flacherzeugnisse aus Stahl – Kaltgewalztes Band in Walzbreiten bis 650 mm aus weichen unlegierten Stählen – Technische Lieferbedingungen Steel flat products – Cold reduced mild unalloyed steel strip in widths not exceeding 650 mm – Technical delivery conditions
DIN 1626	1984-10	Z	Geschweißte kreisförmige Rohre aus unlegierten Stählen für besondere Anforderungen – Technische Lieferbedingungen Welded circular unalloyed steel tubes subject to special requirements – Technical delivery conditions
DIN 1628	1984-10	Z	Geschweißte kreisrunde Rohre aus unlegierten Stählen für besonders hohe Anforderungen – Technische Lieferbedingungen Welded circular tubes of non-alloy steels with very high quality requirements – Technical delivery conditions
DIN 1629	1984-10	Z	Nahtlose kreisförmige Rohre aus unlegierten Stählen für besondere Anforderungen – Technische Lieferbedingungen Seamless circular unalloyed steel tubes subject to special requirements – Technical delivery conditions

Norm Standard	Datum Date	Status[a]	Titel der Norm Title of Standard
DIN 1630	1984-10	Z	Nahtlose kreisförmige Rohre aus unlegierten Stählen für besonders hohe Anforderungen – Technische Lieferbedingungen Seamless circular tubes of non-alloy steels with very high quality requirements – Technical delivery conditions
DIN 1651	1988-04	Z	Automatenstähle – Technische Lieferbedingungen Free-cutting steels – Technical delivery conditions
DIN 1652-2	1990-11	Z	Blankstahl – Technische Lieferbedingungen – Allgemeine Baustähle Bright steel made from structural steel – Technical delivery conditions
DIN 1652-3	1990-11	Z	Blankstahl – Technische Lieferbedingungen Blankstahl aus Einsatzstählen Bright steel made from case hardening steel – Technical delivery conditions
DIN 1652-4	1990-11	Z	Blankstahl – Technische Lieferbedingungen Blankstahl aus Vergütungsstählen Bright steel made from steel for quenching and tempering – Technical delivery conditions
DIN 1654-2	1989-10	Z	Kaltstauch- und Kaltfließpressstähle – Technische Lieferbedingungen für nicht für eine Wärmebehandlung bestimmte beruhigte unlegierte Stähle Cold heading and cold extruding steels – Technical delivery conditions for killed unalloyed steels not intended for heat treatment
DIN 1654-3	1989-10	Z	Kaltstauch- und Kaltfließpressstähle – Technische Lieferbedingungen für Einsatzstähle Cold heading and cold extruding steels – Technical delivery conditions for case hardening steels
DIN 1654-4	1989-10	Z	Kaltstauch- und Kaltfließpressstähle – Technische Lieferbedingungen für Vergütungsstähle Cold heading and cold extruding steels – Technical delivery conditions for steels for quenching and tempering
DIN 1654-5	1989-10	Z	Kaltstauch- und Kaltfließpressstähle – Technische Lieferbedingungen für nichtrostende Stähle Cold heading and cold extruding steels – Technical delivery conditions for stainless steels
DIN 1681	1985-06	Z	Stahlguss für algemeine Verwendungszwecke – Technische Lieferbedingungen Steel castings for general purposes – Technical delivery conditions
DIN 2391-2	1994-09	Z	Nahtlose Präzisionsstahlrohre mit besonderer Maßgenauigkeit – Teil 2: Technische Lieferbedingungen Seamless precision steel tubes – Part 2: Technical delivery conditions

Norm Standard	Datum Date	Status[a]	Titel der Norm Title of Standard
DIN 2393-2	1994-09	Z	Geschweißte Präzisionsstahlrohre mit besonderer Maßgenauigkeit – Teil 2: Technische Lieferbedingungen Welded precision steel tubes – Part 2: Technical delivery conditions
DIN 2394-2	1994-09	Z	Geschweißte maßgewalzte Präzisionsstahlrohre – Teil 2: Technische Lieferbedingungen As-welded and sized precision steel tubes – Part 2: Technical delivery conditions
DIN 2395-2	1994-09	Z	Geschweißte Präzisionsstahlrohre mit rechteckigem und quadratischem Querschnitt – Teil 2: Technische Lieferbedingungen für allgemeine Verwendung Rectangular and square welded precision steel tubes – Part 2: Technical terms of delivery for general use
DIN 2609	1991-02	Z	Formstücke zum Einschweißen; Technische Lieferbedingungen Butt welding fittings; technical delivery conditions
DIN 5512-1	1997-05	N	Werkstoffe für Schienenfahrzeuge – Stähle – Teil 1: Unlegierte und wetterfeste Baustähle, warmgewalzt – Auswahlnorm Materials for rail vehicles – Steels – Part 1: Structural steels and structural steels with improved atmospheric corrosion resistance, hot rolled – Selected standard
DIN 5512-3	2004-05	N	Werkstoffe für Schienenfahrzeuge – Stähle – Teil 3: Flacherzeugnisse aus nichtrostenden Stählen – Auswahlnorm Materials for rail vehicles – Steels – Part 3: Stainless steel flat products – Selected standard
DIN 17100	1980-01	Z	Allgemeine Baustähle – Gütenorm Steels for general structural purposes – Quality Standard
DIN 17102	1983-10	Z	Schweißgeeignete Feinkornbaustähle, normalgeglüht – Technische Lieferbedingungen für Blech, Band, Breitflach-, Form- und Stabstahl Weldable normalized fine grain structural steels – Technical delivery conditions for plate, strip, wide flats, sections and bars
DIN 17103	1989-10	Z	Schmiedestücke aus schweißgeeigneten Feinkornbaustählen – Technische Lieferbedingungen Weldable fine grain structural steel forgings – Technical delivery conditions
DIN 17119	1984-06	Z	Kaltgefertigte geschweißte quadratische und rechteckige Stahlrohre (Hohlprofile) für den Stahlbau – Technische Lieferbedingungen Welded cold formed square and rectangular steel tubes (hollow sections) for structural steelwork – Technical delivery conditions

Norm Standard	Datum Date	Status[a]	Titel der Norm Title of Standard
DIN 17120	1984-06	Z	Geschweißte kreisförmige Rohre aus allgemeinen Baustählen für den Stahlbau – Technische Lieferbedingungen Welded circular steel tubes for structural steelwork – Technical delivery conditions
DIN 17121	1984-06	Z	Nahtlose kreisförmige Rohre aus allgemeinen Baustählen für den Stahlbau – Technische Lieferbedingungen Seamless circular steel tubes for structural steel-work – Technical delivery conditions
DIN 17123	1986-05	Z	Geschweißte kreisförmige Rohre aus Feinkornbaustählen für den Stahlbau – Technische Lieferbedingungen Welded circular fine grain steel tubes for structural steelwork – Technical delivery conditions
DIN 17124	1986-05	Z	Nahtlose kreisförmige Rohre aus Feinkornbaustählen für den Stahlbau – Technische Lieferbedingungen Seamless circular fine grain steel tubes for structural steelwork – Technical delivery conditions
DIN 17125	1986-05	Z	Quadratische und rechteckige Rohre (Hohlprofile) aus Feinkornbaustählen für den Stahlbau – Technische Lieferbedingungen Square and rectangular fine grain steel tubes (hollow sections) for structural steelwork – Technical delivery conditions
DIN 17140-1	1983-03	Z	Walzdraht zum Kaltziehen – Technische Lieferbedingungen für Grundstahl und unlegierte Qualitätsstähle Wire rod for cold forming – Technical terms of delivery for basic steel and unalloyed quality steels
DIN 17140-2	1988-04	Z	Walzdraht zum Kaltziehen – Technische Lieferbedingungen für unlegierte Edelstähle sowie für legierte Edelstähle für Federn Wire rod for cold drawing – Technical delivery conditions for unalloyed special steels and for alloyed special steels for springs
DIN 17155	1983-10	Z	Blech und Band aus warmfesten Stählen – Technische Lieferbedingungen Creep resistant steel plate and strip – Technical delivery conditions
DIN 17162-1	1977-09	Z	Flachzeug aus Stahl – Feuerverzinktes Band und Blech aus weichen unlegierten Stählen – Technische Lieferbedingungen Flat steel products – Hot-dip zinc coated strip and sheet of mild unalloyed steels – Technical conditions of delivery

Norm Standard	Datum Date	Status[a]	Titel der Norm Title of Standard
DIN 17162-2	1980-09	Z	Flachzeug aus Stahl – Feuerverzinktes Band und Blech – Technische Lieferbedingungen – Allgemeine Baustähle Flat steel products – Hot-dip zinc-coated strip and sheet – Technical conditions of delivery – Structural steels for general use
DIN 17163	1988-03	Z	Flacherzeugnisse aus Stahl – Elektrolytisch verzinktes kaltgewalztes Band und Blech – Technische Lieferbedingungen Steel flat products – Electrolytically zinc coated cold rolled strip and sheet – Technical delivery conditions
DIN 17172	1978-05	Z	Stahlrohre für Fernleitungen für brennbare Flüssigkeiten und Gase – Technische Lieferbedingungen Steel pipes for long-distance pipelines for combustible liquids and gases – Technical conditions of delivery
DIN 17173	1985-02	Z	Nahtlose kreisförmige Rohre aus kaltzähen Stählen – Technische Lieferbedingungen Seamless circular tubes made from steels with low temperature toughness – Technical delivery conditions
DIN 17174	1985-02	Z	Geschweißte kreisförmige Rohre aus kaltzähen Stählen – Technische Lieferbedingungen Welded circular tubes made from steels with low temperature toughness – Technical delivery conditions
DIN 17175	1979-05	Z	Nahtlose Rohre aus warmfesten Stählen – Technische Lieferbedingungen Seamless tubes of heat-resistant steels – Technical conditions of delivery
DIN 17176	1990-11	Z	Nahtlose kreisförmige Rohre aus druckwasserstoffbeständigen Stählen – Technische Lieferbedingungen Seamless circular steel tubes for hydrogen service at elevated temperatures and pressures – Technical delivery conditions
DIN 17177	1979-05	Z	Elektrisch pressgeschweißte Rohre aus warmfesten Stählen – Technische Lieferbedingungen Electric pressure-welded steel tubes for elevated temperatures – Technical conditions of delivery
DIN 17178	1986-05	Z	Geschweißte kreisförmige Rohre aus Feinkornbaustählen für besondere Anforderungen – Technische Lieferbedingungen Welded circular fine grain steel tubes subject to special requirements – Technical delivery conditions

Norm Standard	Datum Date	Status[a]	Titel der Norm Title of Standard
DIN 17179	1986-05	Z	Nahtlose kreisförmige Rohre aus Feinkornbaustählen für besondere Anforderungen – Technische Lieferbedingungen Seamless circular fine grain steel tubes subject to special requirements – Technical delivery conditions
DIN 17182	1992-05	Z	Stahlsorten mit verbesserter Schweißeignung und Zähigkeit für allgemeine Verwendungszwecke – Technische Lieferbedingungen Steel castings with improved weldability and toughness for general purposes – Technical delivery conditions
DIN 17200	1987-03	Z	Vergütungsstähle – Technische Lieferbedingungen Steels for quenching and tempering – Technical delivery conditions
DIN 17204	1990-11	Z	Nahtlose kreisförmige Rohre aus Vergütungsstählen – Technische Lieferbedingungen Seamless circular tubes made from steels for quenching and tempering; technical delivery conditions
DIN 17205	1992-04	Z	Vergütungsstahlguss für allgemeine Verwendungszwecke – Technische Lieferbedingungen Quenched and tempered steel castings for general purposes – Technical delivery conditions
DIN 17210	1986-09	Z	Einsatzstähle – Technische Lieferbedingungen Case hardening steels – Technical delivery conditions
DIN 17211	1987-04	Z	Nitrierstähle – Technische Lieferbedingungen Nitriding steels – Technical delivery conditions
DIN 17221	1988-12	Z	Warmgewalzte Stähle für vergütbare Federn – Technische Lieferbedingungen Hot rolled steels for springs suitable for quenching and tempering – Technical delivery conditions
DIN 17222	1979-08	Z	Kaltgewalzte Stahlbänder für Federn – Technische Lieferbedingungen Cold rolled steel strips for springs – Technical conditions of delivery
DIN 17224	1982-02	Z	Federdraht und Federband aus nichtrostenden Stählen – Technische Lieferbedingungen Stainless steel wire and strip for springs – Technical delivery conditions
DIN 17230	1980-09	Z	Wälzlagerstähle – Technische Lieferbedingungen Ball and roller bearing steels – Technical conditions of delivery

Norm Standard	Datum Date	Status[a]	Titel der Norm Title of Standard
DIN 17240	1976-07	Z	Warmfeste und hochwarmfeste Werkstoffe für Schrauben und Muttern – Gütevorschriften Heat resisting and highly heat resisting materials for bolts and nuts – Quality specifications
DIN 17243	1987-01	Z	Schmiedestücke und gewalzter oder geschmiedeter Stabstahl aus warmfesten schweißgeeigneten Stählen – Technische Lieferbedingungen Weldable heat resisting steel forgings and rolled or forged steel bars – Technical delivery conditions
DIN 17245	1987-12	Z	Warmfester ferritischer Stahlguß – Technische Lieferbedingungen Ferritic steel castings with elevated temperature properties – Technical delivery conditions
DIN 17280	1985-07	Z	Kaltzähe Stähle – Technische Lieferbedingungen für Blech, Band, Breitflachstahl, Formstahl, Stabstahl und Schmiedestücke Steels with low temperature toughness – Technical delivery conditions for plate, sheet, strip, wide flats, sections, bars and forgings
DIN 17350	1980-10	Z	Werkzeugstähle – Technische Lieferbedingungen Tool steels – Technical conditions of delivery
DIN 17440	1985-07	Z	Nichtrostende Stähle – Technische Lieferbedingungen für Blech, Warmband, Walzdraht, gezogenen Draht, Stabstahl, Schmiedestücke und Halbzeug Stainless steels – Technical delivery conditions for plate and sheet, hot rolled strip, wire rod, drawn wire, steel bars, forgings and semi-finished products
DIN 17440	2001-03	Z	Nichtrostende Stähle – Technische Lieferbedingungen für gezogenen Draht Stainless steels – Technical delivery conditions for drawn wire
DIN 17441	1985-07	Z	Nichtrostende Stähle – Technische Lieferbedingungen für kaltgewalzte Bänder und Spaltbänder sowie daraus geschnittene Bleche Stainless steels – Technical delivery conditions for cold rolled strip and slit strip and for plate and sheet cut therefrom
DIN 17441	1997-02	Z	Nichtrostende Stähle – Technische Lieferbedingungen für kaltgewalzte Bänder und Spaltbänder sowie daraus geschnittene Bleche für Druckbehälter Stainless steels – Technical delivery conditions for cold rolled strips and slit coils strip and sheets cut from such strips for pressure purposes

Norm Standard	Datum Date	Status[a]	Titel der Norm Title of Standard
DIN 17445	1984-11	Z	Nichtrostender Stahlguß – Technische Lieferbedingungen Stainless steel castings – Technical delivery conditions
DIN 17455	1999-02	Z	Geschweißte kreisförmige Rohre aus nichtrostenden Stählen für allgemeine Anforderungen – Technische Lieferbedingungen Welded circular stainless steel tubes with general quality requirements – Technical delivery conditions
DIN 17456	1999-02	Z	Nahtlose kreisförmige Rohre aus nichtrostenden Stählen für allgemeine Anforderungen – Technische Lieferbedingungen Seamless circular stainless steel tubes with general quality requirements – Technical delivery conditions
DIN 17457	1985-07	Z	Geschweißte kreisförmige Rohre aus austenitischen nichtrostenden Stählen für besondere Anforderungen – Technische Lieferbedingungen Welded circular austenitic stainless steel tubes subject to special requirements – Technical delivery conditions
DIN 17458	1985-07	Z	Nahtlose kreisförmige Rohre aus austenitischen nichtrostenden Stählen für besondere Anforderungen – Technische Lieferbedingungen Seamless circular austenitic stainless steel tubes subject to special requirements – Technical delivery conditions
DIN 17459	1992-09	Z	Nahtlose kreisförmige Rohre aus hochwarmfesten austenitischen Stählen – Technische Lieferbedingungen High temperature seamless circular austenitic steel tubes – Technical delivery conditions
DIN 17460	1992-09	Z	Hochwarmfeste austenitische Stähle – Technische Lieferbedingungen für Blech, kalt- und warmgewalztes Band, Stäbe und Schmiedestücke High temperature austenitic steel plate and sheet, cold and hot rolled strip, bars and forgings – Technical delivery conditions
DIN 17465	1993-08	Z	Hitzebeständiger Stahlguss – Technische Lieferbedingungen Heat resisting steel castings – Technical delivery conditions
DIN 17480	1992-05	Z	Ventilwerkstoffe – Technische Lieferbedingungen Valve materials – Technical delivery conditions

Norm Standard	Datum Date	Status[a]	Titel der Norm Title of Standard
DIN 46400-1	1983-04	Z	Flacherzeugnisse aus Stahl mit besonderen magnetischen Eigenschaften; Elektroblech und -band, kaltgewalzt, nichtkornorientiert, schlußgeglüht – Technische Lieferbedingungen Steel flat products with special magnetic properties; magnetic steel sheet and strip, cold rolled, non-oriented condition – Technical delivery conditions
DIN 46400-2	1987-01	Z	Flacherzeugnisse aus Stahl mit besonderen magnetischen Eigenschaften; Elektroblech und -band aus unlegierten Stählen, kaltgewalzt, nichtkornorientiert, nicht schlußgeglüht – Technische Lieferbedingungen Steel flat products with special magnetic properties; magnetic steel sheet and strip of unalloyed steels, cold rolled, non-oriented delivered in the semi-processed state – Technical delivery conditions
DIN 46400-3	1989-04	Z	Flacherzeugnisse aus Stahl mit besonderen magnetischen Eigenschaften; Elektroblech und -band kornorientiert – Technische Lieferbedingungen Steel flat products with special magnetic properties; magnetic steel sheet and strip grain oriented – Technical delivery conditions
DIN 46400-4	1987-01	Z	Flacherzeugnisse aus Stahl mit besonderen magnetischen Eigenschaften; Elektroblech und -band aus legierten Stählen, kaltgewalzt, nichtkornorientiert, nicht schlußgeglüht – Technische Lieferbedingungen Steel flat products with special magnetic properties; magnetic steel sheet and strip of alloyed steels, cold rolled, non-oriented delivered in the semi-processed state – Technical delivery conditions
DIN EN 10025	1994-03	Z	Warmgewalzte Erzeugnisse aus unlegierten Baustählen – Technische Lieferbedingungen Hot rolled products of non-alloy structural steels – Technical delivery conditions
DIN EN 10016-2	1995-04	Z	Walzdraht aus unlegiertem Stahl zum Ziehen und/oder Kaltwalzen – Teil 2: Besondere Anforderungen an Walzdraht für allgemeine Verwendung Non-alloy steel rod for drawing and/or cold rolling – Part 2: Specific requirements for general purpose rod
DIN EN 10016-3	1995-04	Z	Walzdraht aus unlegiertem Stahl zum Ziehen und/oder Kaltwalzen – Teil 3: Besondere Anforderungen an Walzdraht aus unberuhigtem und ersatzunberuhigtem Stahl mit niedrigem Kohlenstoffgehalt Non-alloy steel rod for drawing and/or cold rolling – Part 3: Specific requirements for rimmed and rimmed substitute low carbon steel rod

Norm Standard	Datum Date	Status[a]	Titel der Norm Title of Standard
DIN EN 10016-4	1995-04	Z	Walzdraht aus unlegiertem Stahl zum Ziehen und/oder Kaltwalzen – Teil 4: Besondere Anforderungen an Walzdraht für Sonderanwendungen Non-alloy steel rod for drawing and/or cold rolling – Part 4: Specific requirements for special applications
DIN EN 10025-2	2005-04	N	Warmgewalzte Erzeugnisse aus Baustählen – Teil 2: Technische Lieferbedingungen für unlegierte Baustähle Hot rolled products of structural steels – Part 2: Technical delivery conditions for non-alloy structural steels
DIN EN 10025-3	2005-02	N	Warmgewalzte Erzeugnisse aus Baustählen – Teil 3: Technische Lieferbedingungen für normalgeglühte/normalisierend gewalzte schweißgeeignete Feinkornbaustähle Hot rolled products of structural steels – Part 3: Technical delivery conditions for normalized/normalized rolled weldable fine grain structural steels
DIN EN 10025-4	2005-04	N	Warmgewalzte Erzeugnisse aus Baustählen – Teil 4: Technische Lieferbedingungen für thermomechanisch gewalzte schweißgeeignete Feinkornbaustähle Hot rolled products of structural steels – Part 4: Technical delivery conditions for thermomechanical rolled weldable fine grain structural steels
DIN EN 10025-5	2005-02	N	Warmgewalzte Erzeugnisse aus Baustählen – Teil 5: Technische Lieferbedingungen für wetterfeste Baustähle Hot rolled products of structural steels – Part 5: Technical delivery conditions for structural steels with improved atmospheric corrosion resistance
DIN EN 10025-6	2009-08	N	Warmgewalzte Erzeugnisse aus Baustählen – Teil 6: Technische Lieferbedingungen für Flacherzeugnisse aus Stählen mit höherer Streckgrenze im vergüteten Zustand Hot rolled products of structural steels – Part 6: Technical delivery conditions for flat products of high yield strength structural steels in the quenched and tempered condition
DIN EN 10027-1	2017-01	N	Bezeichnungssystem für Stähle – Teil 1: Kurznamen Designation systems for steels – Part 1: Steel names
DIN EN 10028-2	1993-04	Z	Flacherzeugnisse aus Druckbehälterstählen – Teil 2: Unlegierte und legierte warmfeste Stähle Flat products made from steel for pressure purposes – Part 2: Non-alloy and alloy steels with specified elevated temperature properties

Norm Standard	Datum Date	Status[a]	Titel der Norm Title of Standard
DIN EN 10028-2	2009-09	N	Flacherzeugnisse aus Druckbehälterstählen – Teil 2: Unlegierte und legierte Stähle mit festgelegten Eigenschaften bei erhöhten Temperaturen Flat products made of steels for pressure purposes – Part 2: Non-alloy and alloy steels with specified elevated temperature properties
DIN EN 10028-3	1993-04	Z	Flacherzeugnisse aus Druckbehälterstählen – Teil 3: Schweißgeeignete Feinkornbaustähle, normalgeglüht Flat products made from steel for pressure purposes – Part 3: Weldable fine grain steels, normalized
DIN EN 10028-3	2009-09	N	Flacherzeugnisse aus Druckbehälterstählen – Teil 3: Schweißgeeignete Feinkornbaustähle, normalgeglüht Flat products made from steel for pressure purposes – Part 3: Weldable fine grain steels, normalized
DIN EN 10028-4	1994-11	Z	Flacherzeugnisse aus Druckbehälterstählen – Teil 4: Nickellegierte kaltzähe Stähle Flat products made of steels for pressure purposes – Part 4: Nickel alloyed steels with specified low temperature properties
DIN EN 10028-4	2009-09	N	Flacherzeugnisse aus Druckbehälterstählen – Teil 4: Nickellegierte kaltzähe Stähle Flat products made of steels for pressure purposes – Part 4: Nickel alloyed steels with specified low temperature properties
DIN EN 10028-5	1997-02	Z	Flacherzeugnisse aus Druckbehälterstählen – Teil 5: Schweißgeeignete Feinkornbaustähle, thermomechanisch gewalzt Flat products made of steels for pressure purposes – Part 5: Weldable fine grain steels, thermomechanically rolled
DIN EN 10028-5	2009-09	N	Flacherzeugnisse aus Druckbehälterstählen – Teil 5: Schweißgeeignete Feinkornbaustähle, thermomechanisch gewalzt Flat products made of steels for pressure purposes – Part 5: Weldable fine grain steels, thermomechanically rolled
DIN EN 10028-6	1997-02	Z	Flacherzeugnisse aus Druckbehälterstählen – Teil 6: Schweißgeeignete Feinkornbaustähle, vergütet Flat products made of steels for pressure purposes – Part 6: Weldable fine grain steels, quenched and tempered
DIN EN 10028-6	2009-09	N	Flacherzeugnisse aus Druckbehälterstählen – Teil 6: Schweißgeeignete Feinkornbaustähle, vergütet Flat products made of steels for pressure purposes – Part 6: Weldable fine grain steels, quenched and tempered

Norm Standard	Datum Date	Status[a]	Titel der Norm Title of Standard
DIN EN 10028-7	2000-06	Z	Flacherzeugnisse aus Druckbehälterstählen – Teil 7: Nichtrostende Stähle Flat products made of steels for pressure purposes – Part 7: Stainless steels
DIN EN 10028-7	2016-10	N	Flacherzeugnisse aus Druckbehälterstählen Teil 7: Nichtrostende Stähle Flat products made of steels for pressure purposes – Part 7: Stainless steels
DIN EN 10083-1	1996-10	Z	Vergütungsstähle – Teil 1: Technische Lieferbedingungen für Edelstähle Quenched and tempered steels – Part 1: Technical delivery conditions for special steels
DIN EN 10083-2	1996-10	Z	Vergütungsstähle – Teil 2: Technische Lieferbedingungen für unlegierte Qualitätsstähle Quenched and tempered steels – Part 2: Technical delivery conditions for unalloyed quality steels
DIN EN 10083-2	2006-10	N	Vergütungsstähle – Teil 2: Technische Lieferbedingungen für unlegierte Stähle Steels for quenching and tempering – Part 2: Technical delivery conditions for non alloy steels
DIN EN 10083-3	1996-02	Z	Vergütungsstähle – Teil 3: Technische Lieferbedingungen für Borstähle Quenched and tempered steels – Part 3: Technical delivery conditions for boron steels
DIN EN 10083-3	2007-01	N	Vergütungsstähle – Teil 3: Technische Lieferbedingungen für legierte Stähle Steels for quenching and tempering – Part 3: Technical delivery conditions for alloy steels
DIN EN 10084	1998-06	Z	Einsatzstähle – Technische Lieferbedingungen Case hardening steels – Technical delivery conditions
DIN EN 10084	2008-06	N	Einsatzstähle – Technische Lieferbedingungen Case hardening steels – Technical delivery conditions
DIN EN 10085	2001-07	N	Nitrierstähle – Technische Lieferbedingungen Nitriding steels – Technical delivery conditions
DIN EN 10087	1999-01	N	Automatenstähle – Technische Lieferbedingungen für Halbzeug, warmgewalzte Stäbe und Walzdraht Free-cutting steels – Technical delivery conditions for semi-finished products, hot-rolled bars and rods
DIN EN 10088-1	2005-09	Z	Nichtrostende Stähle – Teil 1: Verzeichnis der nichtrostenden Stähle Stainless steels – Part 1: List of stainless steels

Norm Standard	Datum Date	Status[a]	Titel der Norm Title of Standard
DIN EN 10088-1	2014-12	N	Nichtrostende Stähle – Teil 1: Verzeichnis der nichtrostenden Stähle Stainless steels – Part 1: List of stainless steels
DIN EN 10088-2	2005-09	Z	Nichtrostende Stähle – Teil 2: Technische Lieferbedingungen für Blech und Band aus korrosionsbeständigen Stählen für allgemeine Verwendung Stainless steels – Part 2: Technical delivery conditions for sheet/plate and strip of corrosion resisting steels for general purposes
DIN EN 10088-2	2014-12	N	Nichtrostende Stähle – Teil 2: Technische Lieferbedingungen für Blech und Band aus korrosionsbeständigen Stählen für allgemeine Verwendung Stainless steels – Part 2: Technical delivery conditions for sheet/plate and strip of corrosion resisting steels for general purposes
DIN EN 10088-3	2014-12	N	Nichtrostende Stähle – Teil 3: Technische Lieferbedingungen für Halbzeug, Stäbe, Walzdraht, gezogenen Draht, Profile und Blankstahlerzeugnisse aus korrosionsbeständigen Stählen für allgemeine Verwendung Stainless steels – Part 3: Technical delivery conditions for semi-finished products, bars, rods, wire, sections and bright products of corrosion resisting steels for general purposes
DIN EN 10088-4	2010-01	N	Nichtrostende Stähle – Teil 4: Technische Lieferbedingungen für Blech und Band aus korrosionsbeständigen Stählen für das Bauwesen Stainless steels – Part 4: Technical delivery conditions for sheet/plate and strip of corrosion resisting steels for construction purposes
DIN EN 10088-5	2009-07	N	Nichtrostende Stähle – Teil 5: Technische Lieferbedingungen für Stäbe, Walzdraht, gezogenen Draht, Profile und Blankstahlerzeugnisse aus korrosionsbeständigen Stählen für das Bauwesen Stainless steels – Part 5: Technical delivery conditions for bars, rods, wire, sections and bright products of corrosion resisting steels for construction purposes
DIN EN 10089	2003-04	N	Warmgewalzte Stähle für vergütbaren Federn – Technische Lieferbedingungen Hot rolled steels for quenched and tempered springs – Technical delivery conditions
DIN EN 10090	1998-03	N	Ventilstähle und -legierungen für Verbrennungskraftmaschinen Valve steels and alloys for internal combustion engines
DIN EN 10095	1999-05	N	Hitzebeständige Stähle und Nickellegierungen Heat resisting steels and nickel alloys

Norm Standard	Datum Date	Status[a]	Titel der Norm Title of Standard
DIN EN 10106	2016-03	N	Kaltgewalztes nicht kornorientiertes Elektroband und -blech im schlussgeglühten Zustand Cold rolled non-oriented electrical steel strip and sheet delivered in the fully processed state
DIN EN 10107	2014-07	N	Kornorientiertes Elektroband und -blech im schlussgeglühten Zustand Grain-oriented electrical steel strip and sheet delivered in the fully processed state
DIN EN 10111	2008-06	N	Kontinuierlich warmgewalztes Band und Blech aus weichen Stählen zum Kaltumformen – Technische Lieferbedingungen Continuously hot rolled low carbon steel sheet and strip for cold forming – Technical delivery conditions
DIN EN 10113-2	1993-04	Z	Warmgewalzte Erzeugnisse aus schweißgeeigneten Feinkornbaustählen; Teil 2: Lieferbedingungen für normalgeglühte/normalisierend gewalzte Stähle Hot-rolled products in weldable fine grain structural steels; part 2: Delivery conditions for normalized/normalized rolled steels
DIN EN 10113-3	1993-04	Z	Warmgewalzte Erzeugnisse aus schweißgeeigneten Feinkornbaustählen – Teil 3: Lieferbedingungen für thermomechanisch gewalzte Stähle Hot-rolled products in weldable fine grain structural steels – Part 3: Delivery conditions for thermomechanically rolled steels
DIN EN 10126	1996-02	Z	Kaltgewalztes Elektroblech und -band aus unlegierten Stählen im nicht schlussgeglühten Zustand Cold rolled electrical non-alloyed steel sheet and strip delivered in the semi-processed state
DIN EN 10130	1999-02	Z	Kaltgewalzte Flacherzeugnisse aus weichen Stählen zum Kaltumformen – Technische Lieferbedingungen Cold rolled low carbon steel flat products for cold forming – Technical delivery conditions
DIN EN 10130	2007-02	N	Kaltgewalzte Flacherzeugnisse aus weichen Stählen zum Kaltumformen – Technische Lieferbedingungen Cold rolled low carbon steel flat products for cold forming – Technical delivery conditions
DIN EN 10132-2	2000-05	N	Kaltband aus Stahl für eine Wärmebehandlung – Technische Lieferbedingungen – Teil 2: Einsatzstähle Cold-rolled narrow steel strip for heat-treatment – Technical delivery conditions – Part 2: Case hardening steels

Norm Standard	Datum Date	Status[a]	Titel der Norm Title of Standard
DIN EN 10132-3	2000-05	N	Kaltband aus Stahl für eine Wärmebehandlung – Technische Lieferbedingungen – Teil 3: Vergütungsstähle Cold-rolled narrow steel strip for heat-treatment – Technical delivery conditions – Part 3: Steels for quenching and tempering
DIN EN 10132-4	2003-04	N	Kaltband aus Stahl für eine Wärmebehandlung – Technische Lieferbedingungen – Teil 4: Federstähle und andere Anwendungen Cold-rolled narrow steel strip for heat-treatment – Technical delivery conditions – Part 4: Spring steels and other applications
DIN EN 10137-2	1995-11	Z	Blech und Breitflachstahl aus Baustählen mit höherer Streckgrenze im vergüteten oder im ausscheidungsgehärteten Zustand – Teil 2: Lieferbedingungen für vergütete Stähle Plates and wide flats made of high yield strength structural steels in the quenched and tempered or precipitation hardened conditions – Part 2: Delivery conditions for quenched and tempered steels
DIN EN 10139	1997-12	Z	Kaltband ohne Überzug aus weichen Stählen zum Kaltumformen – Technische Lieferbedingungen Cold rolled uncoated mild steel narrow steel strip for cold forming – Technical delivery conditions
DIN EN 10139	2016-06	N	Kaltband ohne Überzug aus weichen Stählen zum Kaltumformen – Technische Lieferbedingungen Cold rolled uncoated mild steel narrow steel strip for cold forming – Technical delivery conditions
DIN EN 10142	1995-08	Z	Kontinuierlich feuerverzinktes Band und Blech aus weichen Stählen zum Kaltumformen – Technische Lieferbedingungen Continuously hot-dip zinc coated low carbon steel strip and sheet for cold forming – Technical delivery conditions
DIN EN 10142	2000-07	Z	Kontinuierlich feuerverzinktes Band und Blech aus weichen Stählen zum Kaltumformen – Technische Lieferbedingungen Continuously hot-dip zinc coated low carbon steel strip and sheet for cold forming – Technical delivery conditions
DIN EN 10147	1995-08	Z	Kontinuierlich feuerverzinktes Band und Blech aus Baustählen – Technische Lieferbedingungen Continuously hot-dip zinc coated structural steel strip and sheet – Technical delivery conditions

Norm Standard	Datum Date	Status[a]	Titel der Norm Title of Standard
DIN EN 10147	2000-07	Z	Kontinuierlich feuerverzinktes Band und Blech aus Baustählen – Technische Lieferbedingungen Continuously hot-dip zinc coated structural steel strip and sheet – Technical delivery conditions
DIN EN 10149-2	1995-11	Z	Warmgewalzte Flacherzeugnisse aus Stählen mit hoher Streckgrenze zum Kaltumformen – Teil 2: Lieferbedingungen für thermomechanisch gewalzte Stähle Hot rolled flat products made of high yield strength steels for cold forming – Part 2: Delivery conditions for thermomechanically rolled steels
DIN EN 10149-2	2013-12	N	Warmgewalzte Flacherzeugnisse aus Stählen mit hoher Streckgrenze zum Kaltumformen – Teil 2: Technische Lieferbedingungen für thermomechanisch gewalzte Stähle Hot rolled flat products made of high yield strength steels for cold forming – Part 2: Technical delivery conditions for thermomechanically rolled steels
DIN EN 10149-3	2013-12	N	Warmgewalzte Flacherzeugnisse aus Stählen mit hoher Streckgrenze zum Kaltumformen – Teil 3: Technische Lieferbedingungen für normalgeglühte, normalisierend gewalzte Stähle Hot rolled flat products made of high yield strength steels for cold forming – Part 3: Technical delivery conditions for normalized or normalized rolled steels
DIN EN 10151	2003-02	N	Federband aus nichtrostenden Stählen – Technische Lieferbedingungen Stainless steel strip for springs – Technical delivery conditions
DIN EN 10152	1993-12	Z	Elektrolytisch verzinkte kaltgewalzte Flacherzeugnisse aus Stahl; Technische Lieferbedingungen Electrolytically zinc coated cold rolled steel flat products – Technical delivery conditions
DIN EN 10152	2003-08	Z	Elektrolytisch verzinkte kaltgewalzte Flacherzeugnisse aus Stahl zum Kaltumformen – Technische Lieferbedingungen Electrolytically zinc coated cold rolled steel flat products – Technical delivery conditions
DIN EN 10152	2009-07	N	Elektrolytisch verzinkte kaltgewalzte Flacherzeugnisse aus Stahl zum Kaltumformen – Technische Lieferbedingungen Electrolytically zinc coated cold rolled steel flat products – Technical delivery conditions
DIN EN 10154	1996-05	Z	Kontinuierlich schmelztauchveredeltes Band und Blech aus Stahl mit Aluminium-Silicium-Überzügen (AS) – Technische Lieferbedingungen Continuously hot-dip aluminium-silicon (AS) coated steel sheet and strip – Technical delivery conditions

Norm Standard	Datum Date	Status[a]	Titel der Norm Title of Standard
DIN EN 10154	2002-08	Z	Kontinuierlich schmelztauchveredeltes Band und Blech aus Stahl mit Aluminium-Silicium-Überzügen (AS) – Technische Lieferbedingungen Continuously hot-dip aluminium-silicon (AS) coated steel strip and sheet – Technical delivery conditions
DIN EN 10155	1993-08	Z	Wetterfeste Baustähle – Technische Lieferbedingungen Structural steels with improved atmospheric corrosion resistance – Technical delivery conditions
DIN EN 10165	1996-02	Z	Kaltgewalztes Elektroblech und -band aus legierten Stählen im nicht schlussgeglühten Zustand Cold rolled electrical alloyed steel sheet and strip delivered in the semi-processed state
DIN EN 10207	2005-06	N	Stähle für einfache Druckbehälter – Technische Lieferbedingungen für Blech, Band und Stabstahl Steels for simple pressure vessels – Technical delivery requirements for plates, strips and bars
DIN EN 10208-1	2009-07	Z	Stahlrohre für Rohrleitungen für brennbare Medien – Technische Lieferbedingungen – Teil 1: Rohre der Anforderungsklasse A Steel pipes for pipe lines for combustible fluids – Technical delivery conditions – Part 1: Pipes of requirement class A
DIN EN 10208-2	2009-07	Z	Stahlrohre für Rohrleitungen für brennbare Medien – Technische Lieferbedingungen – Teil 2: Rohre der Anforderungsklasse B Steel pipes for pipelines for combustible fluids – Technical delivery conditions – Part 2: Pipes of requirements class B
DIN EN 10209	1996-05	Z	Kaltgewalzte Flacherzeugnisse aus weichen Stählen zum Emaillieren – Technische Lieferbedingungen Cold rolled low carbon steel flat products for vitreous enamelling – Technical delivery conditions
DIN EN 10209	2013-09	N	Kaltgewalzte Flacherzeugnisse aus weichen Stählen zum Emaillieren – Technische Lieferbedingungen Cold rolled low carbon steel flat products for vitreous enamelling – Technical delivery conditions
DIN EN 10210-1	1994-09	Z	Warmgefertigte Hohlprofile für den Stahlbau aus unlegierten Baustählen und aus Feinkornbaustählen – Teil 1: Technische Lieferbedingungen Hot finished structural hollow sections of non-alloy and fine grain structural steels – Part 1: Technical delivery requirements

Norm Standard	Datum Date	Status[a]	Titel der Norm Title of Standard
DIN EN 10210-1	2006-07	N	Warmgefertigte Hohlprofile für den Stahlbau aus unlegierten Baustählen und aus Feinkornbaustählen – Teil 1: Technische Lieferbedingungen Hot finished structural hollow sections of non-alloy and fine grain steels – Part 1: Technical delivery conditions
DIN EN 10213	2016-10	N	Stahlguss für Druckbehälter Steel castings for pressure purposes
DIN EN 10213-1	1996-01	Z	Technische Lieferbedingungen für Stahlguß für Druckbehälter – Teil 1: Allgemeines Technical delivery conditions for steel castings for pressure purposes – Part 1: General
DIN EN 10213-2	1996-01	Z	Technische Lieferbedingungen für Stahlguß für Druckbehälter – Teil 2: Stahlsorten für die Verwendung bei Raumtemperatur und erhöhten Temperaturen Technical delivery conditions for steel castings for pressure purposes – Part 2: Steel grades for use at room temperature and elevated temperatures
DIN EN 10213-3	1996-01	Z	Technische Lieferbedingungen für Stahlguß für Druckbehälter – Teil 3: Stahlsorten für die Verwendung bei tiefen Temperaturen Technical delivery conditions for steel castings for pressure purposes – Part 3: Steel grades for use at low temperatures
DIN EN 10213-4	1996-01	Z	Technische Lieferbedingungen für Stahlguß für Druckbehälter – Teil 4: Austenitische und austenitisch-ferritische Stahlsorten Technical delivery conditions for steel castings for pressure purposes – Part 4: Austenitic and austenitic-ferritic steel grades
DIN EN 10214	1995-04	Z	Kontinuierlich schmelztauchveredeltes Band und Blech aus Stahl mit Zink-Aluminium-Überzügen (ZA) – Technische Lieferbedingungen Continuously hot-dip zinc-aluminium (ZA) coated steel strip and sheet – Technical delivery conditions
DIN EN 10215	1995-04	Z	Kontinuierlich schmelztauchveredeltes Band und Blech aus Stahl mit Aluminium-Zink-Überzügen (AZ) – Technische Lieferbedingungen Continuously hot-dip aluminium-zinc (AZ) coated steel strip and sheet – Technical delivery conditions
DIN EN 10216-1	2014-03	N	Nahtlose Stahlrohre für Druckbeanspruchungen – Technische Lieferbedingungen – Teil 1: Rohre aus unlegierten Stählen mit festgelegten Eigenschaften bei Raumtemperatur Seamless steel tubes for pressure purposes – Technical delivery conditions – Part 1: Non-alloy steel tubes with specified room temperature properties

Norm Standard	Datum Date	Status[a]	Titel der Norm Title of Standard
DIN EN 10216-2	2004-07	Z	Nahtlose Stahlrohre für Druckbeanspruchungen – Technische Lieferbedingungen – Teil 2: Rohre aus unlegierten und legierten Stählen mit festgelegten Eigenschaften bei erhöhten Temperaturen Seamless steel tubes for pressure purposes – Technical delivery conditions – Part 2: Non-alloy and alloy steel tubes with specified elevated temperature properties
DIN EN 10216-2	2014-03	N	Nahtlose Stahlrohre für Druckbeanspruchungen – Technische Lieferbedingungen – Teil 2: Rohre aus unlegierten und legierten Stählen mit festgelegten Eigenschaften bei erhöhten Temperaturen Seamless steel tubes for pressure purposes – Technical delivery conditions – Part 2: Non-alloy and alloy steel tubes with specified elevated temperature properties
DIN EN 10216-3	2014-03	N	Nahtlose Stahlrohre für Druckbeanspruchungen – Technische Lieferbedingungen – Teil 3: Rohre aus legierten Feinkornbaustählen Seamless steel tubes for pressure purposes – Technical delivery conditions – Part 3: Alloy fine grain steel tubes
DIN EN 10216-4	2014-03	N	Nahtlose Stahlrohre für Druckbeanspruchungen – Technische Lieferbedingungen – Teil 4: Rohre aus unlegierten und legierten Stählen mit festgelegten Eigenschaften bei tiefen Temperaturen Seamless steel tubes for pressure purposes – Technical delivery conditions – Part 4: Non-alloy and alloy steel tubes with specified low temperature properties
DIN EN 10216-5	2014-03	N	Nahtlose Stahlrohre für Druckbeanspruchungen – Technische Lieferbedingungen – Teil 5: Rohre aus nichtrostenden Stählen Seamless steel tubes for pressure purposes – Technical delivery conditions – Part 5: Stainless steel tubes
DIN EN 10217-1	2005-04	N	Geschweißte Stahlrohre für Druckbeanspruchungen – Technische Lieferbedingungen – Teil 1: Rohre aus unlegierten Stählen mit festgelegten Eigenschaften bei Raumtemperatur Welded steel tubes for pressure purposes – Technical delivery conditions – Part 1: Non-alloy steel tubes with specified room temperature properties
DIN EN 10217-2	2005-04	N	Geschweißte Stahlrohre für Druckbeanspruchungen – Technische Lieferbedingungen – Teil 2: Elektrisch geschweißte Rohre aus unlegierten und legierten Stählen mit festgelegten Eigenschaften bei erhöhten Temperaturen Welded steel tubes for pressure purposes – Technical delivery conditions – Part 2: Electric welded non-alloy and alloy steel tubes with specified elevated temperature properties

Norm Standard	Datum Date	Status[a]	Titel der Norm Title of Standard
DIN EN 10217-3	2005-04	N	Geschweißte Stahlrohre für Druckbeanspruchungen – Technische Lieferbedingungen – Teil 3: Rohre aus legierten Feinkornbaustählen Welded steel tubes for pressure purposes – Technical delivery conditions – Part 3: Alloy fine grain steel tubes
DIN EN 10217-4	2005-04	N	Geschweißte Stahlrohre für Druckbeanspruchungen – Technische Lieferbedingungen – Teil 4: Elektrisch geschweißte Rohre aus unlegierten Stählen mit festgelegten Eigenschaften bei tiefen Temperaturen Welded steel tubes for pressure purposes – Technical delivery conditions – Part 4: Electric welded non-alloy steel tubes with specified low temperature properties
DIN EN 10217-5	2005-04	N	Geschweißte Stahlrohre für Druckbeanspruchungen – Technische Lieferbedingungen – Teil 5: Unterpulvergeschweißte Rohre aus unlegierten und legierten Stählen mit festgelegten Eigenschaften bei erhöhten Temperaturen Welded steel tubes for pressure purposes – Technical delivery conditions – Part 5: Submerged arc welded non-alloy and alloy steel tubes with specified elevated temperature properties
DIN EN 10217-6	2005-04	N	Geschweißte Stahlrohre für Druckbeanspruchungen – Technische Lieferbedingungen – Teil 6: Unterpulvergeschweißte Rohre aus unlegierten Stählen mit festgelegten Eigenschaften bei tiefen Temperaturen Welded steel tubes for pressure purposes – Technical delivery conditions – Part 6: Submerged arc welded non-alloy steel tubes with specified low temperature properties
DIN EN 10217-7	2015-01	N	Geschweißte Stahlrohre für Druckbeanspruchungen – Technische Lieferbedingungen – Teil 7: Rohre aus nichtrostenden Stählen Welded steel tubes for pressure purposes – Technical delivery conditions – Part 7: Stainless steel tubes
DIN EN 10219-1	1997-11	Z	Kaltgefertigte geschweißte Hohlprofile für den Stahlbau aus unlegierten Baustählen und aus Feinkornbaustählen – Teil 1: Technische Lieferbedingungen Cold formed welded structural hollow sections of non-alloy and fine grain steels – Part 1: Technical delivery requirements;
DIN EN 10219-1	2006-07	N	Kaltgefertigte geschweißte Hohlprofile für den Stahlbau aus unlegierten Baustählen und aus Feinkornbaustählen – Teil 1: Technische Lieferbedingungen Cold formed welded structural hollow sections of non-alloy and fine grain steels – Part 1: Technical delivery conditions

Norm Standard	Datum Date	Status[a]	Titel der Norm Title of Standard
DIN EN 10222-2	2000-04	N	Schmiedestücke aus Stahl für Druckbehälter – Teil 2: Ferritische und martensitische Stähle mit festgelegten Eigenschaften bei erhöhten Temperaturen Steel forgings for pressure purposes – Part 2: Ferritic and martensitic steels with specified elevated temperature properties
DIN EN 10222-3	1999-02	N	Schmiedestücke aus Stahl für Druckbehälter – Teil 3: Nickelstähle mit festgelegten Eigenschaften bei tiefen Temperaturen Steel forgings for pressure purposes – Part 3: Nickel steels with specified low temperature properties
DIN EN 10222-4	2001-12	N	Schmiedestücke aus Stahl für Druckbehälter – Teil 4: Schweißgeeignete Feinkornbaustähle mit hoher Dehngrenze Steel forgings for pressure purposes – Part 4: Weldable fine grain steels with high proof strength
DIN EN 10222-5	2000-02	N	Schmiedestücke aus Stahl für Druckbehälter – Teil 5: Martensitische, austenitische und austenitisch-ferritische nichtrostende Stähle Steel forgings for pressure purposes – Part 5: Martensitic, austenitic and austenitic-ferritic stainless steels
DIN EN 10224	2005-12	N	Rohre und Fittings aus unlegiertem Stahl für den Transport von Wasser und anderen wässrigen Flüssigkeiten – Technische Lieferbedingungen Non-alloy steel tubes and fittings for the conveyance of water and other aqueous liquids – Technical delivery conditions
DIN EN 10248-1	1995-08	N	Warmgewalzte Spundbohlen aus unlegierten Stählen – Teil 1: Technische Lieferbedingungen Hot rolled sheet piling of non alloy steels – Part 1: Technical delivery conditions
DIN EN 10249-1	1995-08	N	Kaltgeformte Spundbohlen aus unlegierten Stählen – Teil 1: Technische Lieferbedingungen Cold formed sheet piling of non alloy steels – Part 1: Technical delivery conditions
DIN EN 10250-2	1999-12	N	Freiformschmiedestücke aus Stahl für allgemeine Verwendung – Teil 2: Unlegierte Qualitäts- und Edelstähle Open die steel forgings for general engineering purposes – Part 2: Non-alloy quality and special steels
DIN EN 10250-3	1999-12	N	Freiformschmiedestücke aus Stahl für allgemeine Verwendung – Teil 3: Legierte Edelstähle Open die steel forgings for general engineering purposes – Part 3: Alloy special steels

Norm Standard	Datum Date	Status[a]	Titel der Norm Title of Standard
DIN EN 10250-4	2000-02	N	Freiformschmiedestücke aus Stahl für allgemeine Verwendung – Teil 4: Nichtrostende Stähle Open die steel forgings for general engineering purposes – Part 4: Stainless steels
DIN EN 10253-2	2008-09	N	Formstücke zum Einschweißen – Teil 2: Unlegierte und legierte ferritische Stähle mit besonderen Prüfanforderungen Butt-welding pipe fittings – Part 2: Non alloy and ferritic alloy steels with specific inspection requirements
DIN EN 10253-3	2009-02	N	Formstücke zum Einschweißen – Teil 3: Nichtrostende austenitische und austenitisch-ferritische (Duplex-)Stähle ohne besondere Prüfanforderungen Butt-welding pipe fittings – Part 3: Wrought austenitic and austenitic-ferritic (Duplex) stainless steels without specific inspection requirements
DIN EN 10253-4	2008-06	N	Formstücke zum Einschweißen – Teil 4: Austenitische und austenizisch-ferritische (Duplex-)stähle mit besonderen Prüfanforderungen Butt-welding pipe fittings – Part 4: Wrought austenitic and austenitic-ferritic (Duplex) stainless steels with specific inspection erquirements
DIN EN 10255	2004-11	N	Rohre aus unlegiertem Stahl mit Eignung zum Schweißen und Gewindeschneiden – Technische Lieferbedingungen Non-alloy steel tubes suitable for welding and threading – Technical delivery conditions
DIN EN 10263-2	2002-02	N	Walzdraht, Stäbe und Draht aus Kaltstauch- und Kaltfließpressstählen – Teil 2: Technische Lieferbedingungen für nicht für eine Wärmebehandlung nach der Kaltverarbeitung vorgesehene Stähle Steel rod, bars and wire for cold heading and cold extrusion – Part 2: Technical delivery conditions for steels not intended for heat treatment after cold working
DIN EN 10263-3	2002-02	N	Walzdraht, Stäbe und Draht aus Kaltstauch- und Kaltfließpressstählen – Teil 3: Technische Lieferbedingungen für Einsatzstähle Steel rod, bars and wire for cold heading and cold extrusion – Part 3: Technical delivery conditions for case hardening steels
DIN EN 10263-4	2002-02	N	Walzdraht, Stäbe und Draht aus Kaltstauch- und Kaltfließpressstählen – Teil 4: Technische Lieferbedingungen für Vergütungsstähle Steel rod, bars and wire for cold heading and cold extrusion – Part 4: Technical delivery conditions for steels for quenching and tempering

Norm Standard	Datum Date	Status[a]	Titel der Norm Title of Standard
DIN EN 10263-5	2002-02	N	Walzdraht, Stäbe und Draht aus Kaltstauch- und Kaltfließpressstählen – Teil 5: Technische Lieferbedingungen für nichtrostende Stähle Steel rod, bars and wire for cold heading and cold extrusion – Part 5: Technical delivery conditions for stainless steels
DIN EN 10264-4	2012-03		Stahldraht und Drahterzeugnisse – Stahldraht für Seile – Teil 4: Draht aus nichtrostendem Stahl Steel wire and wire products – Steel wire for ropes – Part 4: Stainless steel wire
DIN EN 10268	1999-02	Z	Kaltgewalzte Flacherzeugnisse mit hoher Streckgrenze zum Kaltumformen aus mikrolegierten Stählen – Technische Lieferbedingungen Cold-rolled flat products made of high yield strength micro-alloyed steels for cold forming – General delivery conditions
DIN EN 10268	2013-12	N	Kaltgewalzte Flacherzeugnisse aus Stählen mit hoher Streckgrenze zum Kaltumformen – Technische Lieferbedingungen Cold rolled steel flat products with high yield strength for cold forming – Technical delivery conditions
DIN EN 10269	2006-07	Z	Stähle und Nickellegierungen für Befestigungselemente für den Einsatz bei erhöhten und/oder tiefen Temperaturen Steels and nickel alloys for fasteners with specified elevated and/or low temperature properties
DIN EN 10269	2014-02	N	Stähle und Nickellegierungen für Befestigungselemente für den Einsatz bei erhöhten und/oder tiefen Temperaturen Steels and nickel alloys for fasteners with specified elevated and/or low temperature properties
DIN EN 10270-3	2001-08	Z	Stahldraht für Federn – Teil 3: Nichtrostender Federstahldraht Steel wire for mechanical springs – Part 3: Stainless spring steel wire
DIN EN 10270-3	2012-01	N	Stahldraht für Federn – Teil 3: Nichtrostender Federstahldraht Steel wire for mechanical springs – Part 3: Stainless spring steel wire
DIN EN 10271	1998-12	N	Flacherzeugnisse aus Stahl mit elektrolytisch abgeschiedenen Zink-Nickel (ZN)-Überzügen – Technische Lieferbedingungen Electrolytically zinc-nickel (ZN) coated steel flat products – Technical delivery conditions
DIN EN 10272	2016-10	N	Nichtrostende Stäbe für Druckbehälter Stainless steel bars for pressure purposes

Norm Standard	Datum Date	Status[a]	Titel der Norm Title of Standard
DIN EN 10273	2016-10	N	Warmgewalzte schweißgeeignete Stäbe aus Stahl für Druckbehälter mit festgelegten Eigenschaften bei erhöhten Temperaturen Hot rolled weldable steel bars for pressure purposes with specified elevated temperature properties
DIN EN 10277-2	1999-10	Z	Blankstahlerzeugnisse – Technische Lieferbedingungen – Teil 2: Stähle für allgemeine technische Verwendung Bright steel products – Technical delivery conditions – Part 2: Steels for general engineering purposes
DIN EN 10277-2	2008-06	N	Blankstahlerzeugnisse – Technische Lieferbedingungen – Teil 2: Stähle für allgemeine technische Verwendung Bright steel products – Technical delivery conditions – Part 2: Steels for general engineering purposes
DIN EN 10277-3	2008-06	N	Blankstahlerzeugnisse – Technische Lieferbedingungen – Teil 3: Automatenstähle Bright steel products – Technical delivery conditions – Part 3: Free-cutting steels
DIN EN 10277-4	2008-06	N	Blankstahlerzeugnisse – Technische Lieferbedingungen – Teil 4: Einsatzstähle Bright steel products – Technical delivery conditions – Part 4: Case hardening steels
DIN EN 10277-5	1999-10	Z	Blankstahlerzeugnisse – Technische Lieferbedingungen – Teil 5: Vergütungsstähle Bright steel products – Technical delivery conditions – Part 5: Steels for quenching and tempering
DIN EN 10277-5	2008-06	N	Blankstahlerzeugnisse – Technische Lieferbedingungen – Teil 5: Vergütungsstähle Bright steel products – Technical delivery conditions – Part 5: Steels for quenching and tempering
DIN EN 10283	1998-12	Z	Korrosionsbeständiger Stahlguß Corrosion resistant steel castings
DIN EN 10283	2010-06	N	Korrosionsbeständiger Stahlguß Corrosion resistant steel castings
DIN EN 10292	2005-03	Z	Kontinuierlich schmelztauchveredeltes Band und Blech aus Stählen mit hoher Streckgrenze zum Kaltumformen – Technische Lieferbedingungen Continuously hot-dip coated strip and sheet of steels with higher yield strength for cold forming – Technical delivery conditions
DIN EN 10292	2007-06	Z	Kontinuierlich schmelztauchveredeltes Band und Blech aus Stählen mit hoher Streckgrenze zum Kaltumformen – Technische Lieferbedingungen Continuously hot-dip coated strip and sheet of steels with higher yield strength for cold forming – Technical delivery conditions

Norm Standard	Datum Date	Status[a]	Titel der Norm Title of Standard
DIN EN 10293	2015-04	N	Stahlguss – Stahlguss für allgemeine Anwendungen Steel castings – Steel castings for general engineering uses
DIN EN 10294-2	2012-04	N	Stahlrohre für die spanende Bearbeitung (Drehteilrohre) – Technische Lieferbedingungen – Teil 2: Nichtrostende Stähle mit spezifizierten Zerspanungseigenschaften Hollow bars for machining – Technical delivery condition – Part 2: Stainless steels with specified machinability properties
DIN EN 10295	2003-01	N	Hitzebeständiger Stahlguss Heat resistant steel castings
DIN EN 10296-1	2004-02	N	Geschweißte kreisförmige Stahlrohre für den Maschinenbau und allgemeine technische Anwendungen – Technische Lieferbedingungen – Teil 1: Rohre aus unlegierten und legierten Stählen Welded circular steel tubes for mechanical and general engineering purposes – Technical delivery conditions – Part 1: Non-alloy and alloy steel tubes
DIN EN 10296-2	2006-02	N	Geschweißte kreisförmige Stahlrohre für den Maschinenbau und allgemeine technische Anwendungen – Technische Lieferbedingungen – Teil 1: Nichtrostende Stähle Welded circular steel tubes for mechanical and general engineering purposes – Technical delivery conditions – Part 1: Stainless steels
DIN EN 10297-1	2003-06	N	Nahtlose kreisförmige Stahlrohre für den Maschinenbau und allgemeine technische Anwendungen – Technische Lieferbedingungen – Teil 1: Rohre aus unlegierten und legierten Stählen Seamless circular steel tubes for mechanical and general engineering purposes – Technical delivery conditions – Part 1: Non-alloy and alloy steel tubes
DIN EN 10297-2	2006-02	N	Nahtlose kreisförmige Stahlrohre für den Maschinenbau und allgemeine technische Anwen-dungen – Technische Lieferbedingungen – Teil 2: Rohre aus nichtrostenden Stählen Seamless steel tubes for mechanical and general engineering purposes – Technical delivery conditions – Part 2: Stainless steel
DIN EN 10302	2002-09	Z	Hochwarmfeste Stähle, Nickel- und Kobaltlegierungen Creep resisting steels, nickel and cobalt alloys
DIN EN 10302	2008-06	N	Warmfeste Stähle, Nickel- und Kobaltlegierungen Creep resisting steels, nickel and cobalt alloys

Norm Standard	Datum Date	Status[a]	Titel der Norm Title of Standard
DIN EN 10305-1	2016-08	N	Präzisionsstahlrohre – Technische Lieferbedingungen – Teil 1: Nahtlose kaltgezogene Rohre Steel tubes for precision applications – Technical delivery conditions – Part 1: Seamless cold drawn tubes
DIN EN 10305-2	2016-08	N	Präzisionsstahlrohre – Technische Lieferbedingungen – Teil 2: Geschweißte kaltgezogene Rohre Steel tubes for precision applications – Technical delivery conditions – Part 2: Welded cold drawn tubes
DIN EN 10305-3	2003-02	Z	Präzisionsstahlrohre – Technische Lieferbedingungen – Teil 3: Geschweißte und maßgewalzte Rohre Steel tubes for precision applications – Technical delivery conditions – Part 3: Welded cold sized tubes
DIN EN 10305-3	2016-08	N	Präzisionsstahlrohre – Technische Lieferbedingungen – Teil 3: Geschweißte maßgewalzte Rohre Steel tubes for precision applications – Technical delivery conditions – Part 3: Welded cold sized tubes
DIN EN 10305-4	2016-08	N	Präzisionsstahlrohre – Technische Lieferbedingungen – Teil 4: Nahtlose kaltgezogene Rohre für Hydraulik- und Pneumatik-Druckleitungen Steel tubes for precision applications – Technical delivery conditions – Part 4: Seamless cold drawn tubes for hydraulic and pneumatic power systems
DIN EN 10305-5	2016-08	N	Präzisionsstahlrohre – Technische Lieferbedingungen – Teil 5: Geschweißte maßumgeformte Rohre mit quadratischem und rechteckigem Querschnitt Steel tubes for precision applications – Technical delivery conditions – Part 5: Welded cold sized square and rectangular tubes
DIN EN 10305-6	2016-08	N	Präzisionsstahlrohre – Technische Lieferbedingungen – Teil 6: Geschweißte kaltgezogene Rohre für Hydraulik- und Pneumatik-Druckleitungen Steel tubes for precision applications – Technical delivery conditions – Part 6: Welded cold drawn tubes for hydraulic and pneumatic power systems
DIN EN 10312	2005-12	N	Geschweißte Rohre aus nichtrostendem Stahl für den Transport von Wasser und anderen wässrigen Flüssigkeiten – Technische Lieferbedingungen Welded stainless steel tubes for the conveyance of water and other aqueous liquids – Technical delivery conditions

Norm Standard	Datum Date	Status[a]	Titel der Norm Title of Standard
DIN EN 10326	2004-09	Z	Kontinuierlich schmelztauchveredeltes Band und Blech aus Baustählen – Technische Lieferbedingungen Continuously hot-dip coated strip and sheet of structural steels – Technical delivery conditions
DIN EN 10327	2004-09	Z	Kontinuierlich schmelztauchveredeltes Band und Blech aus weichen Stählen zum Kaltumformen – Technische Lieferbedingungen Continuously hot-dip coated strip and sheet of low carbon steels for cold forming – Technical delivery conditions
DIN EN 10336	2007-07	Z	Kontinuierlich schmelztauchveredeltes und elektrolytisch veredeltes Band und Blech aus Mehrphasenstählen zum Kaltumformen – Technische Lieferbedingungen Continuously hot-dip coated and electrolytically coated strip and sheet of multiphase steels for cold forming – Technical delivery conditions
DIN EN 10340	2008-01	N	Stahlguss für das Bauwesen Steel castings for structural uses
DIN EN 10341	2006-08	N	Kaltgewalztes Elektroblech und -band aus unlegierten und legierten Stählen im nicht schlussgeglühten Zustand Cold rolled electrical non-alloy and alloy steel sheet and strip delivered in the semi-processed state
DIN EN 10343	2009-07	N	Vergütungsstähle für das Bauwesen – Technische Lieferbedingungen Steels for quenching and tempering for construction purposes – Technical delivery conditions
DIN EN 10346	2009-07	Z	Kontinuierlich schmelztauchveredelte Flacherzeugnisse aus Stahl – Technische Lieferbedingungen Continuously hot-dip coated steel flat products – Technical delivery conditions
DIN EN 10346	2015-10	N	Kontinuierlich schmelztauchveredelte Flacherzeugnisse aus Stahl zum Kaltumformen – Technische Lieferbedingungen Continuously hot-dip coated steel flat products for cold forming – Technical delivery conditions
DIN EN ISO 683-17	2015-02	N	Für eine Wärmebehandlung bestimmte Stähle, legierte Stähle und Automatenstähle – Teil 17: Wälzlagerstähle (ISO 683-17:2014) Heat-treated steels, alloy steels and free-cutting steels – Part 17: Ball and roller bearing steels (ISO 683-17:2014)

Norm Standard	Datum Date	Status[a]	Titel der Norm Title of Standard
DIN EN ISO 3183	2013-03	N	Erdöl- und Erdgasindustrie – Stahlrohre für Rohrleitungstransportsysteme (ISO 3183:2012) Petroleum and natural gas industries – Steel pipe for pipeline transportation systems (ISO 3183:2012)
DIN EN ISO 4957	2001-02	N	Werkzeugstähle (ISO 4957:1999) Tool steels (ISO 4957:1999)
DIN EN ISO 16120-2	2011-10	N	Walzdraht aus unlegiertem Stahl zum Ziehen – Teil 2: Besondere Anforderungen an Walzdraht für allgemeine Verwendung (ISO 16120-2:2011) Non-alloy steel wire rod for conversion to wire – Part 2: Specific requirements for general-purpose wire rod (ISO 16120-2:2011)
DIN EN ISO 16120-3	2011-10	N	Walzdraht aus unlegiertem Stahl zum Ziehen – Teil 3: Besondere Anforderungen an Walzdraht aus unberuhigtem und ersatzunberuhigtem Stahl mit niedrigem Kohlenstoffgehalt (ISO 16120-3:2011) Non-alloy steel wire rod for conversion to wire – Part 3: Specific requirements for rimmed and rimmed substitute low carbon steel wire rod (ISO 16120-3:2011)
DIN EN ISO 16120-4	2011-10	N	Walzdraht aus unlegiertem Stahl zum Ziehen – Teil 4: Besondere Anforderungen an Walzdraht für Sonderanwendungen (ISO 16120-4:2011) Non-alloy steel wire rod for conversion to wire – Part 3: Specific requirements for wire rod for special applications (ISO 16120-4:2011)
SEE 201	1992-10	N	Werkstoffe für Werkzeuge in Rohr- und Strangpressen für die Verarbeitung von Kupfer und Kupferlegierungen Materials for tools into extrusion press for tubes and extruding press for processing use for copper and copper alloys
SEE 202	1995-08	N	Warmarbeitswerkstoffe für Werkzeuge in Strangpressen für die Verarbeitung von Aluminium und Aluminiumlegierungen Hot forming materials for tools into extruding press for processing use for aluminium and aluminium alloys
SEW 021	1996-01	N	Kontinuierlich feuerverzinktes Blech und Band aus dem weichen Stahl DX55D zum Kaltumformen – Technische Lieferbedingungen Continuously hot-dip zinc coated low carbon steel DX55D strip and sheet for cold forming – Technical delivery conditions

Norm Standard	Datum Date	Status[a]	Titel der Norm Title of Standard
SEW 028	1993-05	N	Unlegierte und legierte Druckbehälterstähle für den Einsatz bei mäßig erhöhten und erhöhten Temperaturen – Technische Lieferbedingungen für Flacherzeugnisse Non alloy and alloy pressure vessel steels for use at moderately increased and increased temperatures – Technical delivery conditions for flat products
SEW 083	1991-10	Z	Schweißgeeignete Feinkornbaustähle für den Stahlbau, thermomechanisch gewalzt – Technische Lieferbedingungen für Flach- und Langerzeugnisse Weldable fine grain structural steels for structural steelwork, thermomechanically rolled – Technical delivery for flat products and long products
SEW 087	1981-06	Z	Wetterfeste Baustähle; Hinweise auf Lieferung, Verarbeitung und Anwendung Weatherproof structural steels – Hints for supply, processing and application
SEW 090-2	1993-01	N	Hochfeste flüssigkeitsvergütete Feinkornbaustähle – Technische Lieferbedingungen für Rohre und Hohlprofile High-strength liquid-annealed fine grain structural steels – Technical delivery for tubes and hollow sections
SEW 092	1990-01	Z	Warmgewalzte Feinkornstähle zum Kaltumformen – Gütevorschriften Hot rolled fine grain steels for cold forming – Quality standards
SEW 093	1987-03	Z	Kaltgewalztes Band und Blech mit höherer Streckgrenze zum Kaltumformen aus mikrolegierten Stählen – Technische Lieferbedingungen Cold rolled low alloy steel strip and sheet with increased yield strength for cold forming – Technical delivery conditions
SEW 094	1987-07	Z	Kaltgewalztes Band und Blech mit höherer Streckgrenze zum Kaltumformen aus phosphor-legierten Stählen sowie aus Stählen mit zusätzlicher Verfestigung nach Wärmeeinwirkung (Bake-hardening) – Technische Lieferbedingungen Cold rolled rephosphorized and bake hardened steel strip and sheet with increased yield strength for cold forming – Technical delivery conditions
SEW 095	1987-07	Z	Kaltgewalztes Band und Blech zum Kaltumformen aus weichem mikrolegiertem Stahl – Technische Lieferbedingungen Cold rolled strip and sheet for cold forming, made from soft low alloy steels – Technical delivery conditions

Norm Standard	Datum Date	Status[a]	Titel der Norm Title of Standard
SEW 097 Teil 1	2000-01	N	Warm- und kaltgewalzte Flacherzeugnisse aus mehrphasigen Stählen zum Kaltumformen – Warmgewalzte Flacherzeugnisse zum unmittelbaren Kaltumformen – Technische Lieferbedingungen Hot- and cold-rolled multiphase steel flat products for cold forming – Hot-rolled flat products for direct cold forming – Technical delivery conditions
SEW 097 Teil 2	2000-01	N	Warm- und kaltgewalzte Flacherzeugnisse aus mehrphasigen Stählen zum Kaltumformen – Kaltgewalzte Flacherzeugnisse – Technische Lieferbedingungen Hot- and cold-rolled multiphase steel flat products for cold forming – Cold-rolled flat products – Technical delivery conditions
SEW 395	1987-08	Z	Nichtmagnetisierbarer Stahlguss – Technische Lieferbedingungen Non-magnetizable steel castings – Technical delivery conditions
SEW 395	1998-06	N	Nichtmagnetisierbarer Stahlguss – Technische Lieferbedingungen Non-magnetizable steel castings – Technical delivery conditions
SEW 400	1991-02	Z	Nichtrostende Walz- und Schmiedestähle Stainless rolled and forged steels
SEW 400	1997-02	N	Nichtrostende Walz- und Schmiedestähle Stainless rolled and forged steels
SEW 410	1988-05	Z	Nichtrostender Stahlguß – Technische Lieferbedingungen Stainless cast steel – Technical delivery conditions
SEW 410	1998-07	N	Nichtrostender Stahlguß – Technische Lieferbedingungen Stainless cast steel – Technical delivery conditions
SEW 470	1976-02	N	Hitzebeständige Walz- und Schmiedestähle Heat-resisting rolled and forged steels
SEW 471	1976-08	Z	Hitzebeständiger Stahlguss Heat resistant steel castings
SEW 510	1977-10	Z	Vergütungsstahlguss für Gussstücke mit Wanddicken bis 100 mm Quenched and tempered steel castings for castings with wall thickness from 100 mm
SEW 520	1996-09	N	Hochfester Stahlguß mit guter Schweißeignung – Technische Lieferbedingungen High strength cast steel for welding – Technical delivery conditions
SEW 550	1976-08	N	Stähle für größere Schmiedestücke – Gütevorschriften Steels for larger forgings – Quality regulations

Norm Standard	Datum Date	Status[a]	Titel der Norm Title of Standard
SEW 555	1984-08	Z	Stähle für größere Schmiedestücke für Bauteile von Turbinen- und Generatorenanlagen Steels for larger forgings for structural members of turbine and generator installations
SEW 555	2001-01	N	Stähle für größere Schmiedestücke für Bauteile von Turbinen- und Generatorenanlagen Steels for larger forgings for components in turbine and generator installations
SEW 595	1976-08	Z	Stahlguss für Erdöl- und Erdgasanlagen Steel castings for mineral oil and natural gas equipment
SEW 670	1969-02	Z	Hochwarmfeste Stähle – Gütevorschriften High temperature steels – Quality regulations
SEW 680	1970-01	Z	Kaltzähe Stähle – Gütevorschriften Steels with low temperature toughness – Quality regulations
SEW 685	1989-06	Z	Kaltzäher Stahlguss – Technische Lieferbedingungen Cryogenic steel castings
SEW 685	2000-03	N	Kaltzäher Stahlguss – Technische Lieferbedingungen Cryogenic steel castings

[a] N = Norm
Z = Zurückgezogene Norm
E = Norm-Entwurf

[a] N = Standard
Z = Withdrawn standard
E = Draft standard